普通高等教育"十一五"国家级规划教材

高等学校水利学科专业规范核心课程教材·农业水利工程

全国水利行业"十三五"规划教材

"十四五"时期水利类专业重点建设教材

水泵及水泵站（第2版）

扬州大学　刘超　编著

中国水利水电出版社

www.waterpub.com.cn

·北京·

内 容 提 要

本书为普通高等教育"十一五"国家级规划教材，农业水利工程专业规范核心课程教材，全国水利行业"十三五"规划教材，"十四五"时期水利类专业重点建设教材。全书共分 15 章。第 1 章至第 3 章介绍水泵的类型、结构，阐述其工作原理、性能和特点、装置特性。第 4 章、第 5 章论述水泵的运行及工况点的确定方法、工况调节方法。第 6 章论述水泵的汽蚀性能和安装高度。第 7 章介绍水泵机组选型配套方法和辅助设备。第 8 章、第 9 章论述水泵站的工程规划和泵房类型、设计和主要构件的计算。第 10 章、第 11 章论述水泵站的进出水建筑物类型、流动条件、几何参数和进出水构筑物设计。第 12 章阐述水泵的水锤计算方法及防护措施。第 13 章论述水泵机组的振动、噪声。第 14 章介绍特殊类型的水泵及应用。

本书适用农业水利工程、水利水电工程、能源动力工程（水动）等专业，也可用于给水排水工程专业。本书也可供从事水利工程、市政工程等专业的工程技术人员参考。

图书在版编目（CIP）数据

水泵及水泵站 / 刘超编著. -- 2版. -- 北京 ：中国水利水电出版社，2024.2
普通高等教育"十一五"国家级规划教材　高等学校水利学科专业规范核心课程教材. 农业水利工程　全国水利行业"十三五"规划教材　"十四五"时期水利类专业重点建设教材
ISBN 978-7-5226-1934-7

Ⅰ. ①水… Ⅱ. ①刘… Ⅲ. ①水泵－高等学校－教材 ②泵站－高等学校－教材 Ⅳ. ①TV675

中国国家版本馆CIP数据核字(2023)第217510号

书　　名	普通高等教育"十一五"国家级规划教材 高等学校水利学科专业规范核心课程教材·农业水利工程 全国水利行业"十三五"规划教材 "十四五"时期水利类专业重点建设教材 **水泵及水泵站**（第 2 版） SHUIBENG JI SHUIBENGZHAN	
作　　者	扬州大学　刘超　编著	
出版发行	中国水利水电出版社 （北京市海淀区玉渊潭南路 1 号 D 座　100038） 网址：www.waterpub.com.cn E-mail：sales@mwr.gov.cn 电话：(010) 68545888（营销中心）	
经　　售	北京科水图书销售有限公司 电话：(010) 68545874、63202643 全国各地新华书店和相关出版物销售网点	
排　　版	中国水利水电出版社微机排版中心	
印　　刷	天津嘉恒印务有限公司	
规　　格	184mm×260mm　16 开本　17.5 印张　414 千字	
版　　次	2009 年 9 月第 1 版第 1 次印刷 2024 年 2 月第 2 版　2024 年 2 月第 1 次印刷	
印　　数	0001—2000 册	
定　　价	**52.00 元**	

农业水利工程专业教材编审分委员会

总 前 言

随着我国水利事业与高等教育事业的快速发展以及教育教学改革的不断深入，水利高等教育也得到很大的发展与提高。与 1999 年相比，水利学科专业的办学点增加了将近一倍，每年的招生人数增加了将近两倍。通过专业目录调整与面向新世纪的教育教学改革，在水利学科专业的适应面有很大拓宽的同时，水利学科专业的建设也面临着新形势与新任务。

在教育部高教司的领导与组织下，从 2003 年到 2005 年，各学科教学指导委员会开展了本学科专业发展战略研究与制定专业规范的工作。在水利部人教司的支持下，水利学科教学指导委员会也组织课题组于 2005 年年底完成了相关的研究工作，制定了水文与水资源工程，水利水电工程，港口、航道与海岸工程以及农业水利工程四个专业规范。这些专业规范较好地总结与体现了近些年来水利学科专业教育教学改革的成果，并能较好地适用不同地区、不同类型高校举办水利学科专业的共性需求与个性特色。为了便于各水利学科专业点参照专业规范组织教学，经水利学科教学指导委员会与中国水利水电出版社共同策划，决定组织编写出版"高等学校水利学科专业规范核心课程教材"。

核心课程是指该课程所包括的专业教育知识单元和知识点，是本专业的每个学生都必须学习、掌握的，或在一组课程中必须选择几门课程学习、掌握的，因而，核心课程教材质量对于保证水利学科各专业的教学质量具有重要的意义。为此，我们不仅提出了坚持"质量第一"的原则，还通过专业教学组讨论、提出，专家咨询组审议、遴选，相关院、系认定等步骤，对核心课程教材选题及其主编、主审和教材编写大纲进行了严格把关。为了把本套教材组织好、编著好、出版好、使用好，我们还成立了高等学校水利学科专业规范核心课程教材编审委员会以及各专业教材编审分委员会，对教材编纂与使用的全过程进行组织、把关和监督，充分依靠各学科专家发挥咨询、评审、决策等作用。

本套教材第一批共规划 52 种，其中水文与水资源工程专业 17 种，水利水电工程专业 17 种，农业水利工程专业 18 种，计划在 2009 年年底之前全部出齐。尽管已有许多人为本套教材作出了许多努力，付出了许多心血，但是，由于专业规范还在修订完善之中，参照专业规范组织教学还需要通过实践不断总结提高，加之，在新形势下如何组织好教材建设还缺乏经验，因此，这套教材一定会有各种不足与缺点，恳请使用这套教材的师生提出宝贵意见。本套教材还将出版配套的立体化教材，以利于教、便于学，更希望师生们对此提出建议。

高等学校水利学科教学指导委员会

中国水利水电出版社

2008 年 4 月

第 2 版前言

《水泵及水泵站》作为普通高等教育"十一五"国家级规划教材和全国水利学科专业规范核心课程教材，自 2009 年出版以来，已经使用十余年，为适应新时代教育教学改革需要，现结合数字化教材要求进行修订，积极创新，助力教学质量提升，并为教材的信息化建设奠定基础。

本教材的修订以全国高校水利学科教学指导委员会、教材编写委员会讨论确定的有关专业规范的规定和本科专业目录调整后修订的教学大纲为基本要求，在基本理论、基本概念和基本方法的阐述方面尝试引入探究式学习，注意启发学生思考，激发学生的创新意识，注重培养学生分析解决复杂实际问题的能力。在教材内容方面增加本学科新的较成熟的研究成果，进一步丰富知识，提高教材水平。

我国水泵站建设发展迅猛，建设规模巨大，分布广泛，类型众多，总体上平原地区以低扬程泵站为主，高原山区以高扬程泵站为主。教材的内容适当兼顾不同地区、不同类型的泵站和不同的需要，对部分章节适当调整、修改和充实，增加了与新技术相对应的方法，包括新型水泵、新的水泵选型方法、计算流体力学技术的应用和进出水结构的三维型线设计等；删减了不必要的和缺少实际应用的内容。在水泵结构、叶片泵工作原理、汽蚀发生机理、水泵选型配套、枢纽布置、泵房形式、进水构筑物、出水构筑物、压力管道、水锤发生过程、特殊形式水泵等方面增加了丰富的彩图、三维图形、动画和过程视频，使得教材的内容更加直观形象、鲜活生动，易于理解和掌握，有助于学生提高对所学知识的兴趣，拓宽观察事物的视角，增加理解和掌握知识的深度，能够取得更好的学习效果。

本教材的宗旨是让学生掌握提水工程规划原则和方法，掌握水泵机组选型配套以及水泵站构筑物设计布置与泵站运行管理的理论和方法，重点掌握水泵的基本概念、基本理论、性能，水泵的实际应用，进出水构筑物和泵房设计方法，使学生具有良好的专业知识和能力，并能够解决生产实践中的复杂工程技术问题。

本书由刘超教授负责主要撰写工作，包括内容（文字和图片）的修订、增补，数字资源的制作。作者在编写时力求减少错误和疏漏，限于作者水平，不当之处实难避免，恳望读者指正。

本书参阅引用了许多文献资料，谨此向相关人员和单位表示感谢！

同时，感谢参与本书初审校核的金燕副教授（第2章～第4章）、周济人教授（第7章～第9章）和汤方平教授（第12章～第14章）。

部分研究生参与了绘图、计算和资料整理等工作。

作者向所有参与过本书和之前版本编写工作、给予支持和帮助的人表示衷心的感谢！

编　者

2023 年 5 月

第 1 版前言

《水泵及水泵站》是水利水电工程、农业水利工程（原农田水利工程）专业的一门主要专业课程。20 世纪 60 年代以来，我国已出版一批《水泵及水泵站》教材，在教学中得到了较好的应用。近年来，教育部、财政部实施"高等学校本科教学质量与教学改革工程"中提出建设高质量教材，启动"万种新教材建设项目"，加强新教材和立体化教材建设。《水泵及水泵站》通过评审作为普通高等教育"十一五"国家级规划教材和高等学校水利学科专业规范核心课程教材列入出版计划。要求新教材紧密结合教学改革，积极创新，有助于教学质量的提高。

本教材的编写以高等学校水利学科教学指导委员会、教材编审委员会讨论确定的有关专业规范的规定和本科专业目录调整后修订的教学大纲为基本要求，在基本理论、基本概念和基本方法的阐述方面尝试引入探究式学习，注意启发学生思考，激发学生的创新意识，注重培养学生分析解决实际问题的能力。在教材内容方面增加本学科新的较成熟的研究成果，包括新型水泵、新的水泵选型方法、计算流体力学的应用和水泵机组的故障分析与诊断等。增加了较多的图片和三维图形资料，更加形象直观，提高学生对所学知识的兴趣，增加理解和掌握知识的深度。

教材的编写是十分繁杂而重要的工作。我国水泵站建设发展规模世界第一，分布很广，类型众多，总体上东部平原地区以低扬程泵站为主，西部高原山区以高扬程泵站为主，教材的内容要适当兼顾不同地区不同类型的泵站，兼顾不同的需要。在泵站选型方法上增加了低扬程水泵的选型，提出了等扬程加大流量的方法。在水锤计算方面，保留了部分图解法的内容，因为图解法的几何意义明确，概念清晰，便于学生理解；事实上，早在20世纪70年代国内就已有学者按照图解法的思路编制了计算机程序来计算水锤，很便捷准确。而目前在工程实际中大多采用特征线方法，有现成的计算机软件可用，则较为便利，故在教材的内容上增加了介绍水锤计算的特征线法，不同学校在采用本教材时可以因地制宜加以取舍。书中增加了泵站自动化内容的介绍，以适应发展需要。编写中尽量删繁就简，避免内容重复，也注意不与其他课程的内容重复。

按照高等学校水利学科专业规范核心课程教材编审委员会通过的编写要求和分工，本书各章节的编写分工为：前言、绪论、第1章、第2章、第6章由刘超教授负责编写；第3章、第4章由徐辉教授负责编写；第5章由于永海教授负责编写；7.1节、7.2节、10.1节、10.2节、11.2节由周济人副教授负责编写；第8章、14.2节由饶碧玉教授负责编写；第9章由陈毓陵教授负责编写；10.3节、10.4节由朱红耕教授负责编写；10.4节、11.1节、11.4节由陆林广教授负责编写；11.3节、第12章、14.1节由姚青云教授负责编写；第13章、14.3节由汤方平教授负责编写。成立、史旺旺和郑天柱副教授参加了部分编写工作。全书的统稿工作由刘超教授负责。

本书由河海大学田家山教授主审。

作者在编写过程中做了很多努力，以减少书中的错误和疏漏，唯恐难以避免，恳请读者给予指正。

本书编写过程中，参阅引用了许多文献资料，特向有关作者致谢！

部分研究生参与了书中的部分绘图及文稿的录入等工作。

编者向所有对本书编写工作给予支持和帮助的人表示衷心的感谢！

编　者

2008 年 8 月

数 字 资 源 清 单

资源编号	资源名称	资源类型	资源页码
资源 7-2	柴油机驱动水泵机组	图片组	95
资源 7-3	传动装置	图片组	97
资源 7-4	水环式真空泵运转演示	视频	103
资源 7-5	ADCP 测流现场	图片	106
资源 8-1	泵站建筑物及其枢纽布置	图片组	135
资源 9-1	泵房布置及结构剖面	图片、视频	138
资源 10-1	引渠	图片组	162
资源 10-2	前池	图片组	164
资源 10-3	进水池流态分析	图片、视频	170
资源 10-4	进水流道的类型及流线	图片组	176
资源 10-5	肘形进水流道流动模拟	视频	176
资源 11-1	正向和侧向出水池三维图	图片组	185
资源 11-2	压力水箱	图片	189
资源 11-3	压力管道	图片组	191
资源 11-4	出水管道支承结构	图片组	197
资源 11-5	出水流道的类型及其流态	图片组	201
资源 11-6	出水流动动画	视频	202
资源 11-7	真空破坏阀	图片组	208
资源 12-1	水锤发生机理及过程演示	视频	211
资源 12-2	水锤导致的破坏	图片组	212
资源 12-3	空气罐	图片组	229
资源 12-4	缓闭止回阀	图片组	230
资源 13-1	进水漩涡	图片	235
资源 14-1	井泵	图片组	249
资源 14-2	水轮泵结构	图片组	252
资源 14-3	射流泵运行演示	视频	254
资源 14-4	射流泵的分类	图片组	255
资源 14-5	螺旋泵工作原理	视频	257
资源 14-6	螺旋泵站	图片组	259

* 视频取自东方泵业集团的产品展示［获取路径：上海东方泵业（集团）有限公司—产品中心—视频展示］。

目　录

资源 0-0
水车

绪　论

　　水泵是一种转换、传送能量的机械。动力机驱动水泵运转，动力机的机械能通过水泵转换为水的动能和势能，也就是把动力机的能量传送给水，达到提水和增大水的压力的目的。因而水泵也是一种提水机械。在我国提水机械自古就有，我们的祖先早在春秋时期就创造了用来提水的工具，其中应用最广泛、历史最长的当属水车。东汉年间人类就开始使用水车提水，一时至今日，在南方山区仍然可以见到用水车来提水灌溉。水车由风力、水力、畜力或人力来驱动，20 世纪 60年代，我国河网地区曾有大量的风车运转。风车即以风力驱动的水车，还有牛力拉动的水车、水力驱动的水车以及人力转动的水车等，这些水车为农业灌溉的发展作出了历史性贡献。随着工业的发展，水车早已被水泵所取代，而水泵又以叶片式为主。水泵又称抽水机，水泵通过叶轮的旋转，把叶轮旋转的机械能变成水的势能（位能和压能）及动能。通常水泵由电动机或内燃机驱动，可以连续工作，抽水能力和效率远远高于水车。我国改革开放以来，水泵的制造生产迅速发展，大量的水泵在工业、农业及国民经济其他各部门投入应用，为推动经济建设和社会发展发挥了巨大的作用。

　　为了安装水泵机组及其辅助设备等，必须建设必要的建筑物，这就是水泵站。水泵及水泵站课程研究水泵及其辅助设备、配套设施，包括水泵的原理、性能、运用及泵站的工程设计和管理。

0.1　水泵及水泵站的应用

　　水泵广泛应用于农业灌溉和排水，为农业生产和减灾防灾服务；水泵也广泛用于工业企业和城镇建设，为工业生产、城镇建设和防洪减灾以及水环境工程服务。

　　1. 水泵站在农业中的应用

　　水泵提水灌溉为农作物生长供水，是直接为农业生产服务的。我国地域辽阔，气候跨度大，南方湿润多雨，北方干旱少雨；降雨在时间、空间、地域上分布都很不均匀。我国南方地区降水量较大，江河纵横、湖泊众多，水资源丰富，年降水量在 1000mm 左右，但降水量夏季较多，冬春较少。南方农作物以水稻为主，用水量大，稻田需水时，要用水泵把水从河道里抽提到灌渠再流入田间。在淮河以北地区年降水则明显减少，愈向北降水愈少，仅为南方的几分之一，且集中在夏季。北方冬春旱情较重，水源十分缺乏，这就需要从南方的长江向北调水。南水北调东线工程从长江下游调水，长江下游地势低，北方地势高，只有利用水泵抽水方能把水送到北方。经过 30 多年不懈的努力，江苏省基本建成了江水北调工程，通过大中型水泵站源源不断地抽送江水北送，确保淮北农业生产用水，不断扩大灌溉面积和水稻种植面积，粮食产量大幅度提高，苏北成了新的大粮仓，其中机电排灌工程功不可没。以该工程为基础，国家南水北调东线工程已经建成，进一步发挥调水工程的巨大效益。除了调水的大中型泵站，小型水泵站也是星罗棋布，因为把水送到田间离不开这些小型水泵站。小型水泵站的建设和改造仍在不断进行。

水泵在地势低洼的地区还承担区域性排水任务。这不仅包括低洼农田的排水，还包括低洼地区乡镇的排水。在沿江、滨湖、河网圩区，许多地方的地面高程较低，积水难排，很容易被淹，如遇洪水压境，洪涝威胁更大。在抵御洪涝、减灾防灾中，水泵具有特别的重要作用。

2. 水泵在工业中的应用

在遍布全国的自来水厂中，从原水到清水，清水到管网，到用户水箱都是由水泵抽提的，有大量水泵在水厂中运行。随着城市建设的发展，城市水厂的规模和建设水平都在不断扩大和提高，许多水厂还从国外引进了成套先进设备和技术。城镇现代化建设的加快和人民生活质量不断提高，为城市和乡镇自来水工业发展带来极大机遇，发展势头方兴未艾，相当多的乡镇已经兴建自来水厂，还有不少乡镇正在兴建自来水厂。按照国家的规划和现代化建设要求，农村自来水在数年内将达到普及，截至 2023 年 10 月，全国共建成农村供水工程 678 万处，可服务人口 8.7 亿人，农村自来水普及率接近 88%；城乡一体化、规模化供水工程 1.7 万处，覆盖农村人口比例达到 57%。在火力发电、核电、炼油和化工等企业中亦有许多水泵运行，供给冷却循环水等。此外，纸浆、泥浆等一些固体物料采用液体输送的应用也越来越多，这同样离不开水泵。水泵及水泵站的用途十分广泛，水泵及水泵站在国家经济建设和社会发展的进程中已经并正在发挥着十分重要的作用。

3. 水泵站在城镇建设中的应用

随着城镇建设水平的提高，城市乡镇防洪减灾和环境保护问题愈来愈突出。1991 年和 1998 年的特大洪水曾经使改革后发展起来的城市乡镇工业和基础设施在洪涝灾害中遭受惨重损失，因此对防范洪涝灾害的要求更迫切。城市防洪排水工程迅速发展，相应建起了一批排水泵站，如沿江滨湖地区和易成洪水的毗邻山区的城市均建成了一批泵站，用于城市排水，确保城市安全。由于这些排水泵站的建成，及时抽排涝水，大大地减轻了洪涝灾害损失，水泵站做出了重大贡献。水泵在城镇排污水上也有较多应用，由于环境要求不断提高，工厂企业产生的污水必须要进行净化后再排放出去，为此兴建了很多污水处理厂。污水集中排放，进入污水处理厂需要水泵；在污水处理厂内，污水到处理池，再排出厂外，也需要水泵才能实现。污水处理系统内有许多水泵在运行，有单机组，有多机组，也有建成泵站运行的。现代化城市对水环境的要求高，流动的水、清洁的水也都要通过水泵来实现，美丽壮观的喷泉自然更少不了水泵。

0.2　国外调水工程与水泵站

1. 美国提调水工程

（1）中央河谷工程。该工程始建于 1937 年，1940 年部分建成并送水，其后不断扩建。总投资 50 余亿美元，年供水 100 亿 m^3，其中灌溉用水 50 亿 m^3，灌溉面积 80 万 hm^2，农产品年产值 15 亿美元；城市及工业用水 4 亿 m^3，兼有发电、防洪、航运、水资源保护、旅游、生态环境改善等功能。该项工程从北部萨克拉门托河调水至南部的克恩河平原，包括：20 多座水库，总库容 140 亿 m^3；8 座水电站；1 座抽水蓄能电站（圣路易斯抽水蓄能电站），总装机 180 万 kW；2 座水泵站（特拉西水泵站）；800km 输水干渠。圣路易斯抽水蓄能电站安装可逆机组 8 台，单机抽水流量 $39m^3/s$，扬程 88m，功率 4.63 万 kW，总功率 37.04 万 kW；发电时单机流量 $46m^3/s$，功率 5.3 万 kW，总功率 42.4 万 kW。特拉西水泵站装机 3 台水泵，单机流量 $34\sim62m^3/s$，扬程 60 多米，总功率 9.93 万 kW。

（2）加州调水工程。该工程从北部费瑟河调水至南加州。工程包括：水库 23 座，总库容 84.5 亿 m^3；输水干渠 1102km（含隧道 33km，管道 281km）；水泵站 7 级 19 座，总扬程 1151m，渠首引水流量 $292m^3/s$，年耗电 137 亿 kW·h（含抽水蓄能用电 9 亿 kW·h）；水电站 8 座，年发电 66.5 亿 kW·h。其中第一级水泵站三角洲水泵站扬程 74m，流量 $292m^3/s$。而埃德蒙斯顿泵站扬程高达 587m，安装 14 台四级离心泵，单机流量 $8.9m^3/s$，总流量 $124.6m^3/s$，总功率 77.6 万 kW，年耗电 60 亿 kW·h。有 2 条出水管路，每条长 2560m，管路直径由 3.86m 扩大至 4.28m。该泵站是世界上单级扬程最高的泵站之一。

（3）中部亚利桑那工程。该工程于 20 世纪 60 年代末开始建设，大部分已经完成。从科罗拉多河引水到图森，输水总长 531km，分 8 级提水，总扬程 884m，总功率 55 万 kW，该工程是亚利桑那州的生命线工程。第一级水泵站为哈瓦苏泵站，扬程 251m，从科罗拉多河提水进第一段输水渠，泵站安装 6 台水泵，单机流量 $14.0m^3/s$，单机功率 4.5 万 kW，泵站有 2 条直径为 3.66m 的出水管路。

（4）哥伦比亚盆地工程。该工程在华盛顿州中部，灌溉农田 40 多万 hm^2。20 世纪 50 年代修建了当时世界上最大的泵站——大古力泵站，泵站设计流量 $460m^3/s$，扬程 94m，共安装 12 台，其中 6 台为立式混流泵，单机流量 45.3 m^3/s，单机功率 4.78 万 kW（1951 年完成）；6 台为抽水蓄能可逆机组，单机流量 $56.6m^3/s$，泵机功率 4.96 万 kW，发电功率 5 万 kW，单机单管 12 条出水管道，管径 3.66m。

（5）科罗拉多河引水工程。这是加州的又一个调水工程，东起科罗拉多河上的派克坝，跨越 390km 的沙漠和山地至洛杉矶市和圣迭戈市地区。渠首流量 51m³/s，总提水扬程 493m，包括 5 座泵站，148km 隧洞，101km 混凝土衬砌渠道，89km 混凝土管道，144 个倒虹吸，3 座水库，492km 高压输电线路。工程极为艰巨，被誉为美国七大现代化工程奇迹之一。

2. 荷兰提水排灌工程

荷兰北临北海，地处莱茵河、马斯河和斯凯尔特河三角洲，海岸线长 1075km。境内河流纵横，一半以上的国土在海平面以下。为避免海水涨潮淹没土地，荷兰早在 13 世纪就筑堤坝拦海水，再用风动水车抽干围堰内的水，现在水泵早已取代水车。荷兰围海造田几百年，修筑的拦海堤坝长达 1800km，增加土地面积 60 多万 hm²，为国土的 20%。

资源 0-3
荷兰爱莫顿
泵站

特定的自然环境决定了荷兰建设大量的水泵站，由于扬程较低，大部分泵站都采用轴流泵和混流泵。须德海围垦工程采用斜式安装的轴流泵，单机流量为 10m³/s，扬程为 4.27m。而泽顿泵站采用卧式安装的大型轴流泵，叶轮直径 3.6m，单机流量 37.5m³/s，扬程仅 1.2m，泵转速 73r/min，齿轮减速传动，配套功率 924kW。1973 年在阿姆斯特丹附近的北海运河入海口建造的爱莫顿排水泵站，安装 4 台口径为 3.94m 的大型贯流泵，是荷兰最大的泵站之一，抽水总流量 150m³/s，单机流量 37.5m³/s，扬程 2.3m，总功率 3900kW，该站可增容至 350~400m³/s。

在 20 世纪 60 年代，荷兰水泵制造商开发了一种新型"混凝土蜗壳泵"（Concrete Volute Pump），在荷兰圩区排水及灌溉工程中广泛应用，世界许多地区广泛采用。这种泵具有轴流式、混流式或径流式叶轮，一般均为立式泵。泵的壳体用预制的混凝土构件拼装组成，并以之为内衬浇筑钢筋混凝土，形成牢固的整体外壳，泵的金属部件仅有转轮、转轮室、泵轴、填料函及压盖、轴承和支承件。转轮直径范围为 1~3m，适用提水扬程范围 1~15m。如在苏玛圩区修建的泵站采用立式混凝土蜗壳混流泵，提水扬程范围 1~7m，单机流量最大 14m³/s，共安装 3 台机组，进水流道为簸形，出水流道的出口装有拍门。混凝土蜗壳泵的叶轮直径最大已达 3m。这种水泵不仅用于排水或灌溉，也已用于工业供水和船坞排水等。

3. 俄罗斯等国家的提水、调水工程

俄罗斯的机电提水灌溉面积约 610 万 hm²，约占其灌溉面积的 50%。由于历史的原因，一些大型调水工程是跨国家的，其中乌克兰在 1957 年建成的英古列茨泵站为当时苏联功率最大的灌溉供水泵站，设计扬程 60m，总装机容量 29420kW，单机容量 4200kW；阿塞拜疆是用泵船进行灌溉最早的地方，在库拉河和阿拉卡斯河上建有泵船 100 多座；土库曼斯坦大量发展了采用深井泵提水的井灌，1957 年就开始采用远距离集中控制。

乌兹别克斯坦 1973 年建成的卡尔申提灌工程，从阿姆河提水 200m³/s，共灌农田 35000hm²，总装机容量为 45 万 kW。沿干渠共分六个梯级提水，每座梯级泵站均装有 6 台全调节式轴流泵，第一级扬程 17~19m，其余各级扬程 23~26m，总扬程 156m，单泵流量为 40m³/s。乌克兰的卡霍夫卡提灌工程的提水流量为

530m³/s，渠首泵站扬程 25m，装机容量 10.8 万 kW。

另外，从欧洲部分的河流向伏尔加河流域调水，从西伯利亚向咸海调水，这些工程均需修建几十座大型泵站提水以跨越分水岭。其第一级泵站计划提水流量为 700m³/s，扬程 10～15m；第二级泵站计划提水流量为 2200m³/s，扬程 5～60m。并计划用多瑙河的水补充第聂伯河以发展乌克兰南部灌区。这些泵站所采用的水泵口径多在 4000～6500mm，单泵流量为 70～150m³/s，扬程为 1～20m，所有泵站的总功率达 150 万 kW。

4. 日本水泵站工程

日本全国共有灌排泵站 7200 多座，扬程 4m 以下的排水泵站大部分用轴流泵。灌排泵站中，主要是立式泵和卧式泵，斜式泵少，在卧式泵中以大中型贯流泵为主。20 世纪 90 年代，大口径潜水电泵也开始得到应用。中、小型泵站占 90% 以上。大型泵站较少，典型的有新川河口大型泵站、三乡排水泵站。

1973 年建成的新川河口泵站位于日本新潟市的西蒲原地区，装有 6 台叶轮直径为 4000mm 的贯流式轴流泵，扬程 2.6m，单泵流量 40m³/s，转速为 68r/min，配套动力机功率为 1300kW，排水面积 1000hm²。该站采用中央控制室远距离操纵，自动调节水泵叶片角度，自动选择运行水泵台数，根据内外水位差和排水流量自动控制辅助设备和自动清污装置。

资源 0-4
日本水泵站
工程

日本比较重视发展混流泵，认为其功率曲线较平缓，性能较好。1975 年建成的三乡排水站是日本最大的混流泵站，装有流量分别为 50m³/s、30m³/s 和 20m³/s 的立式蜗壳混流泵各一台，其中最大水泵叶轮直径为 4600mm，转速为 75r/min，配套动力为 4563kW 的柴油机。

于 1974 年建成的饭泉调水泵站位于日本神奈川县内，该站共装有口径为 1600mm 的双吸式离心泵 4 台，扬程为 82m，配套动力机总功率为 26000kW，流量为 24.1m³/s。该站的运行管理已全部实现自动化。

5. 印度提水灌溉工程

印度重要的提水灌溉工程伦卡兰萨—贝卡尼尔（Loon Karan Sar - Bikaner）灌溉工程，是印度最大的提水灌溉工程之一，灌溉总面积 10 万 hm²，输水干渠长 400km。该工程在拉贾斯坦（Rajasthmn）运河左岸建有 4 座泵站，扬程分别为 7.68m、5.71m、14.68m 和 19.87m；泵站流量分别为 15.74m³/s、14.47m³/s、3.34m³/s 和 3.31m³/s。

另一提水灌溉工程是泰维（Tawi）灌溉工程。该工程位于介姆（Jammu）地区的泰维河左岸。提水泵站共安装 6 台立式水泵，扬程 30m，单泵流量为 1.7 m³/s，灌溉面积为 1000hm²。

6. 巴基斯坦调水工程

巴基斯坦西水东调工程是世界上最著名的调水工程之一，从包括印度河在内的西部三条河向东部的三条河调水。工程规模巨大，共建 2 座大型水库，5 座拦河闸和 1 座倒虹吸工程，7 条运河，总长为 589km，总输水流量近 3000m³/s。各项工程在 1965—1975 年完成。工程基本为平交，附属建筑物有 400 座。除了灌区的小型提水泵站外，未建设大型泵站。

7. 埃及调水工程

(1) 新河谷工程。新河谷工程又称为图什卡工程，位于纳赛尔湖西南部。全部工程包括：在纳赛尔湖边的图什卡建的一座流量近 $300m^3/s$ 的大型泵站，一条总长 850km 的干渠和 9 条支渠。通过灌溉渠系将西部沙漠中的可耕地和 6 个主要绿洲连为一体，形成新河谷及新三角洲。计划总投资 865 亿美元，开发面积将达 26 万 km^2。

图什卡第一期工程的主要内容包括：在纳赛尔湖的西岸建设一大型泵站，安装 21 台大型水泵，以 $300m^3/s$ 的流量将水提升 52m，流入干渠；干渠宽 30m，深 7m，长 30km，支渠总长 168km。挪威、英国和日本等国负责抽水站建设工程，其造价达 4.4 亿美元。第一期工程已完成，泵站和渠道已投入运行。众多复杂因素延缓了工程进度，经过不懈努力，这个 1997 年开始的工程到 2021 年年底，在先前建成的源头穆巴拉克泵站和主干渠的基础上，已建成了 1107km 的灌溉网络，以及 99 个泵站（共 448 台水泵）、12350 座空气塔、881km 的道路和 442km 的枢轴灌溉装置，并启动了图什卡（Toshka）地区的沙漠垦殖和耕作项目，成为国家实现一体化发展的一部分。

(2) 和平渠工程项目。和平渠工程是北西奈发展项目，主要是建设一条长达 262km 萨拉姆水渠，使尼罗河水穿越苏伊士运河底部引入北西奈沙漠，输水最远可达到北西奈首府阿里什。

萨拉姆渠起自尼罗河三角洲东部的大湖地区，引尼罗河（杜米亚特河）水东调。萨拉姆渠水从苏伊士运河底部经隧洞立交穿过，继续东调直达阿里什，工程主干线全长 262km。北西奈开发工程位于沙漠地区，建设条件艰苦，但工程设计标准高，施工质量好，为减少输水工程渗漏损失，采取混凝土全断面衬砌。设有 9 处水泵站，其中在输水干渠上设有 7 级水泵站，逐级提水东调。最后一级用压力管道输水，泵站扬程 75.5m，抽水流量 $52.6m^3/s$。

穿苏伊士运河工程是埃及西水东调工程中的最大单项工程，工程技术难度最大。设计输水隧洞长 770m，最大输送流量 $160m^3/s$，设 4 条圆形隧洞，内径 5.1m。隧洞由英国设计，意大利施工，使用德国盾构机开挖衬砌，隧洞外衬用预制 30cm 厚混凝土拱片，中置 2mm 厚 PVC 薄膜，内衬混凝土厚 32mm，1997 年建成。

0.3　国内调水工程与水泵站

随着我国现代化建设的不断加快，我国跨流域调水工程和水泵站工程得到了很大的发展。至 2021 年年底，全国已建成设计灌溉面积 2000 亩❶及以上的灌区共 21696 处，耕地灌溉面积 3972.7 万 hm^2。其中 50 万亩及以上灌区 154 处；（30～50）万亩大型灌区 296 处。全国灌溉面积 7831.5 万 hm^2，耕地灌溉面积 6960.9 万 hm^2，占全国耕地面积的 51.6%。全国已累计建成日取水量大于等于

---

❶　1 亩 $\approx 666.67m^2$。

$20m^3$ 的供水机电井或内径大于等于 200mm 的灌溉机电井 522.2 万眼；建成以灌溉为主的各类装机流量 $1m^3/s$ 或装机功率 50kW 以上的泵站 93699 处，其中，大型泵站 444 处，中型泵站 4439 处，小型泵站 88816 处；日取水量大于等于 $20m^3$ 的供水机电井或内径大于等于 200mm 的灌溉机电井共 520 多万眼；固定灌溉排水泵站 43 万多处，除涝面积达 2400 多万 hm^2，形成了较完善的灌排工程体系，有力保障了农业生产用水。灌排装机总动力超过 8000 万 kW。同时，城市、乡镇以及农村还新建了大批供水、引水工程的水泵站，装机容量达数百万千瓦，泵站在灌溉、排水、提供城乡工业和生活用水等方面发挥了重大作用，为国家经济建设和社会发展、实现二十大绘制的宏伟蓝图作出了巨大的贡献。

小型泵站大多分布在平原河网、圩垸等多水源地区，如长江三角洲、珠江三角洲等河网地区，水源丰富，水源水位变幅很小，低扬程轴流泵为主的小型泵站星罗棋布。我国华北、西北等地区地表水缺乏，大多是抽取地下水灌溉，井泵站集中在这些地区。井泵装机容量占总装机容量的 32%。

我国西南、西北、中南等地区的大江大河中上游沿岸地区的水位变幅大，浮动式泵站因地制宜，适应水位升降的船式和缆车式泵站应用广泛。

大中型泵站集中在大型灌溉排水工程和跨流域调水工程，如引黄灌溉工程、湖南和湖北的湖区排水工程、江苏江水北调工程、南水北调东线工程及城市引水供水工程等。

1. 引黄灌溉工程

我国陕西、甘肃、山西、宁夏等省（自治区）的高原地区海拔高，兴建的灌区（灌溉工程）多采用高扬程梯级泵站。如甘肃省景泰川提水工程，1974 年完成第一期工程，其设计流量为 $10.56m^3/s$，灌溉面积 2 万 hm^2，共分 11 级提水，其总净扬程为 445m，装机 103 台套，总装机容量为 6.78 万 kW，单机最大容量 2000kW；1992 年建成的第二期工程灌溉面积 3 万 hm^2，共分 18 梯级，装机 195 台套，总装机容量为 17.5 万 kW，总净扬程 602m。陕西省在黄河沿岸韩城市禹门口、合阳县东雷、潼关县港口等三处兴建多级提水工程，其中东雷提灌工程一级泵站设计流量为 $60m^3/s$，分 8 级提水，总净扬程 311m，灌溉面积 6.5 万 hm^2，总装机容量为 12 万 kW，其二级站水泵额定扬程为 225m，单机容量为 0.8 万 kW。

2. 沿江滨湖排水工程

湖北、江苏、安徽、湖南等省的沿江滨湖地区低洼易涝，为了及时排除涝水，此类地区建有众多大流量、低扬程大型轴流泵站。如湖北省的江汉平原，已建成大型泵站 60 多座，装机 40 多万 kW。其中樊口泵站装有 4 台口径为 4000mm 的大型轴流泵，泵站设计流量为 $214m^3/s$，装机容量 2.4 万 kW，单机功率 6000kW，为轴流泵配套功率之最。

3. 跨流域调水工程

为了解决区域水源紧缺问题，我国在 20 世纪 60 年代以来兴建了多项跨流域调水工程，实施水资源配置，多分布在东部沿海地区；在西部地区也有重要引水工程在建设中。

河北引滦入津调水工程采用 5 级提水，将滦河水引入天津，全线共兴建大型泵站 4 座，安装大型轴流泵 27 台，总装机 2 万 kW。

山东引黄济青调水工程共建大型泵站 5 座，总净扬程为 45m，安装大型轴流泵 30 台，总装机容量 2.4 万 kW，一级泵站设计流量为 45m³/s，将黄河水抽引至青岛。

云南滇中引水工程（建设中）由水源工程和输水工程两部分组成，水源工程位于丽江市，从位于石鼓镇上游的金沙江右岸取水。地下泵站提水净扬程219.16m，共安装 12 台混流式水泵机组，总装机容量 480MW。输水工程途经丽江、大理、昆明等市至红河州。输水总干渠总长 664km，共有 58 座主隧洞，主隧洞全长 611.99km，占输水总干渠的 92.13%。在崇山峻岭中几乎全程开凿隧洞，工程艰巨复杂性世所罕见。

陕西引汉济渭工程（已通水）主要包括黄金峡水库枢纽、水源泵站、输水工程、三河口水库和秦岭隧洞。黄金峡水库最大坝高 64.3m。黄金峡泵站从该水库提水至黄三隧洞，总扬程 113.5m，流量 75m³/s，安装 15 台水泵机组，单机设计流量 6.25m³/s，配套电机功率 11MW，泵站总装机功率 165MW。黄三隧洞连接黄金峡泵站和三河口水利枢纽，隧洞全长 15.79km，设计流量 75m³/s。三河口水利枢纽坝后泵站流量 50m³/s，设计总扬程 95.1m，总装机功率 60.6MW。秦岭隧洞连接三河口水库和黑河金盆水库，输水到渭河流域关中地区，隧洞总长 98km，设计流量 70m³/s，年输水量 15.05 亿 m³，长度为亚洲第一，施工难度极大。

南水北调工程是中国 21 世纪特大工程，其东线工程从长江下游抽水，长江下游水量丰富，多年平均年入海水量约 9600 亿 m³，水源充沛。东线工程输水河道引水口为淮河入长江水道口三江营，输水河道工程从长江到天津输水主干线全长1150km，其中黄河以南 651km，穿黄河段 9km，黄河以北 490km。分干线总长740km，其中黄河以南 665km。东线工程的地形以黄河为脊背向南北倾斜，引水口比黄河处地面低 40m 左右。从长江调水到黄河南岸设 13 个梯级抽水泵站，总扬程 65m，穿过黄河可自流到天津。黄河以南除南四湖内上、下级湖之间设一个梯级，其余各河段上设三个梯级。黄河以南输水干线上设泵站 30 处，主干线上13 处，分干线上 17 处，设计抽水能力累计共 10200m³/s，装机容量 101.77 万kW，其中现有泵站 7 处，设计抽水能力 1100m³/s，装机容量 11.05 万 kW。一期工程设 13 个梯级，泵站 23 处，装机容量 45.37 万 kW。黄河以北各蓄水洼淀进出口设 5 处抽水泵站，设计抽水能力共 326m³/s，装机容量 1.46 万 kW。南水北调东线工程泵站的特点是扬程低（多在 2～6m）、流量大（单机流量一般为 15～40m³/s）、运行时间长（黄河以南泵站约 5000h/a），部分泵站兼有排水任务。穿黄工程从东平湖出湖闸至位临运河进口全长 8.67km，其中穿黄河工程的倒虹隧洞段长 634m，平洞段在黄河河底下 70m 深处，为两条洞径 9.3m 的隧洞。第一期工程先开挖一条。黄河以南有洪泽湖、骆马湖、南四湖、东平湖等湖泊，总计调节库容达 75.7 亿 m³。黄河以北有天津市北大港水库，扩建天津市团泊洼和河北省的千顷洼，并新建河北省大浪淀、浪洼，黄河以北五处平原水库总调节库容14.9 亿 m³。

南水北调东线工程的组成部分——江苏省江水北调工程自 1963 年起，已建成 9 级水泵站工程，共有 23 座大型泵站。作为南水北调工程的源头工程，于 1960—1975 年修建的江都排灌站经更新改造，装机 33 台套，装机总动力已达 5.6 万 kW，抽水流量 504m³/s，年平均抽水 30 亿 m³。淮安和皂河泵站分别安装了口径为 4500mm 的轴流泵 2 台和口径为 6000mm 的混流泵 2 台，分别为亚洲甚至全球尺寸最大的轴流泵和尺寸最大的混流泵。南水北调东线工程自 2013 年 11 月投入运行以来，已经北向调水达 50 多亿 m³，工程运行安全平稳，经济、社会和生态效益良好。

南水北调中线建设的惠南庄泵站是中线工程总干渠唯一的一座大型泵站，安装 8 台卧式单级双吸离心泵，水泵设计扬程为 58.2m，单泵设计流量为 10m³/s，配套 7300kW 异步电动机。

资源 0-7
南水北调
东线江苏段
虚拟仿真

南水北调东线一期工程自 2013 年 11 月正式通水以来，累计向山东省调水突破 60 亿 m³，惠及沿线 12 个市、61 个县（市、区），受益人口超过 6700 万人。南水北调东、中线一期工程累计调水突破 600 亿 m³，超过黄河一年的水量，东线北延工程的供水范围已扩至河北、天津，提高了受水区供水保障能力。目前，工程直接受益人口超过 1.5 亿人。

第1章

水泵类型与构造

1.1 水 泵 分 类

泵（Pump）是一种用途极为广泛的机械，几乎遍及国民经济的各个部门。可以用泵来输送的有各种流体，包括水、油、气、混合浆体等，更多的用途是输送水即抽水，抽水用的泵就称为水泵（Water Pump）。水泵就是把动力机的能量传送给水，达到提水和增大水的压力的机械。水泵有不同的种类，按照泵的工作原理来分类，主要有叶片泵、容积泵和其他类型泵。

叶片泵是通过水泵叶轮的旋转把机械能转化为所输送的液体的能量的。泵叶片固定在叶轮的轮毂上，由叶轮带动叶片旋转。通过旋转的叶片来推动液体在两个叶片之间的叶槽内流动，并最终进入出流通道，从而将动量传递给水流，实现能量的转换，这样的泵即为叶片泵。按照叶轮形式及流体流动方式的不同，又可将叶片泵分为离心泵、混流泵和轴流泵，这三种水泵也是应用最为广泛的水泵。

容积泵是依靠周期性改变密闭工作室的容积来传递能量的。根据工作室容积改变的方式，容积泵又可分为往复泵和回转泵两种。往复泵利用柱塞在泵缸内做往复运动改变工作室容积，回转泵利用转子做回转运动达到输送液体的目的。前者如活塞泵、柱塞泵、隔膜泵等，后者如齿轮泵、螺杆泵等。容积泵常用于抽送特殊介质，例如化工原料、油类等。

叶片泵和容积泵以外的泵型均称为其他类型泵，一般是指将液体的能量转化为被输送的液体的能量的一类泵，例如水锤泵、射流泵、水轮泵等。因为扬程较低、流量较大的螺旋泵有其自身特点，这里也将其归为其他类型泵。

以上各种类型的水泵可归纳如表 1.1 所列。

本书主要介绍叶片泵。图 1.1～图 1.7 为几种水泵外形图。

资源 1-1
水泵分类

表 1.1　　　　　　　　　　　　　　水 泵 的 分 类

水泵	叶片泵	离心泵	单级单吸离心泵	卧轴式或立轴式
			单级双吸离心泵	
		混流泵	多级离心泵	
			蜗壳式混流泵	
			导叶式混流泵	
		轴流泵	轴伸式轴流泵（轴伸泵）	立轴式、斜轴式或卧轴式
			贯流式轴流泵（贯流泵）	卧轴式或斜轴式
	容积泵	往复泵	活塞泵	
			柱塞泵	
			隔膜泵	
		回转泵	齿轮泵	
			螺杆泵	
	其他类型泵		水轮泵	
			射流泵	
			螺旋泵	

图 1.1　单吸离心泵

（a）侧视图

（b）后视图

图 1.2　双吸离心泵

（a）立轴式轴伸泵

（b）贯流泵

（c）电机泵

图 1.3　轴流泵

图 1.4　导叶式　　　　　图 1.5　蜗壳式　　　　　图 1.6　潜水　　　　　图 1.7　立轴式
　　混流泵　　　　　　　　混流泵　　　　　　　　贯流泵　　　　　　　潜水混流泵

1.2　水　泵　的　构　造

1.2.1　水泵的主要构件

1. 泵轴

泵轴（Shaft）是把动力机的功率传递给转轮的零件，见图 1.8。泵轴的一端
连着动力机，或通过皮带、齿轮、联轴器等
中间传动机构与动力机相连；泵轴另一端装
着转轮，动力机通过泵轴旋转的叶轮传递力
矩，带动叶轮旋转。

图 1.8　泵轴

轴流泵泵轴较细长，与橡胶轴承和填料
的接触表面镀有铬或镶有不锈钢的套，以增加耐磨性和抗蚀性。

离心泵和混流泵泵轴，有的在与填料的接触部分装有轴套，以便磨损后更换
轴套，可延长泵轴的使用寿命。

中小型水泵的叶轮，为了防止松动，一般用键和反向双螺母安装在泵轴上，
拆卸时须注意轴头螺纹转向，以免拆反。

2. 叶轮

叶轮（Impeller）又叫转轮，水泵中习惯叫叶轮，水轮机中习惯叫转轮，是
直接与水接触、将机械能传递给水并使水的能量增加的部件。叶轮直接决定水
泵性能，因此它是水泵中最重要的部件。

单吸离心泵的叶轮由前盖板、后盖板、轮毂和叶片四部分组成。离心泵的叶
片多为后弯形（弯曲方向与叶轮旋转方向相反）。根据是否有前后盖板，叶轮又可
分为封闭式（图 1.9）、半封闭式（图 1.10）和开敞式三种，一般抽清水时采用封
闭式叶轮，在污水泵中则多为半封闭式或开敞式叶轮。

图 1.9　单吸离心泵　　　图 1.10　单吸离心泵半　　　图 1.11　双吸
　封闭式叶轮　　　　　　　　封闭式叶轮　　　　　　　　离心泵叶轮

　　双吸离心泵的叶轮可看作由两个单吸叶轮合在一起而组成，两边是对称的（图 1.11），叶轮中间有一隔板，从两侧进水，故为双吸。

　　轴流泵叶轮上的叶片又称桨叶，根据叶片的角度能否调节，叶轮分为三种：固定式（不可调节）、半调节式（人工调节）和全调节式（用油压或机械机构进行调节）。从图 1.28（b）中可见叶片调节机构的情况。轴流泵叶轮见图 1.12。

（a）卧轴半调节式叶轮　　　　（b）半调节式叶轮　　　　（c）全调节式叶轮

图 1.12　轴流泵叶轮

　　混流泵叶轮见图 1.13。从图中可见，其流道较宽，出口边倾斜，其中低比转速的混流泵叶轮与离心泵叶轮相近，高比转速的混流泵叶轮则与轴流泵叶轮相近，其叶片也可以做成可调节式叶片。

（a）封闭式叶轮　　　　　（b）开敞式叶轮　　　　　（c）半封闭式叶轮

图 1.13　混流泵叶轮

　　根据使用要求的不同，水泵的叶轮可用不同的材料制作。小型农用泵多用铸铁浇铸而成，较重要的泵和大型泵用铸钢、不锈钢制作，化工用泵中可用专用塑料与抗腐蚀材料叶轮。叶轮外观要求光滑、无铸造及加工缺陷，且整体平衡。

3. 密封环

泵的密封环（Seal Ring）又叫减漏环、口环等，因其安装在水泵的转动部分与壳体之间，故称口环（图 1.14），其作用是防止经叶轮流出的高压水倒流回泵进口。密封环磨损以后，要及时更换，防止泄漏，以提高水泵的运行效率。图 1.15 为泵密封环剖面几种常见的形式。

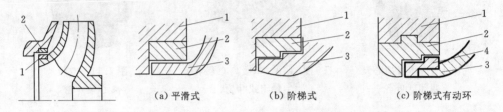

（a）平滑式　　　　　（b）阶梯式　　　　　（c）阶梯式有动环

图 1.14　口环剖面图
1—动环；2—静环

图 1.15　不同形式的泵密封环剖面
1—泵体；2—静环；3—叶片；4—动环

4. 轴封装置

在泵轴与泵体之间，用轴封装置（Shaft Seal）连接，其作用是防止运转时泵内高压水流泄出泵外，而在起动时，则防止外界的空气进入泵体。

（1）填料密封函。填料密封函简称填料函，由填料、填料压盖、水封环组成，如图 1.16 所示，在中小型水泵中广泛使用。填料起密封作用，由石墨（或黄油）浸透的石棉或编织的棉纱制成，安装在水封环的两侧，由填料压盖压紧，压紧程度由填料压盖螺栓控制调节。

填料通常装 4~6 圈，每一圈填料的切口应与泵轴成 30°角（图 1.16）。相邻两填料的切口应错开安装，一般要相差 120°左右。

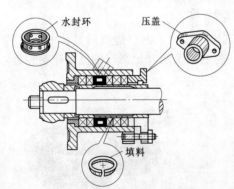

图 1.16　填料函剖面图

水封环又叫填料环，压力水通过水封管进入填料环，形成一圈水环，并有部分水进入填料中，起到水封、润滑和冷却的作用。

轴流泵的泵轴伸出部分也多用填料密封，但没有水封环。填料函密封装置具有结构简单、价格低廉、拆装方便等优点。

（2）机械密封。机械密封（Mechanical Seal）又叫端面密封，如图 1.17 所示，由静止环（静环）、旋转环（动环）、弹簧、弹簧座、紧定螺钉、旋转环密封圈和静环密封圈等元件组成。为防止静环转动，将静环用防转销固定在压盖上。机械密封中流体可能泄漏的通道有 A、B、C、D 四个。C、D 分别是静环与压盖、压盖与壳体之间的通道，其密封均属静密封。B 是动环与轴之间的通道，当端面摩擦磨损后，它仅仅能追随补偿环沿轴向做微量的移动，其密封仍然是一个

资源 1－2
机械密封
工作原理

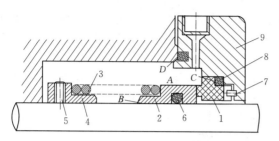

图 1.17　机械密封剖面图

1—静环；2—动环；3—弹簧；4—弹簧座；
5—紧定螺钉；6—动环密封圈；7—防
转销；8—静环密封圈；9—压盖

相对静密封。因此，这些通道的密封比较容易。静密封元件最常用的有 O 形橡胶圈或聚四氟乙烯 V 形圈。A 通道是端面贴合做相对滑动的动环与静环的通道，其密封为端面动密封，是机械密封装置中的主要密封，也是决定机械密封性能和寿命的关键。因此，对密封端面的加工要求很高，同时必须严格控制端面上的单位面积压力，以使密封端面间保持必要的润滑液膜。压力过大，不易形成稳定的润滑液膜，也会加速端面自身的磨损；压力过小，泄漏量增加。

机械密封的优点是结构紧凑，机械磨损小，耗功少，密封性能好，寿命长。但是机械密封的结构较为复杂，安装技术要求高，价格也高。

5. 轴承（Bearing）

离心泵泵轴的支承以滚动轴承、滑动轴承（轴瓦）为多数，这些都已标准化，使用时只要安装正确、保证润滑即可。

轴流泵和井泵中的橡胶轴承用得较多。橡胶轴承也是一种滑动轴承，不过它的内壁用橡胶制成，且与轴接触的部分开有若干条槽，以通水润滑和冷却，故又称为水润滑橡胶轴承（图 1.18），橡胶轴承在使用时必须有水润滑。轴流泵泵轴伸出壳体部分的一个轴承是橡胶轴承，由于该轴承不在水面以下，所以起动时必须注水，以免干摩擦引起发热损坏轴承。橡胶轴承只能承受径向力，不能承受轴向力，其一般的损坏方式为偏磨，磨损后应及时予以修复或更换。橡胶轴承的缺点是容易磨损，现在的大中型水泵不少已采用耐磨材料，如用尼龙、陶瓷等制作导轴承。

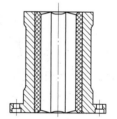

图 1.18　橡胶轴承剖面图

6. 压水室（泵壳）

压水室又称泵壳，用来安装叶轮。泵壳有蜗壳式泵壳、导叶式泵壳两种。蜗壳式泵壳的叶轮偏心安装，蜗壳有一进水口，蜗壳汇集从叶轮流出的水至出口，并把一部分动能转化为压能。离心泵和部分混流泵泵壳采用这种蜗壳。导叶式泵壳为圆柱桶状，进口端为叶轮室安装叶轮，出口端为出水导叶体，进出水方向在一直线上。泵壳的作用是汇集从叶轮压出的水流，降低流速，回收部分能量，使水流平顺地流出泵外。离心泵和低比转速的混流泵采用蜗壳式泵壳（图 1.19），蜗壳的螺旋线开始的地方为隔舌。

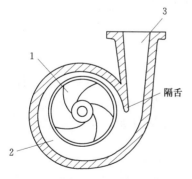

隔舌

图 1.19　蜗壳式泵壳剖面图

1—叶轮；2—蜗室；
3—出口扩管

轴流泵和高比转速的混流泵则采用导叶式泵壳,其叶轮后为导叶体(图1.20),导叶体有若干固定导叶片,其作用一是扩散水流,回收部分动能;二是将叶轮抽出的水流的旋转运动变为轴向运动。

泵壳一般用铸铁制成,故要求其过流部分应光滑、平整,不得有砂眼、裂纹、气孔等铸造缺陷,以免影响水泵的效率。

轴流泵和导叶式混流泵的导叶体后面是出水弯管(Elbow)(图1.21)。弯管的作用主要是使水流转向,并尽量减少水力损失。

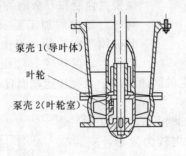

泵壳1(导叶体)
叶轮
泵壳2(叶轮室)

图1.20 导叶式泵壳剖面图

图1.21 出水弯管

1.2.2 水泵的结构

1. 离心泵(Centrifugal Pump)

离心泵是依靠叶轮旋转时产生的离心惯性作用工作的,其特点是扬程高、流量小。离心泵是应用最为广泛的一种泵,工业、农业、市政、国防等部门均大量使用离心泵。在农田灌排或供排水工程中常用的离心泵如下所述。

(1)单级单吸离心泵。单级单吸离心泵只有一个叶轮和一个进水口,具有结构简单、使用维护方便等优点,流量范围为$6\sim400\mathrm{m}^3/\mathrm{h}$,扬程范围为$5\sim125\mathrm{m}$。

单级单吸离心泵中用量最大、使用范围最广的是 IS 型、IB 型泵,这两类水泵均是按国际标准 ISO 2858 和国家标准所规定的性能及尺寸进行设计的标准化系列产品,适用于抽送温度不高于 80℃ 的清水。

这类水泵有一个单吸叶轮,泵轴水平,卧式安装,由其一侧的两个轴承支承,叶轮则悬挂于泵轴的另一端,所以又常称为悬臂式泵。泵的吸入口沿轴向进水,而压出口则沿径向出水,压出口方向可根据要求做上下左右的调整。图1.22和图1.23分别为 IS 型和 IB 型离心泵的结构剖面图。

(2)单级双吸离心泵。单级双吸离心泵是指只有一个叶轮,从叶轮两边同时进水的离心式水泵,这种泵实际上相当于两个单吸泵的叶轮共用一个后盖板(轮毂)合装在同一根轴上工作,所以与单吸泵比较,流量更大,可从$0.02\mathrm{m}^3/\mathrm{s}$到$1.76\mathrm{m}^3/\mathrm{s}$,扬程范围与单级单吸离心泵相当。

双吸离心泵一般做成水平中开式结构 [图1.24(a)],打开泵盖上半部分,就能看到泵体内的全部零件。该泵具有运行平稳,结构简单,安全可靠,检修方便等优点,适用于要求较大流量的场合。图1.24(b)是 S 型双吸离心泵的结构剖面图。

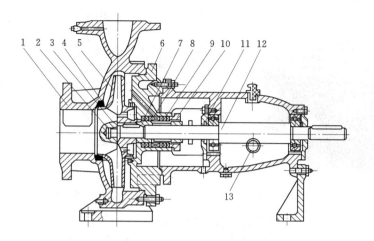

图 1.22 IS 型离心泵结构剖面图

1—泵体；2—叶轮螺母；3—止动垫圈；4—密封环；5—叶轮；6—泵盖；7—轴套；
8—填料环；9—填料；10—填料压盖；11—悬架轴承部件；12—轴；13—油位计

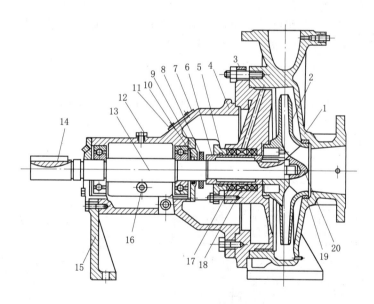

图 1.23 IB 型泵结构剖面图

1—泵体；2—叶轮；3—后盖；4—轴承体；5—填料压盖；6—轴套；7—转向牌；
8—挡水圈；9—轴承端盖；10—油杯；11—标牌；12—油塞；13—轴；14—键；
15—支架；16—油位计；17—填料；18—填料环；19—密封环；20—叶轮螺母

（3）多级离心泵。多级离心泵的结构特点是泵壳沿垂直于泵轴的平面分开，分为前段（吸入段）、中段和后段（压出段）。然后将各段用穿杆固紧，使之连成一个整体以承受高压。

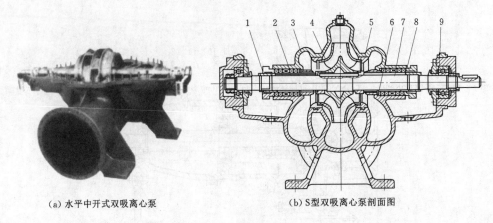

（a）水平中开式双吸离心泵　　　　　　（b）S型双吸离心泵剖面图

图1.24　单级双吸离心泵
1—填料压盖；2—填料；3—泵盖；4—叶轮；5—密封环；
6—泵体；7—轴；8—轴套；9—轴承

多级泵的转轮由多个单级泵的转轮串联在一根轴上组成，每一个叶轮为一级。每一级的壳体都是分开的，水泵工作时，水流从第一级叶轮流出后，经导叶进入第二级叶轮，再从第二级叶轮流出，直至泵的出口。水流通过每一级叶轮后都要获得一定的能量，叶轮级数越多，水流得到的能量越大，扬程就越高。所以多级泵的扬程特别高，可达 $50\sim650\mathrm{m}$，流量为 $6.3\sim450\mathrm{m^3/h}$。多级泵的符号通常以字母 D 开头。

常用的 D 型多级泵可输送不含固体颗粒、温度低于 $80℃$ 的清水，也可输送理化性质类似清水的液体。图1.25（a）为 D 型多级泵的结构剖面图，图1.25（b）为外形图。

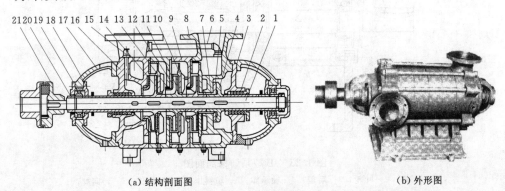

（a）结构剖面图　　　　　　　　　（b）外形图

图1.25　D 型多级泵
1—轴；2—轴套；3—尾盖；4—平衡盘；5—平衡板；6—平衡水管；7—平衡套；
8—排出段；9—中段；10—导叶；11—导叶套；12—次级叶轮；13—密封环；
14—首级叶轮；15—气嘴；16—吸入段；17—轴承体；18—轴承盖；
19—轴承；20—轴承螺母；21—联轴器

2. 混流泵（Mixed Flow Pump）

混流泵又称斜流泵，根据出水室的不同，通常分为蜗壳式和导叶式两种。中小型、低比转速混流泵多为蜗壳式结构，高比转速的混流泵为导叶式结构。

（1）蜗壳式混流泵。蜗壳式混流泵基本结构与单级单吸离心泵相近。蜗壳式混流泵大多为卧轴式（卧式），但由于混流泵的流量一般比离心泵大，其蜗壳体也较大，为使其支承稳固，将混流泵的泵壳与底座铸为一体，而轴承则用螺栓连接在泵体上，靠泵体支承。图1.26为蜗壳式混流泵结构剖面图。这类泵的流量范围为$0.02\sim3\mathrm{m^3/s}$，扬程范围为$4\sim20\mathrm{m}$。

（2）导叶式混流泵。导叶式混流泵配有轴向或径向导叶，一般为立轴式（立式），与蜗壳式泵比，其泵壳的体积要小些，占地面积也小。图1.27为立式导叶式混流泵，主要由泵体、泵轴、主轴承和填料盒等组成。与蜗壳式混流泵相比，它的流量范围更大，可达$1\sim15\mathrm{m^3/s}$，扬程为$5\sim20\mathrm{m}$。

资源1-4
混流泵
构造动画

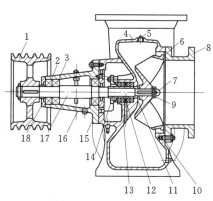

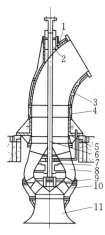

图1.26　蜗壳式混流泵结构剖面图

1—带；2—挡套；3—轴承；4—泵体；5—丝堵；6—叶轮；7—叶轮螺母；8—泵盖；9—叶轮螺母垫；10—纸垫；11—轴套；12—填料环；13—填料；14—填料压盖；15—前盖；16—轴承体；17—泵轴；18—后盖

图1.27　立式导叶式混流泵剖面图

1—填料函部件；2—上导轴承部件；3—弯管；4—接管；5—泵座；6—泵轴；7—下导轴承部件；8—导叶轮；9—叶轮；10—叶轮室；11—喇叭管

3. 轴流泵（Axial Flow Pump）

（1）轴伸泵。轴伸泵即通常所称的轴流泵。轴伸泵的外壳为圆筒形（直管＋弯管），包括进水喇叭管、导叶体和出水弯管等部件，见图1.28（a）。导叶式混流泵的外形与之相似。弯管是泵轴外伸必不可少的部件，是轴伸泵的特征。

轴伸泵设有上下两道橡胶轴承，用水润滑，只承受径向力（直径方向），而全部轴向力则要传递到电机座或轴承座上。

轴伸泵的流量大、扬程低，在平原地区灌溉排水及城市供排水、排污等方面广泛使用。轴伸泵的安装方式有立式、卧式和斜轴式（斜式）三种。按照其叶片的安装角度可否调节分为固定式（不可调节）、半调节式和全调节轴伸泵三种。半调节式需要停机调节；全调节则可在运行中调节，不需停机。中小型轴伸泵的流量范围为0.15～

资源1-5
轴流泵及
流动演示

$4m^3/s$，扬程范围为 2.5～7m；大中型轴伸泵的流量范围为 5～50m^3/s，扬程范围为 2～8m。大型轴伸泵常做成叶片全调节，全调节轴伸泵的调节拉杆安装在泵轴中间，通过调节机构带动拉杆上下移动来调节叶片角度 [图 1.28 (b)]。

（2）贯流泵。贯流泵又称管形泵，指电动机和主轴置于管道内部的泵。水泵进出水流道顺直，水流沿轴向流动，进水流态均匀，符合水泵叶轮设计的基本要求，水力损失小，装置效率较高。贯流泵又有灯泡式、潜水贯流式和电机泵的机电一体或全贯流式。

资源 1-6
贯流泵

灯泡式贯流泵将电机和减速箱安装在一个灯泡形的金属壳体即灯泡体中，电动机的主轴与转轮的轴水平连接，见图 1.28 (c)。泵机组的轴系支撑结构、导轴承和推力轴承等均布置在灯泡体内，结构紧凑。但与轴伸泵系统相比，灯泡式贯流泵的结构较复杂，密封要求高，安装维护不方便；因灯泡体尺寸较大，仅适用于大型泵。由于密封、绝缘、冷却、监控等问题得到较好的解决，用潜水电动机替代普通电动机的潜水贯流泵 [图 1.28 (d)] 在中小型泵站中的应用逐渐增多。直接置于水中的潜水电动机的外径比普通电动机灯泡的直径小许多，既有利于散热、减小水力损失，又扩大了贯流泵的应用范围，有加快大型化、取代灯泡式的趋势。

电机泵又称全贯流泵。这种泵将电动机和水泵叶轮合为一体，不再有传动轴，电动机的转子作为轴流泵的叶轮，见图 1.28 (c)。与普通的轴流泵叶轮相比，叶片的外缘与电动机的转子相连，类似电动机转子的轮辐。这样的转子在运行时产生摩擦损失较大，使得电机泵的装置效率较低。但电机泵的结构简单独特，无传动，低噪声，可靠性高。根据分析，排水泵站工程中应用电机泵，可节约投资 30%～40%，建设周期减少 2/3 以上，泵站周边噪声降低 20%～40%，尤其适合城市排涝泵站工程的需要。

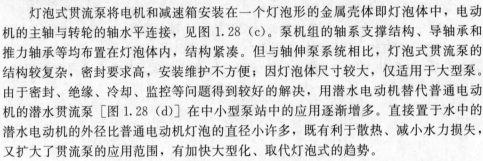

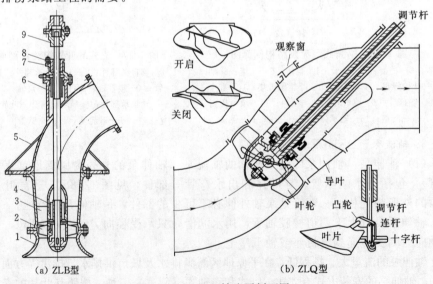

（a）ZLB型　　　　　　　　　　　　（b）ZLQ型

图 1.28 （一）　轴流泵剖面图

1—喇叭管；2—叶轮部件；3—导叶体；4—橡胶轴承；5—弯管；
6—橡胶轴承；7—填料盒座；8—填料压盖；9—联轴器

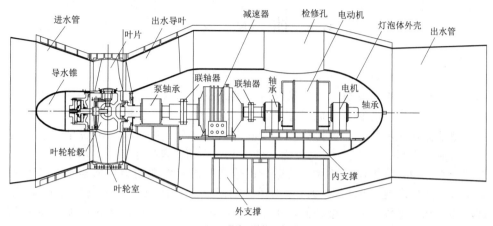

（c）贯流泵结构示意图

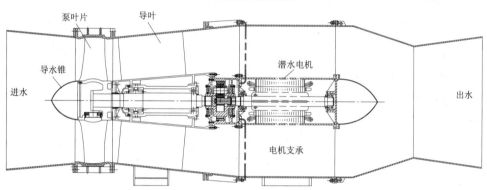

（d）潜水贯流泵结构图

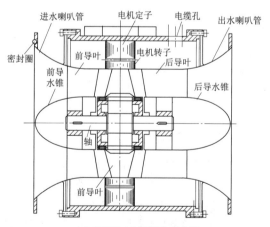

（e）电机泵（全贯流泵）结构图

图 1.28（二）　轴流泵剖面图

1—喇叭管；2—叶轮部件；3—导叶体；4—橡胶轴承；5—弯管；
6—橡胶轴承；7—填料盒座；8—填料压盖；9—联轴器

1.3　抽　水　装　置

1.3.1　抽水装置的组成

　　水泵装置由水泵及进、出水管（流）道组成，抽水装置由水泵、动力机、传动机构、管（流）道和各种附件组成。图1.29为一个离心泵抽水装置。图1.30为大型轴流泵抽水装置，包括从进水流道进口到出水流道出口（或者是从进水池到出水池）之间的全部。图1.31为一个小型立式轴流泵抽水装置。水泵是整个装置的核心；动力机提供驱动水泵的动力；传动机构用以把动力传递给水泵；管道则是水体从进水池至出水池的过流通道；而附件主要用以控制水流及辅助调节。这里的抽水装置指主要机组设备，此外，还有不少辅助机组设备，例如，各种电气设备等。这些设备共同完成整个抽水过程。

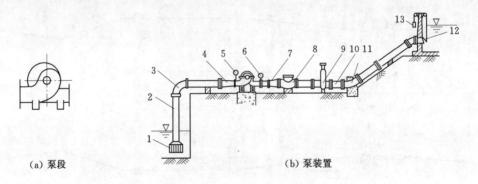

（a）泵段　　　　　　　　　　（b）泵装置

图1.29　离心泵抽水装置

1—滤网与底阀；2—进水管；3—90°弯头；4—偏心渐缩管；5—真空表；6—压力表；7—渐扩接管；
8—逆止阀；9—闸阀；10—出水管；11—45°弯头；12—拍门；13—平衡锤

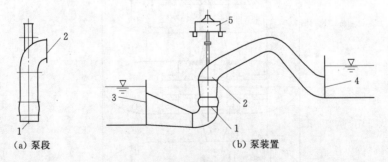

（a）泵段　　　　　　　　　（b）泵装置

图1.30　大型轴流泵抽水装置

1—泵进口；2—泵出口；3—泵进水流道进口；4—泵出水流道出口；5—电动机

1.3.2　管道

　　泵装置中除了泵机组及进、出水池等水工建筑物以外的部分，称为管道系统。它主要包括进、出水管路及其附件，如底阀、逆止阀、闸阀、蝶阀、弯管、渐缩

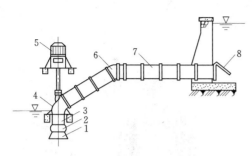

图 1.31 小型立式轴流泵抽水装置
1—喇叭管；2—叶轮；3—导叶体；4—出水弯管；
5—电动机；6—45°弯头；7—出水管；8—拍门

管、渐扩管、拍门、快速闸门、真空破坏阀等。

水泵进口到进水池部分的管道称为进水管路；水泵出口到出水池的管道称为出水管路，又叫压力水管。由于作用不同，对它们的要求也不相同。

离心泵进水管路一般处于负压状态，要求有高度的密封性和足够的刚度及强度，不漏气、不存气；而出水管路内部有较高的正压力，要求有较高的强度、刚度和稳定性，也要求密

封，确保安全可靠。

1.3.3 弯头

弯头用于改变管路和水流方向。其弯曲圆弧的度数一般有90°、60°、45°、30°等多种（图1.32），用户可根据需要选择或定做。

管路中也可用几种弯头组合以实现更加灵活的变向。

1.3.4 闸阀

闸阀利用闸板改变过流断面积来控制流量。闸阀关闭时，可以阻断水流。在离心泵抽水装置的出水管路上装上闸阀，启动和停机时关小闸阀，以减轻负荷，使电动机在轻载情况下平稳开停，

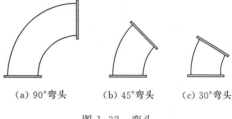

(a) 90°弯头   (b) 45°弯头   (c) 30°弯头

图 1.32 弯头

确保机组安全。在水泵运行过程中，也可以通过闸阀调节水泵流量。

闸阀内闸板有楔式与平行板式两种；按使用时的轴杆是否上下移动，又可分为明杆式和暗杆式两种。明杆式启闭时，轴杆同时上升或下降，因此易于控制启闭程度，适宜于安装在泵房内的管道上；暗杆式启闭时，轴杆不随之升降，适宜于安装在地下管道上，以免阀杆丝杠在潮湿环境中锈蚀。图1.33为闸阀内部构造图。

资源 1-7
闸阀

近年来，蝶阀的应用也逐渐增多。蝶阀利用阀芯的旋转控制开启度（图1.34），阀芯的旋转可用杠杆或蜗轮蜗杆调节，可手动也可电动启闭。

1.3.5 拍门

拍门是装在管道出口的单向阀门，门的一端铰接在管口上缘，另一端可以自由开关，开机时被水流冲开，停机时则受自重及水力作用下落。门框上有橡皮圈，关门时起密封和减缓关门的撞击的作用。拍门一般用铸铁或钢材制作，图1.35为拍门及装置示意图。拍门上端的铰轴线通常呈水平安装，也可以与水平线成一定夹角，能够有效地减小启门阻力和闭门撞击力。由于拍门制作简单，运行管理方便，在泵站上的应用十分普遍。

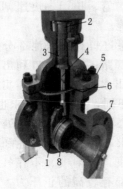

图 1.33 　 闸阀内部构造图

1—闸板；2—压盖；3—填料；4—阀杆；5—阀盖；
6—密封圈；7—阀体；8—阀座密封

图 1.34 　 蝶阀外形与构造图

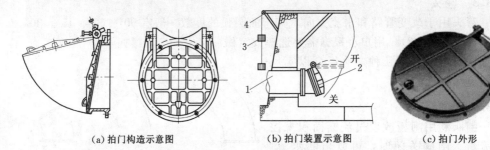

（a）拍门构造示意图 　 　 　 （b）拍门装置示意图 　 　 　 （c）拍门外形

图 1.35 　 拍门及装置示意图

1—出水管；2—拍门；3—平衡锤；4—滑轮

1.3.6 　 底阀

底阀安装在小型离心泵和混流泵的管道进口，也是一个单向阀，以便水泵启动时充水。当水泵第一次充水启动后，由于泵内的水不能倒流，水存留在泵中，水泵叶轮就可一直处于水中，水泵下一次启动就无须再充水。

底阀的内部有单向蝴蝶阀门结构，也有单叶阀门和升降式阀门结构，见图1.36。充水时阀门关闭；吸水时阀门被顶开。

图 1.36 　 底阀

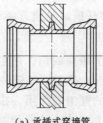
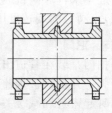

（a）承插式穿墙管 　 　 　 （b）法兰式穿墙管

图 1.37 　 穿墙管示意图

底阀的缺点是水流阻力大，一般仅用于小型离心泵装置。

1.3.7 穿墙管和软接头

水管从泵房的墙壁穿过时，用穿墙管固定在墙内，防止位移、漏水。软接头是装在泵房和出水池间管路上的一段柔性接管，用于防止因泵房与出水池沉陷不均匀使出水管受力破坏而发生事故。图 1.37 是穿墙管示意图，图 1.38 是软节头示意图。

1.3.8 变径接管

在水泵进口与进水管路之间用偏心的变径接管，如图 1.39 所示。水泵出口与出水管路之间用同心的变径接管。变径接管的长度为两端管径之差的 5～7 倍。

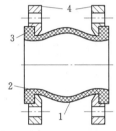

图 1.38 软节头示意图

1—橡胶短管；2—尼龙帘布内衬；
3—硬钢丝骨架；4—钢质法兰盘

（a）偏心渐缩管   （b）同心渐扩管

图 1.39 变径接管

1.4 水泵的工作参数

水泵的工作参数包括泵的流量、扬程、功率及效率、转速、汽蚀余量、吸上真空高度等。

1.4.1 流量

泵的流量有体积流量和质量流量之分。体积流量是泵在单位时间内抽送的液体的体积，其单位为立方米每秒（m^3/s）、升每秒（L/s）或立方米每小时（m^3/h）。质量流量则是泵在单位时间内所抽送的液体的质量，其单位为 kg/s 或 t/h。

通常采用体积流量，用符号 Q 表示。质量流量则用 q 表示。体积流量和质量流量的关系是

$$Q = \frac{q}{\rho} \tag{1.1}$$

式中：ρ 为液体的密度。

1.4.2 扬程

泵的扬程是能量的概念，它指单位重量的液体流过

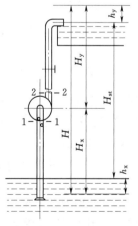

图 1.40 离心泵
能量关系

水泵后能量的增量。重量的单位是牛顿（N），能量单位为焦耳（J），J/N＝N·m/N＝m，故扬程的单位为米（m）。

以图 1.40 所示的卧式离心泵为例，泵进口 1—1 断面单位重量液体的能量（比能）为 E_1，出口 2—2 断面单位重量液体的能量为 E_2，则经过水泵的液体的比能增量为泵扬程，用 H 表示：

$$H = E_2 - E_1 \tag{1.2}$$

从水泵进水池到出水池的整个装置中，卧式水泵的扬程分为两段：一段是通过吸水管路把水从进水池抽吸上来；另一段是通过出水管路把水从水泵压送到出水池。水泵把水抽吸上来的高度（包括吸水的水力损失 h_x）叫作吸水扬程，简称吸程，用符号 H_x 表示。水泵把水压送出去的高度（包括压水的水力损失 h_y）叫作压水扬程，简称压程，用符号 H_y 表示。故扬程又可表示为

$$H = H_x + H_y$$

如果将出水池水位和进水池水位之间的高差称为泵站的净扬程，又称实际扬程或装置扬程，用符号 H_{st} 表示，把克服泵以外的进水部分和出水部分的摩擦阻力等消耗的能量叫损失扬程，用 h_1 表示，$h_1 = h_x + h_y$ 则水泵扬程又可表示为

$$H = H_{st} + h_1 \tag{1.3}$$

根据水力学伯努利（Bernoulli）方程 $E = z + \dfrac{p}{\rho g} + \dfrac{v^2}{2g}$，故泵进出口能量增量为

$$E_2 - E_1 = (z_2 - z_1) + \frac{p_2 - p_1}{\rho g} + \frac{v_2^2 - v_1^2}{2g}$$

则

$$H = (z_2 - z_1) + \frac{p_2 - p_1}{\rho g} + \frac{v_2^2 - v_1^2}{2g} \tag{1.4}$$

式中：z 为基准面以上断面位置高度；p 为断面压力；v 为断面流速；下角标 1、2 分别表示泵进口断面和出口断面。

式（1.4）是计算水泵扬程的通式。$z_2 - z_1$ 是位置高差（位置水头），$z + \dfrac{p}{\rho g}$ 为单位势能（势水头），$\dfrac{v_2^2 - v_1^2}{2g}$ 为单位动能（动水头）。无论是哪种形式的泵、何种安装形式，只要分别计算出相应的三项能量差即可求得泵扬程；亦可由测压管的液柱高表示。需要注意的是，计算位置高度的基准面必须统一。

1.4.3　功率

泵的功率包括泵的输入功率和泵的输出功率。

1. 输入功率

泵的输入功率指原动机（电动机或内燃机等）传递给泵轴的功率，又称为轴功率，用符号 N_a 表示，单位是 kW 或 W。

2. 输出功率

泵的输出功率是指液体流过水泵时由泵传递给它的有效功率，用符号 N_e 表

示，单位是 kW 或 W。用公式表示为

$$N_e = \frac{\rho g Q H}{1000} \tag{1.5}$$

式中：ρ 为水的密度，kg/m^3；g 为重力加速度，m/s^2；Q 为水泵流量，m^3/s；H 为水泵扬程，m。

输入功率与输出功率之差为泵内损失功率。由于水泵的结构、制造精度等方面的问题，不同程度的泵内损失功率总是存在的，可以将其分为三类。

（1）机械损失功率。机械损失包括泵轴与轴承、泵轴与轴封内填料的摩擦损失，以及叶轮在水中旋转与水体摩擦的损失（又称为圆盘摩擦损失）。在机械损失中，圆盘摩擦损失往往占有很大比重，尤其是中低比转速的离心泵，其数值除了与叶轮的直径和转速有关外，还与叶轮盖板表面和泵壳内壁的粗糙度有关。机械损失消耗的功率即机械损失功率。

（2）容积损失功率。泵内的容积损失指由高压侧的水流向低压侧泄漏引起的功率损失。图1.41表示离心泵内的间隙漏损，其主要部位在水泵进口的口环处和叶轮背面的平衡孔及填料函处。图1.42表示轴流泵内的间隙漏损，主要是在转轮和转轮室之间存在的回流。这部分泄漏或回流的液体在经过叶轮时获得了能量，但未被有效地利用而浪费了。泵内的容积损失消耗的功率即容积损失功率。

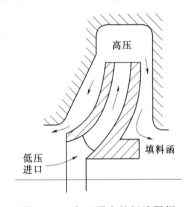
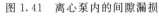
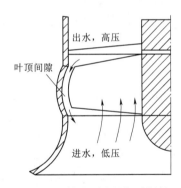

图1.41　离心泵内的间隙漏损　　　　图1.42　轴流泵内的间隙漏损

（3）水力损失功率。水体进入水泵以后，流经进水室、叶槽、蜗道、出水室等过流部件，最终流出泵体。在这一过程中，水流要流经各种不同形状的断面，经过转弯或扩散，要克服水体与边壁及转轮之间的摩擦，水体自身也要发生撞击、挤压、摩擦，产生漩涡，所有这些都要消耗一部分能量，把这种能量损失称为水力损失，用 h_1 表示，其消耗的功率即水力损失功率。

1.4.4　效率

水泵的有效功率与轴功率的比值，称为泵的效率。水泵效率反映了水泵传递功率的有效程度，这是衡量水泵性能优劣的一个重要技术经济指标。效率用符号 η 表示，有

$$\eta = \frac{N_e}{N_a} \tag{1.6}$$

水泵效率的高低，说明泵内损失功率的大小。根据泵内损失的不同，水泵效率又可以分为机械效率、容积效率和水力效率三种。

（1）机械效率 η_m。水泵的轴功率中一部分克服机械损失功率 N_m，把剩下的能量传递给抽送的水体，将这部分功率称为水功率，对应理论扬程和流量的水功率用 N_T 表示，机械效率 η_m 即为

$$\left.\begin{array}{l} \eta_m = \dfrac{N_a - N_m}{N_a} = \dfrac{N_T}{N_a} \\ N_T = \rho g Q_T H_T \end{array}\right\} \tag{1.7}$$

式中：Q_T 为水泵的理论流量，m^3/s；H_T 为水泵的理论扬程，m。

（2）容积效率 η_V。泵轴水功率中，一部分要消耗在泄漏掉的水体上。在水泵抽送的水体中，送出泵外的部分流量用 Q 表示，泄漏流量用 q 表示，故有 $Q_T = Q + q$，泄漏水体消耗的能量为 $N_q = \rho g q H_T$，令 $N' = N_T - N_q = \rho g Q H_T$，则容积效率为

$$\eta_V = \frac{N'}{N_T} = \frac{\rho g Q H_T}{\rho g Q_T H_T} = \frac{Q}{Q_T} \tag{1.8}$$

（3）水力效率 η_h。在泵内，由水体内部的撞击、摩擦、漩涡等造成的水力损失功率用 N_f 表示，则水力损失消耗的功率为 $N_f = \rho g Q h$。泵的理论扬程为泵的实际扬程与损失扬程之和，即 $H_T = H + h$，水功率减去容积损失功率剩下的功率为 N'，这部分能量中扣除水力损失后的能量才是液体最终获得的有效能量，故 $N_e = N' - N_f = \rho g Q H_T - \rho g Q h = \rho g Q H$。水力损失的大小用水力效率表示，则水力效率为

$$\eta_h = \frac{N_e}{N'} = \frac{N' - N_f}{N'} = \frac{\rho g Q H}{\rho g Q H_T} = \frac{H}{H_T} \tag{1.9}$$

根据式（1.6）～式（1.9）可得

$$\eta = \eta_m \eta_V \eta_h \tag{1.10}$$

水泵的效率等于该泵的机械效率、容积效率和水力效率的乘积。

水泵效率还取决于制造及运行等因素。目前我国国产中、小型水泵的效率为 $70\% \sim 85\%$，大型水泵的效率为 $85\% \sim 90\%$。

1.4.5 转速

转速就是水泵转子每分钟旋转的转数，用符号 n 表示，其单位是 r/min。水泵的其余工作参数随着转速的改变而改变。通常将产品说明书上规定的水泵转速称为额定转速，相应的工作参数为额定参数，例如额定扬程、额定流量等。

1.4.6 吸上真空高度和汽蚀余量

这两个参数均是反映水泵汽蚀性能的参数，也是水泵重要的参数（有关水泵汽蚀性能的详细内容见第6章）。

吸上真空高度是指水泵在标准状态（即水温为 20℃，水面压力为一个标准大气压）下运转时，水泵进口的真空高度，用 H_s 表示，单位是米水柱（mH_2O）。

汽蚀余量是指水泵进口处，单位重量液体所具有的超过当时温度饱和蒸汽压力的富余能量，用 Δh 表示，单位也是米水柱（mH_2O）。

第 **2** 章

水 泵 基 本 理 论

2.1 泵 内 流 动 分 析

水流在水泵叶轮内的流动是复杂运动。如图 2.1 和图 2.2 所示，水流从叶轮进口流向叶轮出口的运动是一个复合运动，即沿着叶片的相对运动和随着叶轮旋转的圆周运动的复合运动。

假设叶轮上的叶片由无穷多个无厚度的骨线组成，则通过叶轮的水流可以看成是无数层流面的总和，每一层流面的流动互不干扰。叶槽内任一水流质点的运动，一方面要以一定速度沿叶片流动，其流动的方向在该点与叶片的骨线相切，称为相对速度，用 $\vec{w}$ 来表示；另一方面，水流质点又随叶轮一起以圆周速度旋转，其方向是该点圆周的切线方向，称

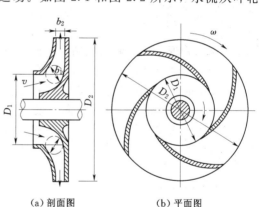

(a) 剖面图　　　　　(b) 平面图

图 2.1 离心泵叶轮图

为圆周速度，用 $\vec{u}$ 表示，又称牵连速度。水流质点相对于不动的泵壳的运动，即

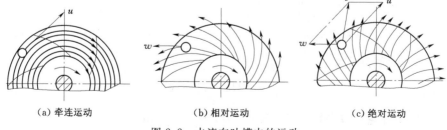

(a) 牵连运动　　　　(b) 相对运动　　　　(c) 绝对运动

图 2.2 水流在叶槽内的运动

为相对运动和牵连运动的合成运动，其速度称为绝对速度，用 $\vec{v}$ 来表示，则有

$$\vec{v} = \vec{u} + \vec{w} \tag{2.1}$$

图 2.2 表示水流在离心泵叶轮的叶槽中流动的情况，其中图 2.2（a）和图 2.2（b）分别是水流质点牵连运动和相对运动的迹线；图 2.2（c）是绝对运动的迹线。水流在叶轮中的复合运动可以用矢量合成的方法求得。图 2.3 为速度三角形，图中绝对速度 $\vec{v}$ 与圆周速度 $\vec{u}$ 的夹角 α 称为绝对液角，相对速度 $\vec{w}$ 与圆周速度 $\vec{u}$ 相反方向的夹角 β 称为相对液角。

绝对速度 $\vec{v}$ 又可分解为两个相互垂直的分速度：圆周分速 $\vec{v}_u$ 和轴面分速 $\vec{v}_m$。

$$\vec{v} = \vec{v}_u + \vec{v}_m \tag{2.2}$$

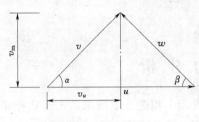

图 2.3　速度三角形

圆周分速 $\vec{v}_u$ 与圆周速度的方向一致，轴面分速 $\vec{v}_m$ 则是绝对速度 $\vec{v}$ 在过该质点的轴面内的投影。所谓轴面，就是泵轴线与所研究的质点所确定的平面。在离心泵中，若不计轴向速度，$\vec{v}_m$ 就是绝对速度的径向分速度；在轴流泵中，若不计径向速度，$\vec{v}_m$ 就是绝对速度的轴向分速度（图 2.3）。

速度三角形适用于叶槽流场中任何一点，最关注的是叶轮进口和出口处的速度三角形，即通常所称的进口速度三角形和出口速度三角形，其参数分别用下标 1 和 2 来表示。通常假定泵的进口水流无漩，即 $v_{u1} = 0$，$\alpha_1 = 90°$；出口水流相对速度 w_2 方向与叶轮出口切线方向一致。

图 2.4 和图 2.5 分别为离心泵和轴流泵叶轮的进、出口速度图，若已知叶轮流道的几何形状、流量和转速，可按下述步骤作出进、出口速度三角形。

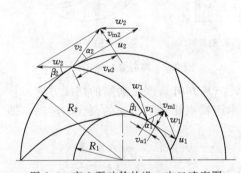

图 2.4　离心泵叶轮的进、出口速度图

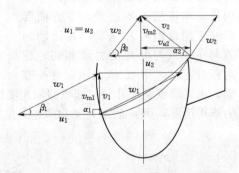

图 2.5　轴流泵叶轮的进、出口速度图

（1）进口圆周速度。

$$u_1 = \frac{\pi R_1 n}{30} \quad (\text{m/s}) \tag{2.3}$$

式中：R_1 为叶轮进口平均半径，m；n 为泵转速，r/min。

（2）进口轴面分速。

$$v_{m1} = \frac{Q_T}{A_1} \quad (m/s) \tag{2.4}$$

式中：Q_T 为流经叶轮的理论流量，m^3/s；A_1 为叶轮进口垂直于轴面流速的过水断面（图 2.6）面积，m^2。

$$A_1 = 2\pi R_1 b_1 \psi_1 \tag{2.5}$$

式中：b_1 为叶轮进口处流道宽度，m；ψ_1 为叶轮进口处考虑叶片厚度时的排挤系数，$\psi_1 = 0.75 \sim 0.88$，对低比转速泵取小值，高比转速泵取大值。

（3）进口绝对液角。叶片进口（前）处的绝对速度 v_1 与圆周速度 u_1 的夹角为进口绝对液角，由叶轮的进口形式决定。水泵在设计状态下运行时，$\alpha_1 = 90°$，它意味着进口绝对速度的圆周分速为 0。

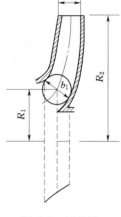

图 2.6　泵的进、出口过水断面

（4）出口圆周速度。

$$u_2 = \frac{\pi R_2 n}{30} \quad (m/s) \tag{2.6}$$

式中：R_2 为叶轮出口半径，m。

对于轴流泵，很显然 $u_1 = u_2$。

（5）出口绝对速度的轴面分速。

$$v_{m2} = \frac{Q_T}{A_2} \quad (m/s) \tag{2.7}$$

式中：A_2 为叶轮出口过水断面面积，m^2。

$$A_2 = 2\pi R_2 b_2 \psi_2 \tag{2.8}$$

式中：b_2 为叶轮出口处流道宽度，m；ψ_2 为叶轮出口处考虑叶片厚度时的排挤系数，取值为 $0.85 \sim 0.95$，低比转速泵取小值，高比转速泵取大值。

（6）出口相对速度的方向为叶片出口（工作面末端）的切线方向。至此，各速度的大小和方向均已求得，据此可作出速度三角形。

2.2　水泵的基本方程

2.2.1　基本方程推导

假设泵内水流运动恒定，水泵进出口水流流态均匀。认为叶轮具有无限多、无限薄的叶片，水流完全沿着叶片流动，水流相对运动的轨迹与叶片的型线相重合。水体在叶槽间的流动呈轴对称，叶轮与半径处水流的同名速度液角相等，即速度三角形相同。同时假定水流为无黏性理想液体，在叶槽中运动时没有损失，且密度不变。

根据动量矩定律，液体质点系对于任一轴的动量矩 L 随时间 t 的变化率，等于作用于该质点系诸外力对同一轴的力矩之和 M，可用下式表达：

$$\frac{dL}{dt} = M \tag{2.9}$$

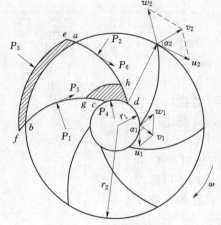

图 2.7　叶槽中液流瞬时
变化状况及作用力

把动量矩定理应用于离心泵的一个水槽内的水流。如图 2.7 所示，在叶轮上取某一叶槽，在 $t=0$ 时，槽内水流居于 $abcd$ 的位置，经过 dt 时间以后，这部分水体位置变为 $efgh$，这部分水体对泵轴的动量矩的变化量是两个位置动量矩之差：

$$dL = L_{efgh} - L_{abcd} \tag{2.10}$$

在 dt 时间内，尚在叶槽内的水流为 $abgh$，流入叶轮的水为 $hgcd$，流出叶槽的水为 $efba$，故该质点系的动量矩变化应等于这两部分水流动量矩之差：

$$dL = L_{efba} - L_{hgcd} \tag{2.11}$$

在恒定流状态下，dt 时段内流出叶槽的水流与流入叶槽的水流具有相等的质量 dm，故两块水流对泵轴的动量矩分别为

$$L_{hgcd} = dm v_1 \cos\alpha_1 r_1$$
$$L_{efba} = dm v_2 \cos\alpha_2 r_2 \tag{2.12}$$
$$dL = dm (v_2 \cos\alpha_2 r_2 - v_1 \cos\alpha_1 r_1) \tag{2.13}$$

因此根据式（2.9），叶槽内的水流动量方程为

$$M_{pa} = \frac{dm}{dt} (v_2 \cos\alpha_2 r_2 - v_1 \cos\alpha_1 r_1) \tag{2.14}$$

M_{pa} 为作用在叶槽内水流上所有的外力矩，作用于整股水流上的外力有（图 2.7）：

（1）叶片迎水面和背水面作用于水体的压力 P_1 及 P_2。

（2）作用于 ab 和 cd 面上的水压力 P_3 及 P_4，它们都沿径向作用，所以对泵轴的力矩为零。

（3）作用于水流的摩阻力 P_5 和 P_6，推导过程中可不予考虑。

把式（2.13）推广应用到流过叶轮的全部水流时，式（2.14）中的 M_{pa} 变为作用于全部水流的所有外力矩之和 M，而在稳定流动的假设下有

$$\sum M_{pa} = \int \frac{dm}{dt} (v_2 \cos\alpha_2 R_2 - v_1 \cos\alpha_1 R_1)$$

$$\int \frac{dm}{dt} = \int \frac{d(\rho V)}{dt} = \rho \int \frac{dV}{dt} = \rho \int dQ_T = \rho Q_T$$

$$M = \rho Q_T (v_2 \cos\alpha_2 R_2 - v_1 \cos\alpha_1 R_1) \tag{2.15}$$

根据假设，不计阻力损失，叶轮轴功率 N_a 全部传给水体，叶轮轴功率为

$$N_a = \rho g Q_T H_T \tag{2.16}$$

又　　　　　　　　　　　$$N_a = M\omega \tag{2.17}$$

其中 ω 为叶轮旋转角速度，由式（2.16）和式（2.17）得

$$H_T = \frac{M\omega}{\rho g Q_T} \tag{2.18}$$

将式（2.15）代入式（2.18），整理后有

$$H_T = \frac{\omega}{g}(v_2\cos\alpha_2 r_2 - v_1\cos\alpha_1 r_1) \tag{2.19}$$

又 $\qquad\qquad \omega r = u, \quad v\cos\alpha = v_u$

故

$$H_T = \frac{1}{g}(u_2 v_{u2} - u_1 v_{u1}) \tag{2.20}$$

式（2.20）是在无穷多叶片假设下推导出来的，所以以将 H_T 下标加上"∞"，这样就得到叶片泵的基本方程式：

$$H_{T\infty} = \frac{1}{g}(u_2 v_{u2} - u_1 v_{u1}) \tag{2.21}$$

水泵的基本方程反映了叶轮对液体所做的功与液体运动的关系，表明叶轮在动力机驱动下传给单位液体的能量，即产生的扬程，其大小与叶轮旋转速度和叶轮出口速度的圆周分量成比例。用功能原理也可推导出水泵基本方程，这里不再介绍，可参考有关书籍。

式（2.21）是以无穷多叶片的假设为前提的，由于大多数情况下 $v_{u1}=0$，故式（2.21）可改写为

$$H_{T\infty} = \frac{1}{g}u_2 v_{u2} \tag{2.22}$$

当叶片为有限多时，液体具有黏性，叶槽内水流会产生反旋、脱流和漩涡等一系列水流现象，影响了理论扬程，应引入修正系数，则得

$$\left.\begin{array}{l} H_T = \dfrac{H_{T\infty}}{1+p} \\[2mm] p = 2\dfrac{\varphi}{Z}\dfrac{1}{1-\left(\dfrac{D_1}{D_2}\right)^2} \\[2mm] \varphi = (0.55\sim0.65) + 0.6\sin\beta_2 \end{array}\right\} \tag{2.23}$$

式中：D_1、D_2 为叶轮的内、外径；Z 为叶片数；β_2 为相对速度 $w_{2\infty}$ 与 $-u_2$ 的夹角。

2.2.2 基本方程的分析和讨论

（1）基本方程式只与叶轮进、出口的动量矩有关，与叶片的形状无关。不管叶轮内部水流方式如何，能量的传递都取决于进、出口速度图，基本方程式既适用于离心泵，也适用于轴流泵、混流泵等叶片泵。

（2）基本方程式与被抽送的液体种类无关，适合于一切液体和气体，只是 H_T 应当用被抽液体的米液（气）柱高度计。

（3）水泵扬程主要取决于出口速度图，因为大多数情况下 $v_{u1}=0$。叶轮内部如有脱流等发生，将影响出口速度，

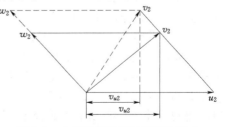

图 2.8 水流脱壁对出口速度的影响

从而影响水泵理论扬程。例如，在叶槽壁的附近，特别是在叶轮出口叶片的背面，边界层中水的质点在受阻减速、加压等情况下脱离了叶片背面，形成回流区，使得出水断面减小，速度 w_2 突然增大，w_2 的方向改变，w_2 变大后的出口速度四边形如图 2.8 所示。由图 2.8 可以看出，w_2 变大后，引起 v_{u2} 减小，使理论扬程降低。

（4）离心泵性能随叶片的形状变化。从叶片出口速度四边形可知

$$v_{m2} = \frac{Q}{\pi D_2 b_2}$$

$$v_{u2} = u_2 - v_{m2} \cot\beta_2 = u_2 - \frac{Q}{\pi D_2 b_2} \cot\beta_2$$

所以 $$H_T = \frac{u_2}{g}\left(u_2 - \frac{\cot\beta_2}{\pi D_2 b_2} Q\right) \tag{2.24}$$

由上式可知：当 $\beta_2 > 90°$ 时，$\cot\beta_2$ 为正，则 H_T 随 Q 的增加成直线上升；当 $\beta_2 = 90°$ 时，$\cot\beta_2$ 为零，则 H_T 与 Q 无关，为一常数，即 $H_T = \frac{u_2^2}{g}$；当 $\beta_2 < 90°$ 时，$\cot\beta_2$ 为负，则 H_T 随 Q 的增加而成直线减少。

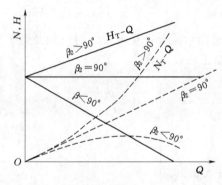

图 2.9 理论扬程、功率与流量的关系

再来分析理论功率 N_T，当 n 为常数时：

$$N_T = \rho g Q H_T = \frac{\rho g}{g} u_2 \left(u_2 - \frac{\cot\beta_2}{\pi D_2 b_2} Q\right) Q \tag{2.25}$$

当 $\beta_2 > 90°$ 时，N_T 为一随 Q 变化而下凹的上升曲线；当 $\beta_2 = 90°$ 时，N_T 为一直线；当 $\beta_2 < 90°$ 时，N_T 为上凸的抛物线。H_T 与 N_T 随 Q 变化的关系曲线如图 2.9 所示。在实践中，为减少水力损失，提高水泵效率，防止动力超载，离心泵叶片均采用向后弯曲的叶片，即 $\beta_2 < 90°$。β_2 一般取 $15° \sim 40°$，实验表明，$\beta_2 = 20° \sim 25°$ 较佳。

2.3 轴流泵升力理论

轴流泵叶片数较少，叶槽宽，宜采用叶栅理论分析，本节简要介绍轴流泵的升力理论。轴流泵叶轮旋转时叶片像飞机机翼一样对流体产生升力，把能量传给水流。下面分析升力产生的原因。

流体绕过翼型就会产生如图 2.10 所示的流线。从流体力学的角度分析，沿包围翼型的周界存在一个环量，故翼型上下存在着压力差，由此产生作用于翼型之上的力 P（图 2.11）。将此力分成两个分力：一个是与来流方向（未受翼型影响的流体方向）相垂直的分力 P_y，这个分力称为升力；另一个是与来流方向一致的分力 P_x，这个分力称为迎面阻力。通过风洞试验，升力和迎面阻力的

资源 2-3
翼型升力
原理

关系式如下：

$$P_y = C_y \rho \frac{v^2}{2} F \qquad\qquad (2.26a)$$

$$P_x = C_x \rho \frac{v^2}{2} F \qquad\qquad (2.26b)$$

式中：v 为未受翼型影响的流体速度；F 为翼型在弦上的投影面积；C_y 为单个翼型的升力系数；C_x 为单个翼型的迎面阻力系数。

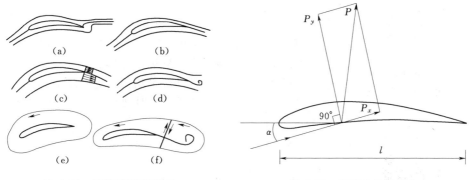

图 2.10　流体绕翼型流动　　　　　　　　图 2.11　翼型上的作用力

单翼型的空气动力特性如图 2.12 所示，图 2.13 是 RAF-6 翼型的 C_y、C_x 与来流冲角 α 及翼型相对曲率 h/l 的关系（h 为翼型的最大厚度，l 为弦长）。

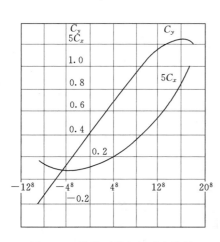

图 2.12　单翼型的空气动力特性

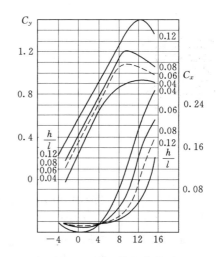

图 2.13　翼型特性曲线图

轴流泵叶轮由几个叶片组成，如以泵轴线为中心线，以半径 r 和半径 $r+dr$ 的两个圆柱面去切泵的叶轮（图 2.14），则得到一个圆环，将这个圆环展开，即可得到如图 2.15 所示的一系列剖面相等且排列一致的多个翼型，称为叶栅。当叶轮旋转时，这一叶栅便成为平面移动的无限叶栅。当流体流过叶栅时，叶栅中的

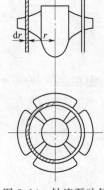

图 2.14　轴流泵叶轮
柱面环切示意图

每一个翼型均和上述的单个翼型一样，有一个升力 P_{yp} 和迎面阻力 P_{xp}。由于叶栅中相邻的两个翼型并非相距很远，因此流动时互有干扰，作用在叶栅上的升力及迎面阻力数值，与作用于单个翼型的升力及迎面阻力数值不同，可用下式求得：

$$P_{yp}=C_{yp}\rho\,\frac{w_{\mathrm{m}}^2}{2}F \tag{2.27}$$

$$P_{xp}=C_{xp}\rho\,\frac{w_{\mathrm{m}}^2}{2}F \tag{2.28}$$

式中：C_{yp} 为叶栅中翼型的升力系数；C_{xp} 为叶栅中翼型的迎面阻力系数；w_{m} 为叶栅进口流体相对速度 w_1 与叶栅出口的相对速度 w_2 的几何平均值，见图 2.16。

系数 C_{yp}、C_{xp} 与翼型、相对曲率 h/l、叶栅稠密度 l/t、翼型安放角 β_{m} 以及冲角 α 等有关，通常由试验来确定。

分析图 2.15、图 2.16 和式（2.27），可以推算出设计轴流泵叶轮的基本方程式：

$$C_{yp}\frac{l}{t}=\frac{2\Delta v_u}{w_{\mathrm{m}}}\frac{1}{1+\tan\lambda/\tan\beta_{\mathrm{m}}} \tag{2.29}$$

式（2.29）中的符号参见图 2.15 和图 2.16。

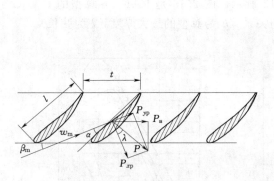

图 2.15　平面无限叶栅参数

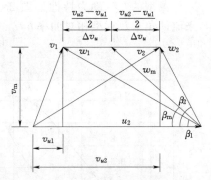

图 2.16　叶栅进出口速度图

式（2.29）表示工作轮叶片特性与流动参数之间的关系，流过叶轮的流体所获得的能量与叶栅传递的能量相平衡。前者取决于设计流量、扬程和转速，后者与叶栅稠密度 l/t 等几何特性及在流体中相对位置（翼型的安放角和冲角）有关。

前面分析的是半径为 r 的一个圆柱面所切成的叶栅。轴流泵叶片的运动是转动而不是平移，半径不同的断面速度三角形不同。现在来看半径分别为 r_1 和 r_2 的内外两个断面翼型在设计工况下的进出口速度三角形，如图 2.17 所示。当叶轮以角速度 ω 旋转时，$u_{2内}=r_1\omega$，$u_{2外}=r_2\omega$，由于 $r_2>r_1$，所以 $u_{2外}>u_{2内}$。设计要求叶片内外两个断面所产生的扬程必须相等，即

$$\frac{u_{2外}\,v_{u2外}}{g}=\frac{u_{2内}\,v_{u2内}}{g}$$

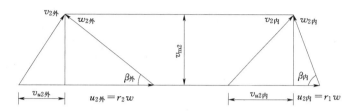

图 2.17 内外断面出口速度图

要满足上式必须使 $v_{u2外} < v_{u2内}$，从图 2.17 可以看出，只有当 $\beta_{外} < \beta_{内}$ 时才能满足设计要求。为此，越靠外缘，翼型断面安放角越小，这就决定了轴流泵叶片应具有扭曲的形状。这是假定 v_m 不变得出的结论，实际上，v_m 还是有变化的，难以达到内外断面产生相等扬程。

2.4 相 似 律

水泵的设计、研究、运行等都需要了解水泵的相似性，这对解决模型试验、性能换算、工况调节和应用开发等问题有重要意义。

2.4.1 相似条件

两台水泵中的水流现象如果相似，必须满足下列条件。

1. 几何相似

几何相似是指原型泵和模型泵之间对应线性尺寸的比值为一常数，对应角度相等。在图 2.18 中的两个几何相似的叶轮满足以下关系：

$$\frac{D_{1P}}{D_{1M}} = \frac{D_{2P}}{D_{2M}} = \frac{D_{3P}}{D_{3M}} = \frac{D_{4P}}{D_{4M}} = \cdots = \lambda_D \tag{2.30}$$

式中：下角标 P 和 M 分别表示原型泵和模型泵（下同）；λ_D 为任意同名线性尺寸的比值，即模型比。

$$\beta_{1P} = \beta_{1M}, \quad \beta_{2P} = \beta_{2M}$$

严格地说，两泵过流部分的粗糙度也应相似，即

$$\frac{\Delta_P}{\Delta_M} = \frac{D_P}{D_M} = \lambda_D \quad \text{或} \quad \frac{\Delta_P}{D_P} = \frac{\Delta_M}{D_M} = 常数$$

式中：Δ_P、Δ_M 为水泵表面的绝对粗糙度。

一般情况下，模型比原型小，为了保证两泵间糙度相似，往往要求模型的表面更加"光滑"。

2. 运动相似

运动相似是指原型泵和模型泵过流部分相对应点液体的同名速度的比值相同，对应角相等，即对应点上的速度相似，如图 2.18 所示。

$$\frac{v_P}{v_M} = \frac{w_P}{w_M} = \frac{u_P}{u_M} = \frac{v_{mP}}{v_{mM}} = \frac{v_{uP}}{v_{uM}} = \lambda_E \tag{2.31}$$

$$\alpha_P = \alpha_M, \quad \beta_P = \beta_M$$

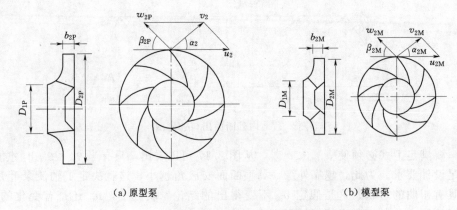

（a）原型泵　　　　　　　　　　　　　　（b）模型泵

图 2.18　原型泵与模型泵的几何相似与运动相似

3．动力相似

动力相似是指原型泵和模型泵过流部分相对应点液体所受的同名力的比值相同。这些力包括重力 G、压力 P、黏滞力 E、惯性力 F_u 等，即

$$\frac{G_P}{G_M}=\frac{P_P}{P_M}=\frac{E_P}{E_M}=\frac{F_{uP}}{F_{uM}}=\cdots=\lambda_F$$

由此可导出相关的动力相似准则及相关的相似准则数：

（1）重力相似准则——弗劳德数相等。

$$Fr=\frac{F}{G}=\frac{V^2}{gL}=\text{const（常量）} \tag{2.32}$$

（2）压力相似准则——欧拉数相等。

$$Eu=\frac{F}{P}=-\frac{\rho V^2}{P}=\text{const} \tag{2.33}$$

（3）惯性力相似准则——斯特劳哈尔数相等。

$$Sh=\frac{F}{F_u}=\frac{L}{VT}=\text{const} \tag{2.34}$$

（4）黏滞力相似准则——雷诺数相等。

$$Re=\frac{F}{E}=\frac{\rho V^2 L^2}{\tau A}=\frac{VL}{\nu}=\text{const} \tag{2.35}$$

以上诸式中：V 为特征速度；L 为特征长度；T 为特征时间。

实际上要做到全部动力相似是很困难的，例如原型、模型均将水作为运动介质，则重力相似和黏滞力相似就不能做到同时满足。所以在模拟计算时，应找准主要的力，保证主要的、对流动起支配作用的力的相似。

2.4.2　水泵相似律

水泵相似律就是两台泵在满足几何相似、运动相似和动力相似的前提下，它们的流量、扬程和轴功率之间遵循一定规律的变化关系。

下面进行推导：

1. 第一相似律

流过水泵叶轮的流量为 $Q=\pi Db\psi v_m \eta_V$，则原型、模型流量比为

$$\frac{Q_P}{Q_M}=\frac{(\pi Db\psi v_m \eta_V)_P}{(\pi Db\psi v_m \eta_V)_M}$$

又

$$\frac{v_{mP}}{v_{mM}}=\frac{n_P D_P}{n_M D_M} \ , \ \frac{b_P}{b_M}=\frac{D_P}{D_M}$$

当两泵的几何尺寸及转速相差不大时，设 $\psi_P=\psi_M$、$\eta_{VP}=\eta_{VM}$，则

$$\frac{Q_P}{Q_M}=\left(\frac{D_P}{D_M}\right)^3 \frac{n_P}{n_M} \tag{2.36}$$

2. 第二相似律

泵的扬程为 $H=\frac{u_2 v_{u2}}{g}\eta_h$，则原型、模型扬程比为

$$\frac{H_P}{H_M}=\frac{(u_2 v_{u2} \eta_h)_P}{(u_2 v_{u2} \eta_h)_M}$$

因为

$$\frac{u_{2P}}{u_{2M}}=\frac{v_{u2P}}{v_{u2M}}=\frac{n_{1P} D_{1P}}{n_{1M} D_{1M}}$$

设 $\eta_{hP}=\eta_{hM}$，则

$$\frac{H_P}{H_M}=\left(\frac{D_P}{D_M}\right)^2 \left(\frac{n_P}{n_M}\right)^2 \tag{2.37}$$

3. 第三相似律

泵的轴功率为 $N=\rho gQH\frac{1}{\eta}$，则原型、模型功率比为

$$\frac{N_P}{N_M}=\frac{\rho g Q_P H_P \eta_M}{\rho g Q_M H_M \eta_P}=\frac{Q_P H_P}{Q_M H_M}\frac{\eta_M}{\eta_P}$$

将式（2.36）、式（2.37）代入上式，并设 $\eta_P=\eta_M$，则

$$\frac{N_P}{N_M}=\left(\frac{D_P}{D_M}\right)^5 \left(\frac{n_P}{n_M}\right)^3 \tag{2.38}$$

式（2.36）~式（2.38）即为水泵相似律。它表明，若两台水泵相似，它们的流量之比与两泵线性尺寸比的三次方、转速比的一次方成正比；扬程比与线性尺寸比的平方、转速比的平方成正比；而轴功率之比则与线性尺寸比的五次方、转速比的三次方成正比。

上述推导是以效率不变的假定为前提的，只有在转速和线性尺寸变化不太大的情况下，这一假定才能成立，故相似泵的大小和转速均有一定限制。

2.4.3 水泵比例律

对于同一台泵，因为 $\frac{D_P}{D_M}=1$，根据水泵相似律，可得出

$$\frac{Q_1}{Q_2}=\frac{n_1}{n_2} \tag{2.39}$$

$$\frac{H_1}{H_2} = \left(\frac{n_1}{n_2}\right)^2 \tag{2.40}$$

$$\frac{N_1}{N_2} = \left(\frac{n_1}{n_2}\right)^3 \tag{2.41}$$

上式中角标"1""2"分别表示水泵在不同转速下的工况。式（2.39）～式（2.41）称为水泵的比例律。比例律公式说明：当水泵的转速改变时，该泵的流量、扬程和功率也随之改变，即流量与转速成正比，扬程与转速的平方成正比，轴功率则与转速的三次方成正比。同样的道理，水泵的比例律也只适用于水泵转速变化不太大的情况。

2.4.4 水泵的性能换算

根据水泵的相似律或比例律，可以很方便地进行不同尺寸、转速的水泵性能换算，即用于原型泵与模型泵的性能参数转换。

必须注意的是，在推导水泵相似律时，假定原型、模型的效率相等，而实际上这两者是有差别的。另外，因无法做到完全的力学相似而带来"比尺影响"，例如间隙、表面糙度等方面的影响，故相似换算的结果与实际情况有出入。对于要求较高的原型、模型换算，必须考虑上述的影响，需要将模型的效率进行修正换算后才能得到原型的效率。通常参照水轮机效率换算公式，如穆迪（Mody）公式等，我国泵试验验收规范亦有规定，可参阅有关资料。

2.5 比 转 速

比转速是对水泵性能进行比较的一个综合判据，又称比转数、比速，用符号 n_S 表示。它特指产生扬程为 1m，有效功率为 1hp（0.7355kW），流量是 $0.075\text{m}^3/\text{s}$ 时的水泵叶轮的转速。而和这个叶轮大小不一、几何相似的水泵的比转速是相等的（但比转速相等的叶轮不一定几何相似）。

将上述参数代入水泵相似律公式，可以求得水泵的比转速为

$$n_S = \frac{3.65n\sqrt{Q}}{H^{\frac{3}{4}}} \tag{2.42}$$

式中：n_S 为水泵的比转速；n 为水泵的额定转速，r/min；Q 为水泵的额定流量，m^3/s，因为比转速指单叶轮的参数，双吸泵为双叶轮，所以对于双吸泵，取泵流量除以 2 以后的值；H 为水泵的扬程，m，对于多级泵，则取泵扬程除以级数后的数值。

比转速不随转速的变化而改变，但其他工作参数不同时，比转速将不同。需要强调的是，公式中的参数是额定参数，由此得出的才是该泵的比转速。1 台泵只有 1 个比转速，这就是在额定工况下的比转速。

之所以说比转速是对水泵进行分类和性能比较的综合判据，因为随着比转速的变化，水泵发生一些有规律的变化。表 2.1 列出了水泵比转速与水泵类型、叶轮形状及水泵性能曲线之间的关系。

　　由表 2.1 可见，随比转速从小到大变化，水泵类型由离心泵到混流泵到轴流泵发生有规律的变化。离心泵的比转速为 50～300；混流泵的比转速为 300～500，少数混流泵比转速已达到 600 左右；轴流泵的比转速则大于 500。随着叶轮形状的变化，水流由离心泵的轴向进水、径向出水到混流泵的轴向进水、斜向出水，到轴流泵的轴向进水、轴向出水。随着比转速的增加，水泵的性能也发生有规律的变化，由离心泵的小流量、高扬程，到轴流泵的大流量、低扬程。

表 2.1　　　水泵比转速与水泵类型、叶轮形状及水泵性能曲线之间的关系

水泵类型	离心泵			混流泵	轴流泵
	低比转速	中比转速	高比转速		
比转速	50～80	80～150	150～300	300～500	500～1000
叶轮剖视简图					
尺寸比	$\dfrac{D_2}{D_0}\approx 2.5$	$\dfrac{D_2}{D_0}\approx 2.0$	$\dfrac{D_2}{D_0}=1.8\sim1.4$	$\dfrac{D_2}{D_0}=1.2\sim1.1$	$\dfrac{D_2}{D_0}\approx0.8\sim1.0$
叶片形状	圆柱形叶片	进口处扭曲 出口处圆柱形	扭曲形叶片	扭曲形叶片	扭曲形叶片
水泵性能曲线					

　　在实践中，根据比转速的大小可大概地了解该泵的特性。如果两台泵符合相似条件，它们的比转速必然是相等的；但如果两台水泵的比转速相等，不一定能判断它们是否一定相似，因为几何形状并不一定相似。例如比转速相等的轴流泵和混流泵就不相似。比转速是水泵相似的必要条件而不是充分条件。

第 3 章

水 泵 能 量 性 能

3.1 水泵的理论性能

水泵的性能（Pump Performance）是由流量、扬程、轴功率、效率、转速、允许吸上真空高度或汽蚀余量等性能参数来表达的。这些参数既有各自的物理概念，又有密切的相互联系。

通常水泵的性能指一定转速下，水泵的流量与扬程、流量与轴功率、流量与效率、流量与吸上真空高度或汽蚀余量的关系，在直角坐标系内用曲线的形式表达，就称为泵的性能曲线。从性能曲线图上，可以清楚地看出在一定的泵转速下，各性能参数之间的关系和变化规律。

3.1.1 扬程-流量曲线

（1）水泵基本方程为 $H_{T\infty} = \dfrac{u_2 v_{u2} - u_1 v_{u1}}{g}$，当水泵在设计工况时，$v_{u1} = 0$，基本方程形式为

$$H_{T\infty} = \frac{u_2 v_{u2}}{g} \tag{3.1}$$

以离心泵为例，在速度三角形中，$v_{u2} = u_2 - v_{m2}\cot\beta_2$。

$$H_{T\infty} = \frac{u_2{}^2 - u_2 v_{m2}\cot\beta_2}{g}$$

因为

$$v_{m2} = \frac{Q_T}{\pi D_2 b_2 \psi_2}$$

所以

$$H_{T\infty} = \frac{u_2{}^2}{g} - \frac{u_2\cot\beta_2}{g\pi D_2 b_2 \psi_2} Q_T \tag{3.2}$$

对于一台特定的水泵，π、D_2、b_2、ψ_2、β_2 均为常数，当转速一定时，u_2 也为一定值，式（3.2）可写成

$$H_{T\infty} = A - BQ_T \tag{3.3}$$

式（3.3）中 A、B 均为常数，是 Q_T 的一次函数，若以 Q_T 为横坐标，$H_{T\infty}$ 为纵坐标，则两者的关系为一直线，直线的斜率 $-B$ 决定于 β_2 的大小。

图 3.1 为离心泵不同叶片出口速度图，由第 2 章对离心泵叶轮叶片形状的分析已知，叶片后弯式叶轮（$\beta_2 < 90°$）的理论扬程 $H_{T\infty}$ 随 Q_T 的增大而减小，径向式叶片的叶轮（$\beta_2 = 90°$）的理论扬程 $H_{T\infty}$ 不随 Q_T 的变化而变化，前弯式叶片的叶轮（$\beta_2 > 90°$）的理论扬程 $H_{T\infty}$ 随 Q_T 的增大而增大。径向式叶片和前弯式叶片叶轮的叶槽弯曲，水力损失较大。

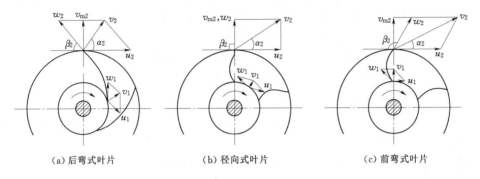

（a）后弯式叶片　　　　　（b）径向式叶片　　　　　（c）前弯式叶片

图 3.1　离心泵三种不同形式叶片的出口速度三角形

径向式叶片和前弯式叶片的水力损失较大，为了提高水泵效率，防止动力机过载，离心泵的叶片通常做成后弯式，$\beta_2 < 90°$，$\cot\beta_2 > 0$，$H_{T\infty}$ 随 Q_T 的增大而减小，表示斜率为负值，截距为常数的一条直线，见图 3.2。

当 $H_{T\infty} = 0$ 时　　　　　　　$Q_T = u_2 \pi D_2 b_2 \psi_2 \tan\beta_2$

当 $Q_T = 0$ 时　　　　　　　$H_{T\infty} = \dfrac{u_2^2}{g}$

这条直线也就是图 3.3 中的曲线 Ⅰ（$H_{T\infty} - Q_T$）。

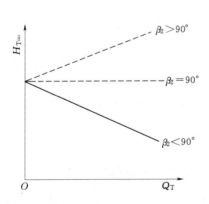

图 3.2　$H_{T\infty} - Q_T$ 曲线与 β_2 的关系

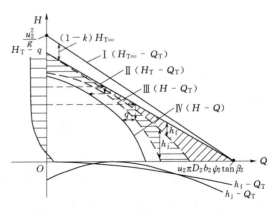

图 3.3　$H - Q$ 曲线的推求

（2）考虑有限叶片的影响，在有限叶片数时，泵的理论扬程 $H_T = KH_{T\infty}$，其中 $1 > K > 0$，故可将曲线 I 修正为曲线 II（$H_T - Q_T$）。

（3）由于泵内液流有撞击、摩擦，要损耗一部分能量，所以以扬程 H 会有所下降。泵的实际扬程等于泵的理论扬程减去泵内的损失 h，$H = H_T - h$。设泵内的损失与流量的关系曲线为 $h - Q$，h 包括摩擦损失 h_f 和局部损失 h_j，曲线上 h 最小的地方表示该流量值为设计点流量，水流的进口撞击损失最小。泵的实际扬程曲线为曲线 II 减去 $h - Q$，即曲线 III（$H - Q_T$）。

（4）泵的容积损失与泵内压力有关，压力越大，泄漏越大，其关系可用 $H_T - q$ 曲线表示。在 H_T 较小（低压）时，泵内无泄漏，甚至水流还可以通过间隙过水，可能使流量表现为正值。由于泄漏实际流量减少，$Q = Q_T - q$，故须在 $H - Q_T$ 曲线上相应地减去对应的 $H_T - q$ 值，才得到所要求的 $H - Q$ 曲线，这就是最终求得的水泵理论扬程-流量关系性能曲线 IV（$H - Q$）。

3.1.2　功率-流量曲线

理论的功率-流量曲线是一条向下弯曲的二次抛物线，在高效区内随着流量的增大，轴功率亦增大。

根据水泵的 $H_T - Q_T$ 曲线，可以求出水泵的理论输入功率 N_T。因为：

$$N_T = \rho g Q_T H_T = \rho g Q_T K H_{T\infty} = K \rho g Q_T \left(\frac{u_2 v_{u2}}{g} \right)$$

$$= K \rho Q_T u_2 \left(u_2 - \frac{\cot \beta_2}{\pi D_2 b_2 \psi_2} Q_T \right)$$

当 K、ρ、u_2、D_2、b_2、ψ_2 均为定值时，取 $\beta_2 < 90°$，则 $\cot \beta_2 > 0$，上式可写成 $N_T = A Q_T - B Q_T^2$ 的形式，见图 3.4 上的曲线 I（$N_T - Q_T$）。

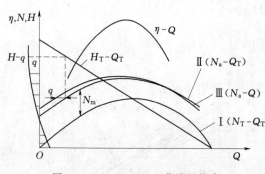

图 3.4　$N - Q$、$\eta - Q$ 曲线的推求

N_T 是泵叶轮传给水流的功率，称为水功率。水功率与消耗于轴承、填料函和圆盘等处的机械损失功率 N_m 之和为水泵的输入功率，$N_T - Q_T$ 曲线加上曲线 $N_m - Q$，得到曲线 II（$N_a - Q_T$）。

Q_T 与 Q 相差一个容积损失 q，故只要减去相应的泄漏量 q，即可得到最后的输入功率-流量曲线 III（$N_a - Q$）。

3.1.3　流量-效率曲线

由 $H - Q$ 曲线和 $N - Q$ 曲线，可求得各对应流量下的效率值 η。

由 $\eta = \frac{\rho g Q H}{N_a}$，$N_a > 0$，当 $Q = 0$ 时，$\eta = 0$；当 $H = 0$ 时，$\eta = 0$，故水泵流量-效率曲线为一条通过坐标原点和横坐标上某一点的抛物线（图 3.4）。

3.2 水泵的实际性能

水泵的理论性能曲线仅作为一种定性分析的结果,而水泵的实际性能,一般在实验室里通过测试而得,也可在现场测试。不同水泵的实际性能不同,性能曲线的形状也不一样。

3.2.1 离心泵的性能曲线

图 3.5 为离心泵的性能曲线。从图中可以看出水泵的扬程-流量关系曲线是一条随着流量增加而先升后降的曲线。实际的性能曲线与理论性能曲线趋势基本上一致。

该泵的功率-流量曲线是一条随着流量增加而增加的曲线,在小流量时,水泵的轴功率较小。因此,离心泵在启动时,可以关阀启动,使得动力机在小功率时平稳启动,然后逐步开闸进入正常运行状态。

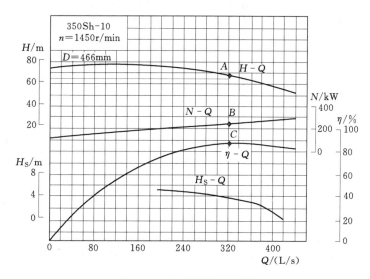

图 3.5 离心泵的性能曲线

D—叶轮直径

离心泵的效率-流量曲线是一个有极大值的曲线,在某一流量下对应的效率最高,称之为最高效率点 (Best Efficiency Point),大于或小于该流量时,效率均要下降。将最高效率点下降 5% 和 8% 的两点所对应的流量点之间的范围称作“高效区”,水泵运行时,希望其参数均在该范围之内,以使水泵发挥更大的效益。

离心泵的允许吸上真空高度-流量关系曲线是反映水泵汽蚀性能的关系曲线,将在后面有关章节中阐述。

3.2.2 轴流泵的性能曲线

图 3.6 为轴流泵的性能曲线。由于轴流泵的叶片角度一般是可以调节的,故性能曲线图表示的是叶片在某一安装角度下一定转速时的性能。图上标出的叶片

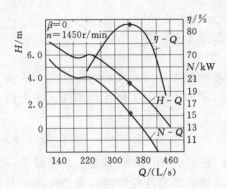

图 3.6　轴流泵的性能曲线

安装角为 0°。

从该泵的扬程-流量曲线看，随着流量的减少，泵扬程增加。当继续减少到某一流量时，扬程也下降，出现一个马鞍形区域；其后，随着流量的继续减少，扬程又急剧上升，在零流量时，可达额定扬程的 2 倍左右。

轴流泵的功率-流量曲线的形状与扬程-流量曲线相似，呈下降形式，并有一马鞍形的不稳定区域。

轴流泵的性能曲线会出现上述变化，主要是由轴流泵叶片的形状及运行情况决定的。当流量小于设计流量时，随着流量的减少，水流对叶片的冲角（水的来流方向与叶片翼弦的夹角）增大，升力值逐渐接近最大；但是当水流冲角继续增大时，会导致液流在叶片上发生脱流，同时升力急剧下降，水泵扬程也显著降低。当流量进一步减小时，就会在叶轮的出口处出现"二次回流"现象，使得泵的扬程和功率迅速上升。

资源 3-1
轴流泵内
"二次回流"

轴流泵内出现的"二次回流"现象，是由轴流泵的叶片的扭曲形状决定的，这可从性能曲线图上看出。如图 3.7 所示，由于叶片的扭曲状、内外两断面安放角不同，因而其性能曲线的斜率也不同。在水泵的设计点（即两条曲线的交点）处，叶轮内外断面上产生的扬程是一致的，这时不存在内外断面液流的能量交换现象。但是在非设计工况，如在小流量工况，叶轮内外断面上产生的扬程不等，同样流量下，外断面上产生的扬程高于内断面上产生的扬程；而同样扬程下，外断面上产生的流量大于内断面上产生的流量。由于叶轮出口处在同一压水室中，内外断面上的压力大致相等，可以理解为部分水流从外端面流出（流量为正），又从内端面流回到叶轮室（流量为负），这种现象就称为"二次回流"。与此同时，在叶片的进口处出现一个反向回流，水流从内断面流入叶轮，又从外断面流出叶轮，这已被实验证实（图 3.8）。图 3.8（a）是小流量的情况；图 3.8（b）是零流量的情况，即出水阀全闭的情况。

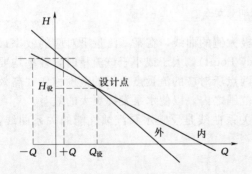

图 3.7　轴流泵叶片内外断面性能曲线示意图

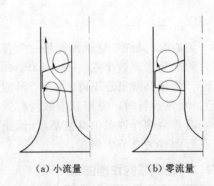

图 3.8　轴流泵叶轮内的"二次回流"

出现"二次回流"时，由于水流在流出叶轮后又流回到叶轮，再次获得能量，如此不断，使得出口的压力增加得很高，所以 $H-Q$ 曲线在小流量时扬程急速上升。同时，"二次回流"也消耗极大的能量，故 $N-Q$ 曲线也急剧上升，效率急剧下降。必须指出，马鞍区的谷底扬程和峰顶扬程之间是轴流泵的不稳定区的观点是不对的。实验和实际运行已证明了这一点。

由此可见：轴流泵在小流量时，轴功率很大，可以达额定功率的 2 倍左右，所以对于轴流泵，不能关阀启动，必须开阀启动，以减小启动功率。轴流泵的汽蚀特性必须用汽蚀余量-流量关系曲线表示。

3.2.3　混流泵的性能曲线

混流泵是介于离心泵和轴流泵之间的一种泵型，其性能曲线的总趋势也是介于两者之间，图 3.9 为 650HW-7 型混流泵的性能曲线。

混流泵的扬程-流量曲线比离心泵的稍陡些，与轴流泵的相比则稍平缓。功率-流量曲线比较平缓，流量的增减对轴功率的影响不太明显。其中低比转速的混流泵性能接近离心泵，高比转速混流泵的性能则接近于轴流泵。混流泵的效率-流量曲线的高效区较宽广。

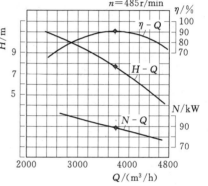

图 3.9　650HW-7 型混流泵的
性能曲线

3.2.4　水泵性能表

用表格的形式表示水泵在某一转速下的性能参数，即为该泵的性能表，这是水泵性能的另一种表达方式。

以图 3.9 所示混流泵的性能为例。选 $n=485\text{r/min}$ 和 $n=450\text{r/min}$ 两种情况。取最高效率点 $\eta=88\%$ 为一点，另两侧各选一个效率下降 3% 的点，在 $H-Q$ 曲线上用波纹线标出，这两点之间的区域为高效区。一般要求水泵尽可能在此区域内运行。所以可将这三点作为代表水泵性能的特征点列成表格，见表 3.1，从表中可以迅速定量了解该泵的高效区性能。

表 3.1　　　　　　　　　　　　650HW-7 型混流泵的性能表

型号	流量 Q		扬程 H /m	转速 n /(r/min)	功率 N /kW		效率 η /%	临界汽蚀余量 NPSH /m
	m³/h	L/s			轴功率	配用功率		
650HW-7	3060	850	7.4	450	72.5	100	85	5.3
	3400	944	6.5		68.0		88	
	3960	1100	5.0		63.4		85	
	3295	915	8.6	485	90.8	180	85	5.5
	3663	1017	7.6		86.1		88	
	4244	1185	5.9		80.6		85	

表 3.2 为 500ZLB-125 型轴流泵的工作性能表。该泵的叶片角度是可以调节的，表中列出了三个叶片角度时的性能。

表 3.2   500ZLB-125 型轴流泵的工作性能表

叶片角度	流量 Q		扬程 H /m	转速 n /(r/min)	功率 N /kW		效率 η /%	叶轮直径 /mm
	m³/h	L/s			轴功率	配用电机		
−2°	2070	575	4.75		34.4		78	
	2394	665	3.3	980	26.4	37	81.5	
	2700	750	1.9		18.6		75	
0°	2484	690	4.8		41.1		78.5	
	2844	790	3.5	980	32.9	45	82.5	450
	3204	890	2		23.8		73.5	
+2°	2808	780	5.1		51.0		76.5	
	3240	900	3.6	980	39.0	55	82	
	3510	975	2.5		31.9		75	

3.2.5 通用性能曲线

把同一台泵不同转速或不同叶片角度时的性能曲线都画在一张图上，就是水泵通用性能曲线。

图 3.10 是某台离心泵的通用性能曲线。图上四条向下倾斜的实线曲线分别表示该泵在转速为 900r/min、1000r/min、1100r/min 和 1200r/min 时的 $H-Q$ 关系。图上另外几条等值线表示等功率线和等效率线。

图 3.11 是 700ZLB-100 型轴流泵通用性能曲线。6 条向下倾斜的实线曲线分别表示叶片安装角为 −6°、−4°、−2°、0°、+2°、+4° 时的性能，同时也将等功率曲线及其等效率曲线标示在上面。

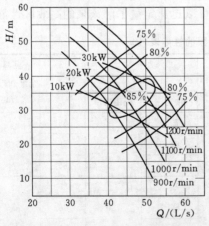

图 3.10 某台离心泵的通用性能曲线

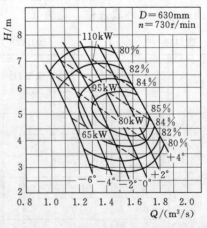

图 3.11 700ZLB-100 型轴流泵通用性能曲线

有了水泵的通用性能曲线，就能方便地查出该泵在不同转速（或不同安装角）、不同流量时对应的其他参数，例如扬程、功率、效率和允许吸上真空高度（或允许汽蚀余量）。

3.2.6 水泵综合型谱图

把各种水泵通用性能曲线高效区范围内的一段均画到同一张图上，就形成所谓的水泵综合型谱图，见图3.12。利用它可以快速方便地查找到适合不同需要的泵型，应用现代的信息技术建立水泵泵型数据库，查选更为便利快捷。

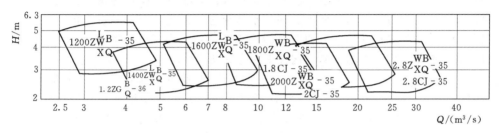

图 3.12 水泵综合型谱图

3.3 水泵的全工况（四象限）性能

前面介绍的是水泵正常运转时的性能，其扬程、流量、转速和功率都是正值，性能曲线在直角坐标的第一象限内。但在异常情况下，部分或全部工作参数可能出现负值，性能曲线可能在四个不同的象限内。为便于分析，对水泵工作参数的符号作如下规定：

（1）扬程。从叶轮进口到叶轮出口，水体的能量是增大的，则扬程为正，反之为负。

（2）流量。水从叶轮进口流向叶轮出口，则流量为正，反之为负。

（3）转速。叶轮顺着出厂规定的方向旋转，则转速为正，反之为负。

（4）功率。若机组由动力机驱动水泵，则功率为正，反之为负。

水泵在运转过程中可能发生异常的运转情况有：两台水泵并联运转，当一台水泵突然失去动力后，这台水泵内的水流就会倒流，从水泵出口流向水泵进口，水泵的流量为负值，水泵也会随之反转，转速也从正值变为负值，且可能达到很高的数值，以至破坏水泵及电动机的机组；又如两台水泵串联运转，当一台水泵突然失去动力后，这台水泵就会在扬程为负值的情况下运转。

另外，在抽水蓄能电站中采用水泵-水轮机可逆式机组，当电网中电力富余时，电机利用电力作为电动机来驱动水泵，将水抽送到高处的水库蓄存起来；当电网中电力缺乏时，水库的水再流经水泵进入下游水库，水泵又成为水轮机，带动电机发电以补充电网电量，电机又成为发电机。研究水泵的全工况性能曲线，对研究可逆式机组有很大的帮助。

全工况性能曲线又叫全性能曲线或四象限性能曲线，分布在四个象限内。前述正常运转时的性能曲线为第一象限中的性能曲线。根据水泵的扬程、流量出现负的情况，水泵的性能曲线会延伸到第二、第三、第四象限中，得到包括所有正常与异常情况下的水泵全工况性能曲线。

全工况性能曲线同第一象限内水泵性能曲线一样，只能用试验的方法才能得到。水泵和水轮机都是可逆式机械，因此当水泵的流量、扬程、转速自正到负变换组合时，必然有水泵工况、水轮机工况及其他工况。现在分析图3.13各性能曲线的工况。根据前面水泵工作参数正负的定义来分析，凡功率由动力机传给水泵，即功率为正的，水体流过水泵之后能量是增加的，这种工况称为水泵工况；凡功率由水泵传给动力机，即功率为负的，水体流过水泵之后能量是减少的，这种工况称为水轮机工况；凡功率由动力机传给水泵，功率为正或功率为零，而水体流过水泵后能量减少或不增加的，这种工况为制动工况。

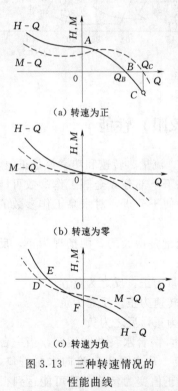

图3.13　三种转速情况的
性能曲线
M—力矩

为了区别功率输入水泵，还是由水泵输出，水体流经水泵后，其能量是增加还是减少，可以把水泵和动力机分开，用一力矩作用在水泵上代替动力机。若力矩的方向与转速的方向一致，即力矩与转速之乘积为正值，功率是从动力机输入水泵，则功率为正。若力矩的方向与转速的方向相反，力矩与转速之乘积为负值，功率由水泵传给动力机，则功率为负值。若水泵流量是正的，扬程也是正的，则流量与扬程的乘积为正值，水体流过水泵后能量增加。同理，凡流量与扬程的乘积为负值，则水体流过水泵后能量减少。这样就能很快地判别出各种工况。

先分析转速为正的性能曲线〔图3.13（a）〕。扬程曲线与纵坐标的交点 A 左面的各种工况，其力矩是正的，力矩与转速的乘积为正值，故功率是正的，但此时扬程虽然是正的，流量却是负的，扬程与流量的乘积是负的，故水体流过水泵后，其能量是减少的，这种工况是制动工况。所以当转速为正时，水泵流量自负值到零都是制动工况。图中扬程曲线上的 AB 段，其转速与力矩均是正的，扬程、流量也是正的，水体流过水泵后能量增加，所以流量自0到 Q_B 这个工况范围，是水泵工况。性能曲线上的 BC 段，转速及力矩仍是正的，所以功率是正值，而流量虽为正值，但扬程却是负值，流量与扬程的乘积是负值，所以水体流过水泵能量减少，这种工况是制动工况。性能曲线上 C 点以右的部分，即流量大于 Q_C 的部分，这部分水体流过水泵后，能量仍是减小，而转速是正的，力矩变为负的，水体流过水泵能量减少，这是水轮机工况。

再来分析转速等于零的性能曲线〔图3.13（b）〕。因转速等于零，所以不管力矩是正是负，功率均等于零。因水泵的叶轮不转动，所以此时水泵只起一个水力阻力作用，不管流量是正是负，水体流过水泵其能量总是减少，故当转速为零时，整个性能曲线上的工况均是制动工况。根据水力损失与流量的平方成正比这一关系得知，扬程曲线应为一条抛物线，并且当流量为负值时，扬程为正值；流量为正值时，扬程为负值。根据动量矩定律，动量矩的改变等于外力矩，水体的质量与流量成正比，速度又与流量成正比，动量矩与流量的平方成正比，所以力矩曲线也是抛物线。水泵叶轮叶片的进口角及出口角均小于 90°，当流量为正时，叶轮作用于水体的力矩，是与水泵正常转速方向相同的。为了使叶轮不转动，必须在水泵轴上作用一个负力矩，与水体作用于叶轮的力矩相平衡，所以当流量为正时，力矩为负值。同样可知，当流量为负值时，力矩为正值，得出的性能曲线也正是如此。

下面分析转速为负值时的性能曲线［图 3.13（c）］。当转速为负值时，扬程曲线上 D 点以左的工况，应为水轮机工况，因为这里的力矩是正的，力矩与转速的乘积是负的，功率自水泵传给动力机；而扬程是正的，扬程与流量的乘积是负的，水体流过水泵其能量减少。性能曲线上的 DE 段，水体流过水泵其能量仍然减少，此时的力矩是负的，力矩与转速的乘积为正的，功率是由动力机传给水泵，这种工况仍是制动工况。性能曲线上的 EF 段，功率自动力机传给水泵，而扬程和流量都是负的，这说明水体流过水泵后能量是增加的，故该段是水泵工况。性能曲线上 F 点以右的部分，功率由动力机传给水泵，而流量是正的，扬程是负的，水体流过水泵其能量减少，这一段性能曲线的工况又是制动工况。

为了知道任意转速下，任意工况点，即四象限坐标上的任一点的工况属于何种工况，可把上面分析的三种转速的三种性能曲线画在一张坐标上，如图 3.14 所示。当水泵改变转速时，性能曲线就要发生变化。但水泵改变转速后的相似工况点，是在同一条顶点为坐标原点的抛物线上。通过性能曲线上的工况分界点，作相似的抛物线，则此抛物线应当是水泵、制动、水轮机工况的分界线。为此，经过三种转速性能曲线上各分界点 A、B、C、D、E、F 作 6 条分界抛物线，其中：OA、OB、OE、OF 是 4 条特殊的抛物线，OA、OF 分别为纵坐标正、负部分，OB、OE 为横坐

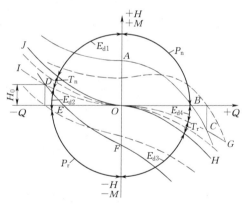

图 3.14 全工况性能曲线

P_n—正常水泵工况；E_{d1}—制动工况；

T_n—正常水轮机工况；E_{d2}—制动工况；

P_r—反转水泵工况；E_{d3}—制动工况；

T_r—倒流水轮机工况；E_{d4}—制动工况

标正、负部分。除去这 6 条抛物线以外，还有两条分界抛物线，就是速度为零时的扬程曲线 OH 及 OJ。工况点在两条抛物线（图 3.14 上的 JOH 曲线）上转速为零，在 JOH 曲线以上的转速为正值，以下的转速为负值。若扬程 H、流量 Q 及力矩 M 的正负值不变，只有转速的方向改变，则水泵功率的传出或传入就改

变，因而工况也改变。用上述 8 条分界抛物线，将整个坐标平分成 8 块，再对转
速曲线上各部分工况进行分析，就得到 2 块是水泵工况（正常和反转）、4 块是制
动工况、2 块是水轮机工况（正常和倒流）的结论，如图 3.14 所示。这样对于同
一台水泵，转速不同，不管工况点落在坐标上哪一部分，立刻就可以知道这点的
工况。

　　对于相似水泵，也可以用相似律求得坐标平面上任意点的工况。用全工况性
能曲线求解水泵水锤和飞逸转速问题非常有效，只是这种曲线现在太少。图
3.15、图 3.16 和资源 3-2 所示是三种（双吸离心泵、轴流泵及混流泵）全工况

资源 3-2
$n_S = 7500$
（美制）的
混流泵全
工况性能
曲线

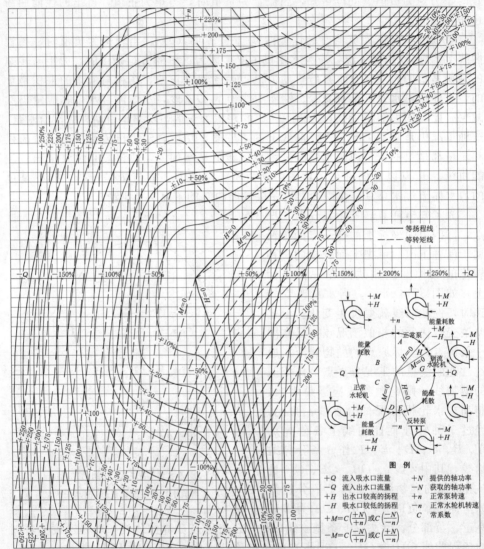

图 3.15　$n_S = 1800$（美制）的双吸离心泵全工况性能曲线

（图中数值均为正常运行值的百分比）

性能曲线，供计算时参考。这三组曲线的变量单位为美制，流量单位为加仑/min，功率单位为马力（hp），扬程单位为 mH_2O，转速单位为 r/min，比转速也按此计算得出，如果要应用，必须先进行单位换算。

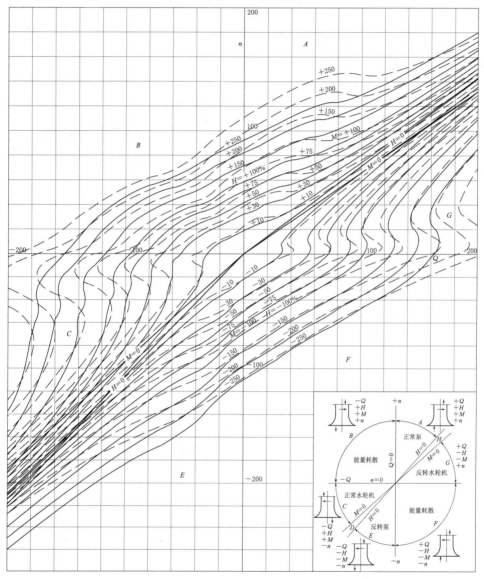

图 3.16　$n_S = 13500$（美制）的轴流泵全工况性能曲线

（图中数值均为正常运行值的百分比）

必须指出的是，前面介绍的全性能曲线是在不同转速（稳定转速）下测得的，这实际上是稳定工况性能，与实际运行中（例如停泵过程）工况连续变化（转速连续变化）性能是有差别的，这种全性能曲线并不是瞬变工况性能曲线。

3.4　水 泵 的 装 置 性 能

如前所述，不包括任何连接管或流道的泵本体称为水泵。图 1.29 (a) 和图 1.30 (a) 中的泵进口与出口之间的部分即为水泵的泵体，也称泵段。水泵通过传动机构与动力机（电动机或柴油机）连接，在动力机的带动下运转，水泵、动力机以及它们之间的传动装置总称为泵机组。

泵机组和进、出水管路及管件构成水泵装置。图 1.30 (b) 为大型水泵装置，包括从进水流道进口到出水流道出口（有的是从进水池到出水池）之间的整个部分。

泵装置中除了泵机组及进、出水池等水工建筑物以外的部分称为管道系统。它主要包括管道（流道）及其附件，如各种阀、弯头、连接管等。

水泵装置性能与水泵性能或泵段性能有较大差异。这种差异一方面由装置的管路和附件水力损失引起，另一方面由进水管路对泵进口断面流速分布均匀性的不良影响导致泵性能下降以及出水管路扩散损失所造成。图 3.17 为轴流泵抽水装置性能曲线，它与泵段性能曲线相比，相差一个装置水头损失。由于泵装置的性能不是泵段性能和管路性能简单的叠加，难以通过计算准确获得，必须通过性能试验才能得到。

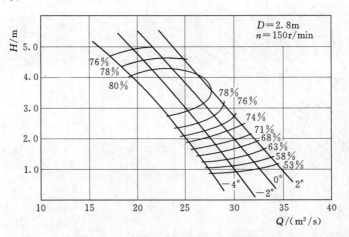

图 3.17　轴流泵抽水装置性能曲线

第 **4** 章

水泵运行工况点与调节

4.1 水泵运行工况点

我们已经知道水泵的流量是随扬程变化的。当其他条件一定时，在确定的扬程下对应一个确定的流量，这就是水泵的工况点。显然，这个工况点必定是在扬程-流量曲线上，在扬程-流量曲线上何处，还需根据进出水位差（压差）和管路性能来确定。

4.1.1 管路性能曲线

由于水的黏滞性及固体边壁对水流的影响，使得水流在通过管路时要消耗能量。这一部分能量的损失称为管路水力损失，用水柱高表示时，又叫管路水头损失。

由水力学知识可以知道，管路水头损失 h_1 由两部分组成：沿程水头损失 h_f 和局部水头损失 h_j，用方程表达，即

$$h_1 = h_f + h_j = \sum \lambda_i \frac{l_i}{d_i} \frac{v_i^2}{2g} + \sum \zeta_i \frac{v_i^2}{2g} \tag{4.1}$$

式中：λ 和 ζ 分别为沿程阻力系数和局部阻力系数；d 为圆管直径。

通常式（4.1）中的流速 v 用流量 Q 来代替，则该式可以写为

$$h_1 = \left(\sum \xi_{fi} l_i + \sum \zeta_i \frac{1}{2gA^2} \right) Q^2 \tag{4.2}$$

式中：A 为管道的过流断面面积；ξ_{fi} 为摩阻系数，可以从有关资料查得。

令 $\sum \xi_{fi} l_i + \sum \zeta_i \frac{1}{2gA^2} = S$，$S$ 为管路阻力系数，则有

$$h_1 = SQ^2 \tag{4.3}$$

对于一个特定的管路来说，ξ_f、l、ζ、A 和 g 均是定值，所以 S 是一定值，管路水头损失 h_1 与流量的平方成正比，式（4.3）表示一条通过坐标原点的二次抛物线，这条抛物线称为管路水头损失曲线，如图 4.1（a）所示。

但是，只有水泵进水流道的水力损失符合这样的规律。实际上由于水泵导叶出口水流的剩余环量较大，使出水管路的实际水力损失并不遵从式（4.3）的关系，而是表现为在小流量时水力损失较大，随流量增大而减小；在最高效率点对应的水力损失最小，大流量时水力损失随流量增大而增加。图 4.1（b）是模型泵装置数值模拟计算得到的管路水力损失结果。

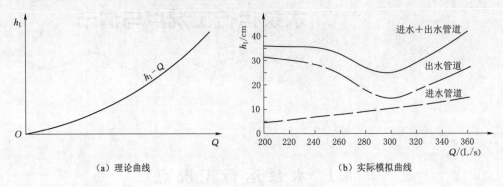

（a）理论曲线　　　　　　　　　　（b）实际模拟曲线

图 4.1　管路水头损失曲线

4.1.2　需要扬程曲线

把单位重量的水从进水池水面送到出水池水面（淹没出流时）或压力水管中心（自由出流时）需要的能量称为需要扬程，用 H_r 表示。H_r 除了将水提升一个高度 H_{st} 外，还用于克服进、出水管路中的阻力，即

$$\left. \begin{aligned} H_r &= H_{st} + h_1 \\ H_{st} &= \nabla H_{out} - \nabla H_{in} \end{aligned} \right\} \tag{4.4}$$

或

$$H_r = H_{st} + SQ^2 \tag{4.5}$$

式中：H_{st} 为泵站的净扬程；∇H_{out}、∇H_{in} 分别为出水池水面或出水管管口中心与进水池水面高程；SQ^2 为管路水头损失。

式（4.5）反映了通过泵装置的流量与所需扬程之间的关系，在流量和装置扬程构成的直角坐标中，它是一条起点为 $Q=0$、$H=H_{st}$ 的二次抛物线，如图 4.2 所示。

4.1.3　水泵工况点的确定

1. 图解法求工况点

利用图解法，可根据工况点定义直接求得工况点，也可由装置性能曲线（折引曲线）求出工况点。

将泵的性能曲线（H-Q）和需要扬程曲

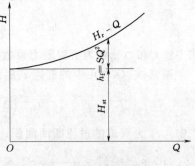

图 4.2　装置特性曲线

线（H_r-Q）绘在同一张坐标图上，则两曲线的交点 A 的工作参数就反映了泵的工作状况，A 点即为泵的工况点。如图 4.3 所示，该点反映了水体被提升或输送所需的能量与泵所能提供的能量相平衡，即能量的供需平衡（$H_A = H_{Ar}$）。运行

中，只要外界条件不发生变化，水泵将稳定在这点工作。假如由于某种原因使工况点变为 B 点，则当外来因素消除后，工况点又能自动地回到 A 点，这是因为此时泵供给的能量 $H_B > H_{Br}$，这样多余的能量会使管中水流加速，流量增加，工况点右移，直至 A 点为止。同理，如果工况点变为 C 点，则当外来因素消除后，能量不足而使管中水流减速，流量减少，工况点左移，直至 A 点为止。在确定的运行条件下，工况是稳定的。

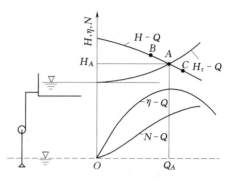

图 4.3　水泵装置的工况点

2. 数解法（近似法和最小二乘法）求工况点

泵的性能曲线（允许使用的部分）可用抛物线方程式表示，即

$$H = A + BQ + CQ^2$$

式中：A、B、C 为常系数。

由定义知，在工况点，$H = H_r$，$Q = Q_r$，因此，解上式与式（4.5）的联立方程，就可算出工况点所表示的流量：

$$Q = \frac{-B \pm \sqrt{B^2 - 4(C-S)(A-H_{st})}}{2(C-S)}$$

4.1.4　水泵工况点的讨论

水泵工况点的实际意义在于确定水泵运行的工作参数，这与水泵的定义有很大的关系。传统的水泵定义就是"泵段"，供货商提供的性能曲线也就是"泵段"性能曲线。求得的工况点实际上就是这种泵段的工况点。这种工况点往往缺乏实际意义，因泵段均在实际的装置中运行，人们更希望知道在实际装置（包括水泵）中的运行状况。把图4.3中的 A 点定义为装置的工况点更具有实际意义。这里确定装置性能曲线尤为重要，应尽可能要求供应商提供。管路损失计算公式 $h_1 = SQ^2$ 较为适用于长管路、高扬程泵装置，对于低扬程泵装置偏差较大，对于大中型泵装置需进行专门的模型或现场测试。

4.2　水　泵　并　联　运　行

4.2.1　水泵并联工作的特点

在大中型离心泵站，为了适应不同时段流量的变化，通常装有多台水泵，合用一条出水管道，称为水泵并联工作。水泵并联工作有如下特点：

（1）符合经济性的要求。在泵站工程设计中，需要进行技术经济比较，在输水管道占投资比重较大的场合，采用并联工作，无疑会减少对输水管道的投资。

（2）符合供水可靠性的要求。几台泵联合工作，当其中某台泵损坏时，其他并联泵仍然可继续工作。

（3）提高泵站运行调度的灵活性。如泵站所需扬程和流量变化较大，采用几台水泵联合工作，就可以根据负荷需要来进行调节。当负荷小时可停开其中一台或几台，使每台泵都在高效率区工况运行。

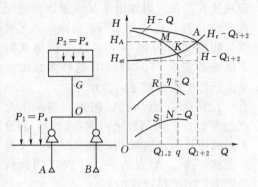

4.2.2　图解法

下面以同型号同水位两台泵的并联工作为例，讨论并联水泵的工况点（图4.4）。

图 4.4　图解法求水泵并联运行的工况点

（1）先绘制两台水泵并联后的总和性能曲线 H-Q_{1+2}。采用等扬程下流量相叠加的方法，相当于在把管道水头损失视为零的情况下求并联后的工况点。总和性能曲线 H-Q_{1+2} 可以看作一条等效水泵的性能曲线。此等效水泵的流量，必须等于各台水泵在相同扬程时的流量之和。

（2）再绘制并联管道系统的性能曲线，求出并联工况点。

由于两台泵在同一吸水池中抽水，从吸水口 A、B 至联络管交汇点 O 的管径相同，长度也相等，故 $\sum h_{AO} = \sum h_{BO}$，$AO$ 与 BO 管中通过的流量均为 $Q/2$。每台水泵提水的需要扬程也相等。

为了将水由吸水池提送到出水池，管道中每单位重量的水应具有的能量为

$$H_r = H_{st} + \sum h_{AO} + \sum h_{OG} = H_{st} + S_{AO}Q_1^2 + S_{OG}Q_{1+2}^2$$
$$= H_{st} + (S_{AO} + S_{OG})Q_{1+2}^2$$

据此可点绘出 AOG（或 BOG）管道性能曲线 H_r-Q_{1+2}，此曲线与并联水泵总和性能曲线 H-Q_{1+2} 相交于 A 点。A 点的横坐标为两台水泵并联工作的总流量 Q_A，纵坐标等于两台水泵的扬程 H_A，A 点即为并联工况点。

（3）最后求每台泵的工况点。由 A 点作横轴平行线，交单泵的性能曲线于 M 点，此 M 点即为并联工作时各单泵的工况点。其流量为 $Q_1 = Q_2$，扬程 $H_1 = H_2 = H_A$，自 M 点引垂线交 η-Q 曲线于 R 点，交 N-Q 曲线于 S 点，R 点、S 点分别为并联时各单泵的效率点和轴功率点。

当只有一台泵单独工作时（如其中一台泵突然故障），则其工作状况由 K 点来决定，其流量为 q，扬程为 H。由图可知：$q > Q_{1,2}$。

如果并联的两台泵型号不同，则此时与两台同型号泵并联的区别如下：

（1）两台泵的性能曲线不同，自吸水口至联结点 O 的水头损失不相等，即 $\sum h_{AO} \neq \sum h_{BO}$。

（2）两台泵并联后，每台泵的工况点扬程也不相等，即 $H_1 \neq H_2$，同样扬程时的流量也不相等。因此，欲绘制并联后的总和性能曲线，就不能直接使用等扬程下流量叠加的原理。这种情况可用折引曲线法，因为 O 点的测压管水头相等，$H_O = H_1 - \sum S_{AO}Q_1^2 = H_2 - \sum S_{AO}Q_2^2$，然后将两台泵都折引到 O 点工作时的性能，再应用

等扬程下流量叠加的原理，绘出总和曲线 $H - Q'_{1+2}$，犹如一台在 O 点工作的等值水泵的性能曲线。因此，下一步只要考虑等效水泵与管段 OD 联合工作向出水池输水时的工况。

水泵并联工作时应注意：两台性能曲线差别很大的水泵在一起工作往往是不合理的。

4.2.3 数解法

水泵并联运行的工况点也可以用数解法来确定。仍以图 4.4 为例，根据前面公式，单台水泵装置扬程为

$$\left.\begin{array}{l} H_1 = H_{p1} - S_{p1} Q_{A1}^2 \\ H_{p1} = AQ^2 + BQ + C \end{array}\right\} \tag{4.6}$$

式中：H_{p1} 为水泵拟合常量扬程；S_{p1} 为拟合阻力系数；Q_{A1} 为单泵流量。

并联运行管道系统需要扬程是

$$H_r = H_{st} + S(2Q_{A1})^2 \tag{4.7}$$

管路需要扬程曲线和泵折引曲线交点即并联工况点，$H_1 = H_r$，由式（4.6）和式（4.7）得

$$Q_{A1} = \sqrt{\frac{H_{p1} - H_{st}}{S_{p1} + 4S}} \tag{4.8}$$

并联运行的总流量为

$$\sum Q = 2Q_{A1} = 2\sqrt{\frac{H_{p1} - H_{st}}{S_{p1} + 4S}} \tag{4.9}$$

如果并联的两台泵具有对称的进水管和连接管，且它们的阻力损失不可忽略，还应计入连接管阻力损失，设总损失系数为 S_M，得

$$H_1 = H_{p1} - (S_{p1} + S_M)Q_{A1}^2 \tag{4.10}$$

此时并联运行的单台水泵流量和总流量应当分别为

$$Q'_{A1} = \sqrt{\frac{H_{p1} - H_{st}}{S_{p1} + S_M + 4S}} \tag{4.11}$$

$$\sum Q' = 2Q'_{A1} = 2\sqrt{\frac{H_{p1} - H_{st}}{S_{p1} + S_M + 4S}} \tag{4.12}$$

若只有单泵工作，不难求出上述两种情况的单泵流量分别为

$$q_{A1} = \sqrt{\frac{H_{p1} - H_{st}}{S_{p1} + S}} \tag{4.13}$$

$$q'_{A1} = \sqrt{\frac{H_{p1} - H_{st}}{S_{p1} + S_M + S}} \tag{4.14}$$

因 H_p - Q 为非线性关系，求解最终结果时可通过数值逼近的方法进行。

4.3 水泵串联运行

水泵串联工作是指几台泵顺次连接，前一台水泵的压水管作为后一台水泵的

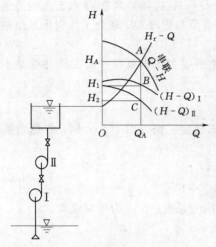

图 4.5 图解法求水泵串联
运行的工况点

进水管，水以同一流量依次通过各台水泵加压。如图 4.5 所示，水泵串联工作时，每台水泵通过相同的流量，但总扬程为该流量下各台水泵的扬程之和。串联泵总的性能曲线可以用"纵加法"求得。图 4.5 中，水泵串联总性能曲线与管道性能曲线的交点 A 是串联运行时的工况点。由 A 点向下作垂线，可得出每台泵的工况点 B、C，若此时对应每台泵的高效率点，则串联水泵符合经济运行。由此可见，串联泵的高效率点流量最好相等。

离心泵串联运行的工况点也可以用数解法来确定。串联总扬程为

$$\sum H = \sum H_p - \sum S_p Q^2 \qquad (4.15)$$

在工况点处，$\sum H = H_r$，因此，解联立方程式（4.5）和式（4.15），可得串联流量为

$$Q = \sqrt{\frac{\sum H_p - H_{st}}{\sum S_p + S}}$$

水泵串联通常用于一台水泵的扬程不足以供给所需扬程的场合，如高扬程灌溉泵站。在市政工程中，为了保证管网压力，同时符合经济运行的要求，一般分区分压供水。其中增压泵站的设计应综合考虑，符合经济运行的要求。

4.4 水泵在分支管路中运行

4.4.1 单台泵向水力损失不同的分支管路送水时的运行工况

水泵从 A 点向水力损失和压力均不同的两个出水池 B、C 送水，若分支管路水力损失分别为 R_{EG} 和 R_{EF}，联结点前的水力损失为 R_{DE}，见图 4.6，这时其工况点可以这样求：从水泵的 H-Q 曲线中纵向扣除联结点前管段 DE 的水头损失 h_{DE}，得到新的 H'-Q 曲线。

以进水池水面为基准，管路 EF 的水头损失曲线 R_{EF} 和管路 EG 的水头损失曲线 R_{EG} 在相同压力（扬程）下横向叠加，得管路性能曲线 R_{EF+EG}，曲线 R_{EF+EG} 与装置性能曲线 H'-Q 的交点为 A。过 A 点作垂线交水泵性能曲线 H-Q 于 A' 点，A' 点即为水泵在向高低水池送水时的工况点，其流量为 Q_A，扬程为 $H_{A'}$。过 A 点作水平线交 R_{EG}、R_{EF} 于 B、C 两点，送到 B 池的流量是 Q_B，送到 C 池的流量是 Q_C，$Q_A = Q_B + Q_C$。

4.4.2 两台泵经两根管路向一条管路送水时的运行工况

如图 4.7 所示，两台泵分别从 A、B 两个吸水池中吸水，并经两根很长的管路把水送到 C 处，再由 C 处用一根管子把水送到 D 池，其工况可以这样求：

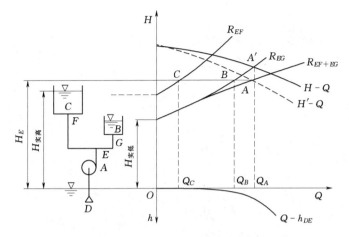

图 4.6 水泵向水头损失不同的分支管路送水

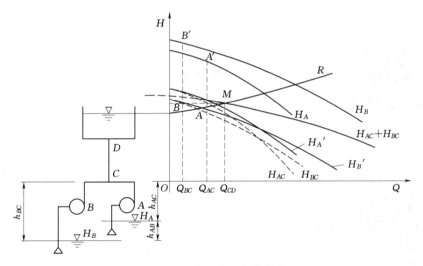

图 4.7 两台泵向一条管送水

以 B 进水池水面为基准，作泵 B 的性能曲线 H_B，从 H_B 中减去 BC 段的水力损失 R_{BC} 及 h_{BC}，得 H_{BC}，即 $H_{BC}=H_B-h_{BC}-R_{BC}$。以 A 进水池水面为基准，作泵 A 的性能曲线 H_A（实际上是以 B 进水池水面为基准，将泵 A 的性能曲线提高了 h_{AB}），从 H_A 中减去 AC 管路的水头损失 R_{AC} 及 h_{AC}，得 $H_{AC}=H_A-h_{AC}-R_{AC}$。

这样的结果相当于把两台泵移至 C 点，H_{AC}、H_{BC} 就相当于泵装在 C 点时各自的性能曲线。作 H_{AC} 与 H_{BC} 并联合成后的曲线 $H_{AC}+H_{BC}$（在相同扬程下横向叠加），并作 CD 管路的阻力曲线 R，曲线 R 与曲线 $H_{AC}+H_{BC}$ 交于 M 点。过 M 点作水平线分别交 H_{AC} 与 H_{BC} 于 A 点、B 点，过 A 点、B 点作垂线分别交 H_A 与 H_B 于 A' 点、B' 点，A' 点、B' 点即为两泵各自的工况点。流入 D 点的流量 $Q_{CD}=Q_{AC}+Q_{BC}$。

4.4.3 管网中水泵工况点的计算

泵与管网联合工作是比较复杂的，下面通过实例介绍单水源等压供水的数解方法。

已知离心泵性能，向多个水塔输水（图 4.8）。各水塔的水位标高为 H_1、H_2、$\cdots$、H_n，输水干管及各分支管道的管长、管径见表 4.1。

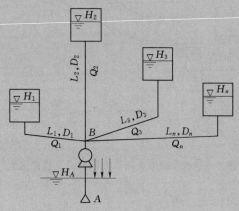

图 4.8　单泵多塔供水系统

表 4.1　　　　　　　　　　不同水塔输水管道的管长与管径

水塔序号	水塔水位标高 /m	管长 L_i /m	管径 D_i /mm	水塔序号	水塔水位标高 /m	管长 L_i /m	管径 D_i /mm
1	70	150	200	3	80	500	150
2	108	900	150	4	60	800	100

求：（1）水泵的工况点 $(Q，H)$。

（2）各分支管路中流量 $Q_j(j=1,\cdots,n)$。

解：按题意，共有 $n+2$ 个未知量，可以列出以下方程：

（1）$Q=\sqrt{\dfrac{H_x+H_A-H_B}{S_x+S_A}}$。

（2）由海曾-威廉（Hazen-Williams 管路水头损失计算）公式可列出 n 个方程，即

$$Q_j=\sqrt{\frac{H_B-H_j}{S_j}} \quad (j=1,\cdots,n)$$

（3）节点 B 的连续性方程：$Q-\sum\limits_{j=1}^{n}Q_j=0$。

根据上述方程，迭代求得节点 B 的测压管水位高度 H_B，迭代公式为：$H_{B(i+1)}=H_{B(i)}+\Delta H_B$。其中，$i$ 为迭代次数，ΔH_B 为迭代过程中的校正水位，其值为

$$\Delta H_B = -\frac{F_{(i)}}{\dfrac{\mathrm{d}F_{(i)}}{\mathrm{d}H_B}}$$

式中：$F_{(i)} = Q - \sum Q_j$。

$$\frac{\mathrm{d}F_{(i)}}{\mathrm{d}H_B} = \frac{1}{2}\sqrt{\frac{1}{(S_x + S_A)(H_x + H_A - H_B)}}$$

$$-\sum_{j=1}^{n}\sqrt{\frac{1}{S_j(H_B - H_j)}}$$

可用计算机对上式迭代，计算程序框图如图 4.9 所示。

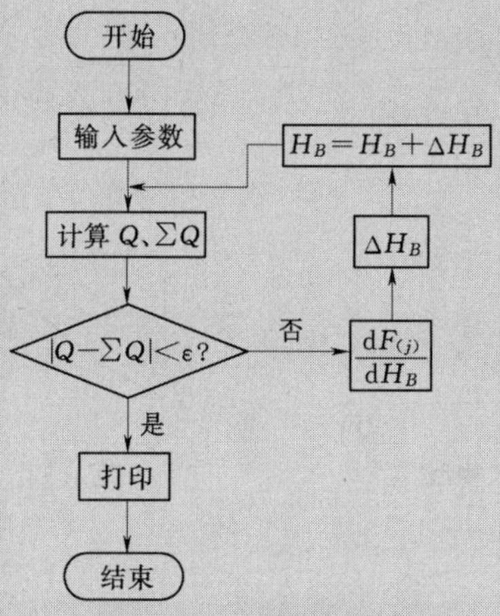

图 4.9 计算程序框图

4.5 水泵工况的调节

由于外界条件和泵自身因素的变化，例如转速改变、管路及水泵阻力加大、用水量减少或加大、外界水位或压力变化等，水泵的工况点会发生变化。水泵的工况点如果偏离高效区过大，就会造成能源浪费或动力机过载、机组振动、噪声等不正常现象。这时就要对水泵工况进行调节，使水泵高效、可靠地运行。常用的水泵工况调节方法有变速、变径和变角调节三种。

4.5.1 变速调节

变速调节就是用改变水泵转速的方法来改变水泵运行工况。水泵转速的改变可以通过改变动力机转速或改变传动机构的转速比等方法实现。

1. 相似工况抛物线

由水泵比例律，可以得到

$$\left(\frac{Q_1}{Q_2}\right)^2 = \frac{H_1}{H_2} = \left(\frac{n_1}{n_2}\right)^2$$

故有
$$\frac{H_1}{Q_1^2}=\frac{H_2}{Q_2^2}=\frac{H}{Q^2}=K$$

所以
$$H=KQ^2 \tag{4.16}$$

这是一条二次抛物线，称之为相似工况抛物线，K 为相应的抛物线常数。由于式（4.16）是由比例律推导而得的，所以符合 $H=KQ^2$ 的所有点是相似工况点（图 4.10 中的 A 点、B 点、C 点…）。又因为在推导比例律时认为各点效率相等，所以这条曲线又是等效率曲线，A 点、B 点、C 点等的效率也是相等的。

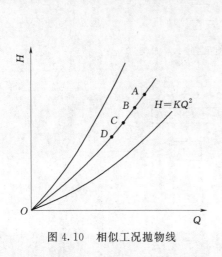

图 4.10　相似工况抛物线

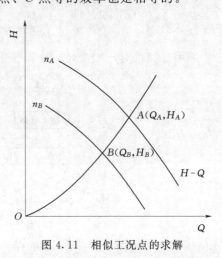

图 4.11　相似工况点的求解

2. 应用

在图 4.11 中，假若已知某泵在转速 n_A 时的曲线 H-Q 以及在该线以外、但在需要扬程曲线上的一点 $B(Q_B，H_B)$，求能满足这点要求的转速。

解：首先必须在曲线 H-Q 上找与 B 点工况相似的 A 点：

（1）由 Q_B、H_B，求 K 值。

（2）由 $H=KQ^2$ 列表，在坐标图中作出 $H=KQ^2$ 曲线。

（3）$H=KQ^2$ 曲线与泵的曲线 H-Q 交于 A 点，求出 Q_A、H_A，$A(Q_A，H_A)$ 与 $B(Q_B，H_B)$ 工况相似，符合比例律关系，所以可通过 $\dfrac{Q_A}{Q_B}=\dfrac{n_A}{n_B}$ 来求得 n_B，即 n_B 为所求的转速。

3. 变速运行的特点

（1）采用变速运行，可实时调节运行工况，使水泵高效、经济、合理地运行。

（2）水泵低速启动，启动阻力矩小，易于启动。

必须指出，水泵的变速调节是有限制的，应在一定的范围内。若转速降幅过大，相似工况抛物线和等效率曲线不重合，降速后实际效率下降。转速过小，机械效率下降很快，因此水泵效率下降，故一般水泵降速不超过 30%。若增速过大，功率随转速的三次方增加，容易造成动力机超载；同时，在机械损失中，圆盘摩擦损失、轴承磨损损失、填料函中的损失分别与转速的三次方、二次方、一次方成正比增加;此外,必需汽蚀余量与转速的二次方成正比增加,因此一般不宜采用增速的方法。特殊需要时,转速增加也不要超过额定转速的 5%。

在采用变速调节时,还要注意不要使变速后的转速接近水泵的临界转速以防止引起共振而损坏机组。

4.5.2 变径调节

通过改变离心泵或混流泵叶轮外径大小来改变水泵性能曲线的调节方法叫变径调节,也叫车削调节或换轮调节。

车削叶轮外径并不能作为一种实时调节方法,仅扩大水泵的使用范围。

水泵采用何种叶轮通常均在水泵铭牌上标出,针对不同的运行工况需要,配用不同大小的叶轮使水泵高效运行。这种方法在运行工况周期性变化的供水泵站(水厂泵站)中应用较多。

1. 车削定律

叶轮直径车削后,与原来的叶轮并不保持几何相似,叶轮出口过流面积 $F_2 \neq F_{2a}$(下标 a 表示车削后,下同),出口安装角 $\beta_2 \neq \beta_{2a}$,相似条件受到破坏,所以不能用相似律来换算水泵的工作参数(图4.12)。但是当车削量不大时,认为过流面积和出口安装角在车削前后均相等,效率不变,这样车削前后的出水速度三角形可以认为是相似的,即水泵是运动相似的。

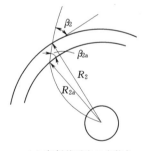 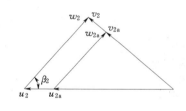

(a)车削前后出口安装角　　　(b)出口速度三角形

图 4.12　叶轮的车削

因为
$$Q = v_{m2} \pi D_a b_2 \psi_2 \eta_V$$

所以,车削前后流量之比为

$$\frac{Q}{Q_a} = \frac{v_{m2} \pi D b_2 \psi_2 \eta_V}{v_{m2a} \pi D b_{2a} \psi_{2a} \eta_{Va}} \tag{4.17}$$

在离心泵设计中,为了尽量减少叶槽内水流的脱壁现象,通常使叶槽的不同过水断面具有近似相等的面积,又根据前面的假设有

$$\pi D b_2 \psi_2 = \pi D_a b_{2a} \psi_{2a} \text{ 及 } \eta_V = \eta_{Va}$$

则式(4.17)可以简化为

$$\frac{Q}{Q_a} = \frac{v_{m2}}{v_{m2a}} \tag{4.18}$$

因为
$$\frac{v_{m2}}{v_{m2a}}=\frac{v_{u2}}{v_{u2a}}=\frac{u_2}{u_{2a}}=\frac{Dn}{D_a n_a}=\frac{D}{D_a}$$

所以
$$\frac{Q}{Q_a}=\frac{D}{D_a} \tag{4.19}$$

又根据 $H=K\dfrac{u_2 v_{u2}}{g}\eta_h$，则有

$$\frac{H}{H_a}=\frac{K\dfrac{u_2 v_{u2}}{g}\eta_h}{K_a\dfrac{u_{2a}v_{u2a}}{g}\eta_{ha}} \tag{4.20}$$

若 $K=K_a$，$\eta_h=\eta_{ha}$，则式（4.20）可变为

$$\frac{H}{H_a}=\frac{u_2 v_{u2}}{u_{2a}v_{u2a}}=\left(\frac{D}{D_a}\right)^2 \tag{4.21}$$

同理，车削前后的功率之比为

$$\frac{N}{N_a}=\frac{\rho g Q H}{\rho g Q_a H_a}=\left(\frac{D}{D_a}\right)^3 \tag{4.22}$$

这就是适用于车削后的工作参数换算的公式，称为车削定律，即

$$\left.\begin{array}{l}\dfrac{Q}{Q_a}=\dfrac{D}{D_a} \\[2mm] \dfrac{H}{H_a}=\left(\dfrac{D}{D_a}\right)^2 \\[2mm] \dfrac{N}{N_a}=\left(\dfrac{D}{D_a}\right)^3\end{array}\right\} \tag{4.23}$$

2. 车削抛物线

由车削定律得

$$\frac{H}{Q^2}=\frac{H_a}{Q_a^2}=K \tag{4.24}$$

$$H=KQ^2 \tag{4.25}$$

这个方程表示的是在 H-Q 坐标系中顶点在坐标原点的二次抛物线族，称为车削抛物线。在推导过程中，假定各点的效率相等，所以车削抛物线也就是等效率曲线。

3. 车削量的计算

用算例来说明车削量的计算。

已有 250Sh-9 型泵，其性能曲线如图 4.13 所示。现用变径调节的方法满足 $Q=130\text{L/s}$，$H=30\text{m}$ 的使用要求。

解： （1）求抛物线常数 K 和方程。由 $30=K\times130^2$，得 $K=\dfrac{30}{130^2}=0.00177$，抛物线的方程为

$$H=0.00177Q^2$$

（2）根据抛物线方程，过 A（130L/s，30m）作车削抛物线曲线 AB，与水泵性能曲线 H-Q 交于 B 点，得：Q_B＝145L/s，H_B＝37m。

（3）计算车削量。250Sh-9 型泵叶轮的标准直径为 367mm，车削后直径应满足下式：

$$D_a = D\frac{Q_a}{Q} = 367 \times \frac{130}{145} = 329(\text{mm})$$

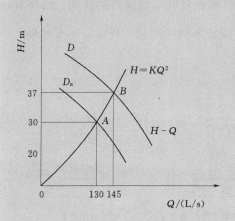

图 4.13 250Sh-9 型泵车削抛物线

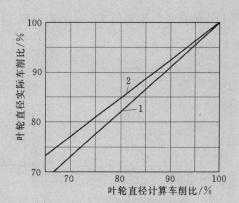

图 4.14 叶轮车削量校正图
1—离心叶轮；2—混流式叶轮

理论车削量为

$$\Delta D = D - D_a = 367 - 329 = 38(\text{mm})$$

车削定律以出口速度三角形相似为前提，但车削前后的叶轮出口实际上并不完全相似，因此应用车削定律决定的 ΔD 后会产生误差，故必须对上述理论值按下式进行修正：

$$\Delta D = K(D - D_a) \tag{4.26}$$

K 是由实验得出的车削系数，也可按图 4.14 的方法修正。

在上面的算例中，叶轮直径计算车削比为 $\dfrac{D_a}{D} = \dfrac{329}{367} \approx 0.896$，在图 4.14 中，查径流式叶轮得叶轮实际车削比为 91.5%，故实际车削量为 367×（100－91.5）%＝31.195（mm），车削后的叶轮直径是 367×91.5%＝335.805（mm）。

4. 车削量的范围及方式

（1）叶轮车削量的大小与比转速 n_S 有关。n_S 越高，允许车削量越小。比转速超过 350 的混流泵和所有的轴流泵不允许车削，否则容积损失过大，很不经济。

（2）车削量过大，会造成水泵水力效率、容积效率及机械效率较大幅度的下降，所以叶轮车削是有限制的。允许的最大车削量与效率及比转速的关系见表 4.2。

比转速	60	120	200	300	350	350 以上
表 4.2			允许的最大车削量与效率及比转速的关系			
允许的最大车削量	20%	15%	11%	9%	7%	0
效率下降值	每车削 10% 下降 1%			每车削 4% 下降 1%		

（3）车削方式。不同 n_S 的叶轮采用不同的车削方式。低比转速的叶轮可以平车，即前后盖板同时车削；中、高比转速的离心泵可车成倾斜的外圆，内缘直径大于外缘直径，平均值 $D' = \dfrac{1}{2}(D + D_a)$；混流泵的叶轮只车外缘，不车轮毂，可参见图 4.15。

（a）低比转速离心泵　　　　（b）中、高比转速离心泵　　　　（c）混流泵

图 4.15　叶轮车削方式

车削后的叶轮，要按图 4.16 所示的方法将叶片末端锉尖修正，以免过多影响水泵的流量和效率。目前，车削叶轮都由供应商提供，用户要认真加以检查，以确保质量满足需要。

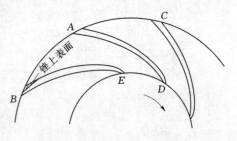

图 4.16　叶轮车削后叶片的修正

4.5.3　变角调节

改变轴流泵叶片的安装角也能使水泵性能发生变化，达到调节目的，这就是变角调节。

1. 变角调节的原理

轴流泵叶片的安装角通常指叶片的弦线与其圆周速度方向之间的夹角（图 4.17）。由图 4.18 可以看出：当安装角为 β_2 时，出口速度三角形为实线所示；安装角变为 β_2'（$\beta_2' > \beta_2$）时，由于该点的圆周速度不变（均为 u_2），流量不变（v_{m2} 相同），而相对速度 w_2 的方向变了，速度三角形随之变为虚线所示。比较两三角形中的 v_{u2} 与 v_{u2}'，后者明显增大。根据基本方程 $H_{T\infty} = \dfrac{1}{g} u_2 v_{u2}$，可知 H 增加了，即在流量 Q 不变的情况下扬程 H 增加。所以 $H\text{-}Q$ 曲线上移，而这时效率变化很小。

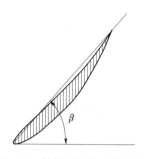

图 4.17 轴流泵叶片的安装角

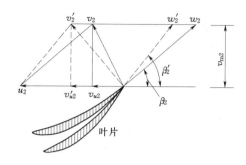

图 4.18 轴流泵的变角调节

2. 叶片角度调节的方式

（1）半调节。中小型水泵叶轮的叶片通常用紧固螺栓固定在轮毂上，叶片和轮毂上刻有指示线和角度线，在调节时松开螺母，即可转动叶片，一般在检修时进行，故不能实时调节。

（2）全调节。对于大型水泵，可通过液压系统或机械调节机构（齿轮、蜗轮蜗杆或杠杆式等）调节叶片角度，可进行实时调节，便于自动化控制。

资源 4-1
水泵叶片
液压调节
机构示意图

3. 水泵叶片全调节的特点

（1）叶片角度调节能在较大的流量范围内保持水泵运行效率基本不变，是比较经济的工况调节方法。

（2）根据需要可以使动力机始终在满载的情况下运行，如图 4.19 所示。由于外河水位的变化，装置工况是变化的。用Ⅰ、Ⅱ、Ⅲ分别表示进水池最高水位、设计水位和最低水位，相应于最低扬程、设计扬程和最高扬程时的装置性能曲线；当叶片安装角为 0°时，其工况点分别为 A 点、C 点、B 点。

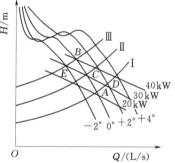

图 4.19 轴流泵变角调节的应用

从节能和充分利用设备的观点出发，希望动力机满负荷高效率运行。在高扬程时将角度调到 −2°，减小流量；在低扬程时将角度调到 +2°，增加流量。水泵运行的工况点分别在 E 点、D 点上，使动力机的轴功率保持在额定值左右满负荷运行。

（3）水泵小角度启动，阻力矩小，便于机组启动。在水泵启动前先将叶片角度调小，待启动完成后再将叶片角度调为正常，这是通常的做法。

运行实践说明，由于水泵启动时的流量和扬程均比较小，所需启动功率并不大，电动机的启动功率有足够的裕量满足启动需要。大型轴流泵配同步电动机机组在 +4°叶片角度下成功启动的实例说明了这一点。

轴流泵的叶片大多是可以调节的，混流泵的叶片也可做成可调节的，以扩大泵的适用范围。

第**5**章

水泵在特殊条件下的运行

水泵在管网系统中的某些特殊条件下运行会出现反常的运行工况，如失电逸转（连续倒流下逆转）、反转抽水、反转发电等。研究这些反常运行工况在理论和实践上均具有重要的意义。

5.1 水泵并联系统中 1 台或全部失电运行情况

当并联运行的几台水泵中有 1 台因事故停机，其他水泵继续工作时，如事故停机的水泵无闸阀断流，则该泵将发生倒流反转，整个并联系统会出现如下反常运行问题：

(1) 水泵的工况发生突然的变化。

(2) 并联系统供水流量减少。

(3) 事故停机的水泵出现反转和倒流。

(4) 当并联系统中全部水泵失电停机且无法断流时，水泵机组全部发生反转并达到飞逸转速和倒流流量。

5.1.1 并联系统中 1 台水泵失电逸转情况

以两台离心泵（$n_\text{S}=127$）并联运行来分析以上问题。其全性能曲线如图 3.15所示，从全性能曲线上查得该泵在额定转速下（$\overline{n}=100\%$）的性能曲线 $\overline{H}$-$\overline{Q}$（均以相对值表示），即图 5.1 中的曲线 I，并联后的组合性能曲线为 I+II，与管路性能曲线（$\overline{H}_\text{st}+S\overline{Q}^2$）的交点 A 即为水泵并联后正常运行的工作点（$\overline{H}_A=100\%$，$\overline{Q}_A=200\%$）。

当 1 台水泵失电后，另 1 台水泵继续工作，则失电泵在反向水流作用下反转，最终将在飞逸转速下运行。此时转矩 $M=0$，失电泵的反转性能曲线就是全性能曲线第 III 区中零转矩所对应的 $\overline{H}$-$\overline{Q}$ 曲线，亦即失电泵反转阻力曲线，即图 5.1中的曲线 I′，其参数列于表 5.1 中。

表 5.1 失 电 泵 反 转 参 数

$\overline{H}/\%$	0	10	20	30	40	50	75	100
$\overline{Q}/\%$	0	-21	-31	-38	-42	-47	-58	-68

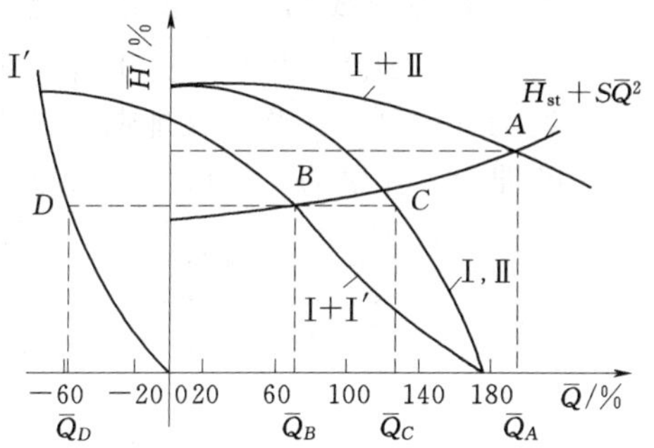

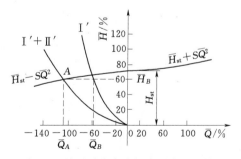

图 5.1 并联系统中1台泵失电逸转运行工况

工作泵与失电泵并联运行组合性能曲线为 I+I′，该曲线与管路性能曲线 $\overline{H}_{st}+S\overline{Q}^2$ 的交点 B 即为反常运行条件下的工作点（$\overline{H}_B=74\%$，$\overline{Q}_B=72\%$）。过 B 点作横坐标的平行线，与曲线 I 的交点 C 即为工作泵的工作点（$\overline{H}_C=74\%$，$\overline{Q}_C=130\%$）；与曲线 I′的交点 D 即为失电泵的工作点（$\overline{H}_D=74\%$，$\overline{Q}_D=-58\%$）。由此可知，工作泵流量为额定值的130%；向失电泵倒泄流量为额定值的58%；工作泵继续向管网供水流量为额定值的72%。对于失电泵的反转转速（对应于 $\overline{H}_{st}=74\%$、$\overline{Q}=-58\%$），由全性能曲线第Ⅲ区中 $M=0$ 的线上查得 $\overline{n}=-99\%$。

5.1.2 并联系统中全部水泵失电逸转情况

仍对上述两台离心泵并联系统进行分析。当全部失电时，两台水泵在静水头作用下，最终都将在飞逸情况下反转，其单台反转性能曲线（或称阻力曲线）仍同上述曲线 I′，两台反转并联组合性能曲线为 I′+Ⅱ′，如图 5.2 所示。这时管路阻力随倒泄流量的增加而增加，其性能曲线近似为 $\overline{H}_{st}-S\overline{Q}^2$，此曲线与 I′+Ⅱ′的交点 A 即为两台并联水泵失电逸转的工作点。其对应于 1 台水泵的倒泄流量 $\overline{Q}_B=-53\%$，阻力水头为 $\overline{H}_B=60\%$，再由全性能曲线求得反转转速 $\overline{n}=90\%$。

当多台相同或不同型号水泵并联时，同样可用上述方法求得失电逸转的运行工况，但是必须具备全性能曲线。而在现有水泵类型中，具有全性能曲线的很少，因此在实用上往往受到限制。若要对并联系统的水泵进行全性能（四象限）工况试验，其试验装置比较复杂，一般情况下是无条件进行的。但如只进行水泵反转阻力损失试验，则无

图 5.2 并联系统中全部水泵失电逸转

论在泵站或在实验室中都是比较容易进行的。如图 5.3 所示，水泵 1 和水泵 2 并联，将水泵 2 的出水闸阀关死后，水泵 1 在静水头作用下反转，就可测得其阻力

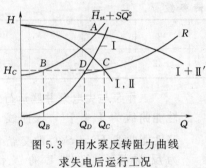

图 5.3   用水泵反转阻力曲线
求失电后运行工况

曲线 I′。设各台泵进水管口至并联点很短，该段水头损失可忽略不计，如不能忽略时，可从各台泵的性能曲线上先减去该段水头损失。现求水泵 1 失电反转后的运行工况。水泵 1 的反转阻力曲线为 I′，管路性能曲线为 $\overline{H}_{st}+S\overline{Q}^2$，并联后的组合阻力曲线为 R，R 与工作泵性能曲线的交点 C 即为工作泵的工作点。由此得到：

（1）工作泵扬程、流量为 H_C、Q_C。

（2）工作泵继续向管网供水流量为 Q_B。

（3）失电泵反转倒泄流量为 Q_D。

（4）失电泵反转飞逸转速为 $\overline{n}_P$。

5.1.3   失电泵固定转子时的运行工况

若将失电泵的转子固定，使其不能反转，工作泵继续向管网供水，并联系统运行工况的确定与前述方法类似。仍以 $n_S=127$ 离心泵为例，当转子固定（$\overline{n}=0$）时，其性能曲线可根据全性能曲线上所对应的 $\overline{H}$ 和 $\overline{Q}$ 求得，其对应的 $\overline{H}\text{-}\overline{Q}$ 关系见表 5.2。

表 5.2   失电泵固定转子时参数

$\overline{H}$/%	0	10	20	30	40	50	75	100
$\overline{Q}$/%	0	−39	−52	−65	−74	−82	−102	−119

上述 $\overline{H}\text{-}\overline{Q}$ 关系亦即转子固定时倒流阻力曲线，见图 5.4 中曲线 I′，与工作泵性能曲线 I 并联后的组合性能曲线为 I + I′。I + I′ 与管路性能曲线 $\overline{H}_{st}+S\overline{Q}^2$ 交于 B 点，过 B 点作横坐标的平行线，与曲线 I 的交点 C 即为工作泵的工

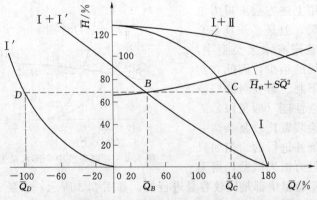

图 5.4   并联系统中 1 台泵失电（固定转子）运行工况

作点（$\overline{H}_C=70\%$，$\overline{Q}_C=132\%$）；与曲线Ⅰ′的交点 D 即为转子固定泵的工作点（$\overline{H}_D=70\%$，$\overline{Q}_D=-97\%$）。由此可知，离心泵转子固定比转子飞逸时过流阻力要小（$\Delta\overline{H}=70\%-74\%=-4\%$），倒泄流量要大（$\Delta\overline{Q}=97\%-58\%=39\%$）。

5.2　水泵串联系统中 1 台或全部失电运行情况

在串联系统中，当 1 台水泵失电停机后，另 1 台水泵继续工作，则工作泵的扬程、流量及转矩各为多少？是否会产生过载危险？失电泵在管流作用下将出现倒转水轮机工况（全性能曲线中的Ⅷ区），并以飞逸转速旋转，其转速多少？当两台（全都）水泵同时失电而停机时，其反转转速如何确定？

现仍以两台 $n_s=127$ 的离心泵为例，对其串联系统进行分析。两台泵串联正常运行组合性能曲线为Ⅰ+Ⅱ，管路性能曲线为 $\overline{H}_{st}+S\overline{Q}^2$，两曲线交点 A 为串联系统正常运行的工作点（$\overline{H}_A=200\%$，$\overline{Q}_A=100\%$），见图 5.5。

当水泵失电后，在管流作用下像水轮机一样逆转，很快达到飞逸转速，在倒转水轮机工况（第Ⅷ区）零转矩（$M=0$）曲线上工作。由全性能曲线查得 $M=0$ 曲线对应的 $\overline{H}\text{-}\overline{Q}$ 关系，如表 5.3 所列。在图 5.5 中，失电泵空转性能曲线为Ⅰ′，将Ⅰ′与Ⅰ的扬程纵向叠加，得到这种反常运行的组合性能曲线Ⅰ+Ⅰ′。曲线Ⅰ+Ⅰ′与 $\overline{H}_{st}+S\overline{Q}^2$ 交于 B 点，过 B 点作横坐标的垂线，与曲线Ⅰ的交点 C 即为工作泵的工作点（$\overline{H}_C=126\%$，$\overline{Q}_C=32\%$）；该垂线与曲线Ⅰ′的交点 D 即为失电泵的空转工作点（$\overline{H}_D=-5\%$，$\overline{Q}_D=32\%$）。全性能曲线Ⅷ区 $M=0$ 曲线上对应 $\overline{H}_D$、$\overline{Q}_D$ 值的转速为 $\overline{n}=12\%$。

表 5.3　　　　　　　　　　　失 电 泵 空 转 参 数

$\overline{H}/\%$	0	-10	-20	-30	-40	-50	-75	-100
$\overline{Q}/\%$	0	60	89	110	125	145	180	210

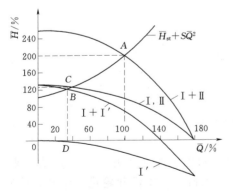

图 5.5　串联系统中 1 台泵
失电后运行工况

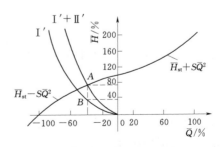

图 5.6　串联系统中全部水
泵失电运行工况

如两台泵同时失电，在静水头作用下同时反转，并进入飞逸状态，确定其工作点的方法与并联情况相似，前提是取得水泵反转阻力曲线。将水泵失电反转的阻力曲线绘于图 5.6 中，如曲线 Ⅰ′（Ⅱ′），对同一流量扬程纵向叠加，如曲线 Ⅰ′+Ⅱ′，它与管路倒流时性能曲线 $\overline{H}_{st}+S\overline{Q}^2$ 交于 A 点，过 A 点作横坐标的垂线，与曲线 Ⅰ′交于 B 点，该点即为失电反转工作点（$\overline{H}_B=38\%$，$\overline{Q}_B=-40\%$）。

除上述各种情况外，还有一些其他特殊条件下的运行工况，均可采用类似方法求出。

5.3　水泵在水轮机工况运行

水泵（机组）可以作为水轮机（机组）使用，这在机械和电机方面都是可行的，对于抽水蓄能泵站，主要是水泵转速和水轮机转速不一样，其工况也不一样。同一台电机作为电动机时和作为发电机时其转速的调节需要配合好，如果使其转速相同，水泵所能产生的扬程等于水轮机的水头，则水泵的流量要小于水轮机的工作流量并以低效率运行。因此，水泵-水轮机机组若都在最优工况下运行，则水泵转速应高于水轮机转速。

现以 ZLQ13.5-8 型轴流泵可逆运行进行分所。作水泵-水轮机速度三角形，如图 5.7 所示。

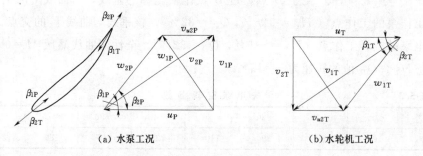

|（a）水泵工况|（b）水轮机工况|

图 5.7　水泵-水轮机速度三角形

水泵最优工况方程为

$$\frac{H_P}{\eta_P}=\frac{u_P v_{u2P}}{g} \tag{5.1}$$

作为水轮机运行时，最优工况方程式为

$$H_T \eta_T=\frac{u_T v_{u1T}}{g} \tag{5.2}$$

式（5.1）和式（5.2）中：H_P、H_T 为水泵、水轮机理论水头；u_P、u_T 为水泵、水轮机叶轮圆周速度；v_{u2P}、v_{u1T} 为水泵叶轮出口、水轮机叶轮进口绝对速度圆周分量；η_P、η_T 为水泵、水轮机水力效率。

将式（5.1）除式（5.2）得

$$\frac{H_T}{H_P}\eta_T\eta_P = \frac{u_T v_{u1T}}{u_P v_{u2P}} \tag{5.3}$$

从速度三角形可以求出

$$v_{u1T} = u_T - v_{2T}\cot\beta_{1T} \tag{5.4}$$

$$v_{u2P} = u_P - v_{1P}\cot\beta_{2P} \tag{5.5}$$

式中：v_{1P}、v_{2T} 为水泵、水轮机速度三角形轴向流速。

将式（5.4）和式（5.5）代入式（5.3）得

$$\frac{H_T}{H_P}\eta_T\eta_P = \frac{u_T^2 - u_T v_{2T}\cot\beta_{1T}}{u_P^2 - u_P v_{1P}\cot\beta_{2P}}$$

$$= \frac{u_T^2(1 - \tan\beta_{2T}\cot\beta_{1T})}{u_P^2(1 - \tan\beta_{1P}\cot\beta_{2P})} \tag{5.6}$$

如不考虑叶栅偏转作用，可近似地认为

$$\beta_{1P} = \beta_{2T}; \qquad \beta_{2P} = \beta_{1T}$$

故速度三角形相似，则

$$\tan\beta_{2T}\cot\beta_{1T} = \tan\beta_{1P}\cot\beta_{2P}$$

式（5.6）可化为

$$\frac{H_T}{H_P}\eta_T\eta_P = \frac{u_T^2}{u_P^2} = \frac{n_T^2}{n_P^2} \tag{5.7}$$

式中：n_P、n_T 为水泵、水轮机最优工况时的转速，r/min。

将上式移项，分子分母同乘以 D，则得

$$\sqrt{\eta_T\eta_P} = \frac{\dfrac{n_T D}{\sqrt{H_T}}}{\dfrac{n_P D}{\sqrt{H_P}}} = \frac{n'_{1T}}{n'_{1P}} \tag{5.8}$$

式中：n'_{1P}、n'_{1T} 分别为水泵、水轮机的单位转速。

式（5.8）即为正向抽水、反向发电转速的换算公式。

现以试验资料换算。

对于水泵最优工况：模型泵转轮 300mm，当转速为 975r/min，扬程为 2.5m 时，水泵进入最优工况 $\eta_P = 0.67$。

$$n'_{1P} = \frac{nD}{\sqrt{H}} = \frac{975 \times 0.3}{\sqrt{2.5}} = 185(\text{r/min})$$

对于水轮机最优工况：用同样模型泵试验，得 $\eta_T = 0.73$，$n'_{1T} = 125$r/min，代入式（5.8），求得

$$n'_{1P} = n'_{1T}/\sqrt{\eta_T\eta_P} = 125/\sqrt{0.73 \times 0.67} = 179(\text{r/min})$$

所求出的 n'_{1P} 与水泵试验值接近，说明式（5.8）是正确的。

ZLQ13.5-8型轴流泵抽水转速为 250r/min，现求作为水轮机时的转速 n_T。$D=2.0m$，$H=4m$，则

$$n_T = \frac{n'_{1T}\sqrt{H}}{D} = \frac{125 \times \sqrt{4}}{2} = 125(r/min)$$

水轮机转速正好等于水泵转速一半，对于电机制造来说，技术上是方便的。

5.4 水泵反向抽水运行

先区别正向、反向抽水，正转、反转运行的定义。正向抽水是水流从水泵进口至水泵出口的正常工作；反向抽水指水流从水泵出口至水泵进口的正常工作。正转运行是叶轮按正常旋转方向转动，叶片正面工作；反转运行是叶轮旋转方向与正常相反，叶片反面工作，其运行工况即反转泵工况。

对于本来就可以正、反向运转而安装对称叶型的轴流泵，或装置180°调节机构的轴流泵，正、反转的效率均能达到最高值。而本来只能正向正转抽水的叶片泵是否能反转抽水？运行工况如何变化？效率是否下降？

现分析离心泵（$n_S=127$）、导叶式混流泵（$n_S=530$）及轴流泵（$n_S=950$）全性能曲线，当叶轮反转（$n=-100\%$）时三种叶片泵的 $\overline{H}$、$\overline{Q}$ 对应值如表5.4所列。

表5.4　　　　　　　　　　　　叶轮反转时 $\overline{H}$、$\overline{Q}$ 值

离心泵	$\overline{H}/\%$	−100	−50	−30	0	+10
($n_S=127$)	$\overline{Q}/\%$	+105	+83	+73	+56	+50
导叶式混流泵	$\overline{H}/\%$	−100	−75	−50	−10	0
($n_S=530$)	$\overline{Q}/\%$	+36	0	−15	−44	−54
轴流泵	$\overline{H}/\%$	−200	−10	−75	−30	−10
($n_S=950$)	$\overline{Q}/\%$	0	−10	−55	−80	−92
离心泵	$\overline{H}/\%$	+30	+50	+62.5	+75	+100
($n_S=127$)	$\overline{Q}/\%$	+35	+20	0	−60	−100
导叶式混流泵	$\overline{H}/\%$	+10	+30	+50	+75	+100
($n_S=530$)	$\overline{Q}/\%$	−74	−92	−106	−120	−134
轴流泵	$\overline{H}/\%$	0	+10	+30	+50	+100
($n_S=950$)	$\overline{Q}/\%$	−95	−100	−108	−115	−135

由全面性能曲线的反转泵工况范围和表 5.4 可见，离心泵在反转（$\overline{n} = -100\%$）时扬程 $\overline{H} = 0 \sim 62.5\%$，可以正向反转抽水，除此以外，不能反向反转抽水。导叶式混流泵扬程 $\overline{H} = 0 \sim 75\%$ 时，可以反向反转抽水，除此以外，不能正向反转抽水。轴流泵扬程 $\overline{H} = 0 \sim -200\%$ 时，可以反向反转抽水，除此以外，不能正向反转抽水。轴流泵反转抽水工作范围较宽，流量也较大。但无论在何种情况下，反转抽水的流量均小于正转抽水流量。这一问题与前述水泵-水轮机可逆机组运行工况不同，水泵反转抽水以叶片背面为工作面。以轴流泵为例，反向反转时，原来的后导叶变为前导叶，叶片背面凸出，水流经叶片时流态较乱，同时由于无后导叶，出口流速圆周分量 v'_{u2} 的能量无法回收，致使效率下降。同时，水泵需要的功率减小，扬程、流量亦减少。由图 5.8 可知，设正、反转速均为额定转速值，即 $u = u'$，当叶轮正转抽水时，进口流速 v_1 基本上无预旋影响，水流轴向进入叶栅。而反转抽水时，因后导叶变为前导叶，水流进口绝对速度 v'_1 受导叶影响，产生预旋，不可能轴向进入叶栅，其轴向分速 v'_{m1} 小于 v_1，故流量

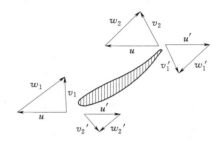

图 5.8　正、反转抽水速度三角形

$$Q'_k = v'_{m1} A'_{m1} < Q_k = v_1 A_{m1} \tag{5.9}$$

上述关系中，假设 $A'_{m1} = A_{m1}$。

根据轴流泵正、反向抽水和正、反转抽水模型试验，上述结论是正确的，试验数据见表 5.5。

表 5.5　　　　　　　　　　　　正、反转试验数据

叶轮旋转方向	叶片安放角/(°)	扬程/m	流量/(L/s)	效率/%	说　明
正向正转	0	1.1	133.5	52.5	叶片正面工作
反向反转	0	1.1	99	35.3	叶片背面工作

斯捷潘诺夫试验资料亦说明反转时泵效下降，见表 5.6。

表 5.6　　　　　　　　　　　　各种泵的最高效率比较

类型	比转速 n_S	正转效率/%	反转效率/%	说　　　明
离心泵	127	83	9	
混流泵	530	82	9	反转即以叶片背面工作
轴流泵	950	80	34	

利用轴流泵反转抽水在理论上和实践中都是可行的，但泵效较低。在某些特殊情况下，例如利用卧式轴流泵反转抢排涝水，是一种可行的临时措施。20 世纪末以来，为适应双向抽水的实际需求，专门设计了对称叶型叶片轴流泵，可实现

反向反转高效率运行，已经在灌排结合、引排结合的双向泵站中得到广泛应用。

5.5　水泵事故停机时反转飞逸转速的计算

由全性能曲线图可以查得相应于水泵倒流时 $\overline{H}$、$\overline{Q}$ 值的飞逸转速。但是在水泵类型中，只有极少数泵型具有全性能曲线。现介绍计算方法如下，供参考。

5.5.1　系数法

$$\left.\begin{aligned}\overline{n}_P &= \overline{n}_0 \sqrt{\frac{H_{st}}{H_a}} \\ \overline{n}_P &= \frac{n_P}{n_a} \\ \overline{n}_0 &= \frac{n_0}{n_a}\end{aligned}\right\} \tag{5.10}$$

式中：$\overline{n}_P$ 为最高飞逸转速相对值；n_P 为最高飞逸转速，r/min；n_a 为水泵额定转速，r/min；$\overline{n}_0$ 为标准飞逸转速相对值；n_0 为标准飞逸转速，即在水泵额定扬程 H_a 时的飞逸转速，r/min；H_{st} 为倒流反转时实际水头，m。

离心泵标准飞逸转速相对值 $\overline{n}_0$ 可参考表 5.7。

表 5.7　　　　　　　　　　离心泵标准飞逸转速相对值

编号	泵　型	机　型	$\overline{n}_0$
1	48sh－22A	YL134/44－12	1.18
2	32sh－19	JRQ－1410－6	1.30
3	24sh－19	JSQ－1410－6	1.25
4	24sh－19a	JC－137－6	1.09
5	14sh－19	JC－114－4	0.99
6	14sh－15		1.23
7	14sh－9	JSQ－148－4	1.17
8	14sh－6	JSQ－1410－4	1.05
9	10sh－13	J82－4	1.05

注　本表适用于同型号水泵，而且电动机的飞轮惯量 GD^2 比较接近。

5.5.2　模型试验法

确定飞逸转速的直接方法是通过模型试验测出飞逸转速特性曲线。对于大型泵站，多要求进行泵装置模型试验，飞逸转速通常列为模型试验的内容之一，在一定的反向水头下，水泵持续稳定的倒转转速就是水泵飞逸转速。

在缺乏试验资料的泵站，表 5.8 的数值可以参考。表 5.8 为斯捷潘诺夫所编各种泵的反转转速试验值，由于制造工艺水平的差异，表中数值仅供参考。由表

5.7 和表 5.8 可见，倒流反转最高飞逸转速未超过额定转速的 130%，不会引起一般水泵机组损坏。表 5.8 中所列 "转子固定" 一列，是倒流时叶轮固定不转所测得的流量及叶轮承受的转矩。

表 5.8 倒流反转水泵工作参数

泵 型	比转速 n_S	口径 /mm	转子不固定 $(\overline{H}=+100\%,\ \overline{M}=0)$		转子固定 $(\overline{H}=+100\%,\ \overline{n}=0)$		说明
			$-\overline{Q}/\%$	$-\overline{n}/\%$	$-\overline{Q}/\%$	$+\overline{M}/\%$	
多级泵	84	37.5	85	104	160		
多级泵	86	50	76	108	117	96	
双吸泵	90	100	68	117	118	120	
四级泵	91	100		117			
	120	200	58	125	115	146	
单吸泵	124	50	52	106	103	110	各参数以设计工况各参数的百分数表示
	137	200	75	125	108	130	
蜗壳单吸泵	151	200	60	123	95	125	
双蜗壳单吸泵	151	200	50	123	108	140	
双吸泵	247	300	80	125	84	116	
转桨式	473	400	112	126	79	88	
	509	400	85	128	37	74	
	955	400	121	128	66	37	

对于轴流泵，其叶片角度通常是可调的，不同叶片角度下的飞逸转速也不同，需要进行不同叶片角度的飞逸转速试验。表 5.9 是一种 ZL 型轴流泵进行的飞逸转速试验结果，表中列出了 5 个叶片安放角对应的单位飞逸转速。

表 5.9 轴流泵单位飞逸转速试验数据

叶片角度/(°)	−2	0	2	4	6
单位飞逸转速/(r/min)	393.88	407.88	419.58	412.47	407.09

由于同一系列水泵的单位飞逸转速是同一数值，根据模型试验得到的单位飞逸转速就可以计算出原型泵在不同扬程下的飞逸转速。原型泵的飞逸转速 $n_{R,p}$ 可用下式计算：

$$n_{R,p}=n'_{1,R}\frac{\sqrt{H_p}}{D_p} \qquad (5.11)$$

式中：$n_{R,p}$ 为原型泵的飞逸转速，r/min；$n'_{1,R}$ 为单位飞逸转速，r/min；H_p 为原型泵扬程（反向水头），m；D_p 为原型泵叶轮直径，m。

按照采用的不同的叶片角度，从表 5.9 选择单位飞逸转速，再将轴流泵相应的扬程（反向水头）和叶轮直径代入式（5.11）计算得到飞逸转速。

第**6**章

水泵的汽蚀及其防护

6.1 水泵的汽蚀

6.1.1 汽蚀现象

汽蚀（Cavitation）又叫空化、空蚀，是液体的特殊物理现象。第一个从理论上阐述并在实验室中观察汽蚀现象的是雷诺，他在1874年就描绘了温水中蒸汽-气体气泡的运动。1895年，在一次对横渡大西洋的油轮进行螺旋桨检查时，首先在工程实际中发现了汽蚀。人们发现海洋轮船的螺旋桨表面发生剥落，甚至穿孔，金属表面有一个个的小孔，严重的被蚀成海绵状，甚至整个叶片脱落。人们从那时开始认识了水的空化和实际当中的汽蚀。再后来，人们不但在螺旋桨上，还在轴流泵、离心泵、水轮机、深水武器甚至管道中都发现了这种现象。时至今日，这种破坏在水泵中仍然相当严重。

多少年来，人们在汽蚀研究方面做了大量工作。但由于汽蚀现象的复杂性，对其认识还在不断地深化之中。

物质有三态，即固态、液态和气态。这三态在一定的条件下是可以相互转化的，例如在一个大气压下，水的温度降到0℃时就结冰，水被加热到100℃时就变成蒸汽，可见物态的变化是与温度有关的。此外，物态变化还与压力有关，在海拔4500m的高原上，大气压力为58.9kPa时，水到80℃就沸腾了。如果压力再降低，水的沸点温度就更低。

资源6-1
水泵的汽蚀

水从液态转为气态的过程叫汽化，此时相应的压力称为汽化压力，不同的水温有不同的汽化压力，表6.1列出了不同水温时的汽化压力，这个值是用水柱高表示的，单位是m。

表6.1　　　　　　　　不同水温时的汽化压力

工作水温/℃	20	30	40	50	60	70	80	90	100
汽化压力 $\dfrac{P_{cav}}{\rho g}$/m	0.24	0.43	0.75	1.25	2.02	3.17	4.82	7.14	10.33

注　下标 cav 表示汽化。

如果过流部位的局部区域的绝对压力下降到当时温度下的汽化压力,水体便在该处开始汽化,产生蒸汽,形成气泡,这些气泡随水流向前流动,至高压处时,气泡周围的高压液体致使气泡急骤缩小以至破裂(凝结),在气泡凝结的同时,液体质点将以高速冲击空穴中心,这些质点互相撞击而产生局部高压,同时伴有爆裂的声响。如果气泡破灭的位置恰好在固体表面处,这种冲击就会直接作用于固体表面,由于接触面积极小,压强值极大,加之空泡溃灭的频率极高,每秒钟可达数万次,对固体表层冲击极大,致使固体表面发生疲劳剥落,出现蜂窝状的凹坑,进而脱落,严重时甚至击穿,导致固体边壁破坏。这一现象就称为汽蚀。

在汽蚀现象发生的同时,从微观上说,伴随着液体质点间的热交换、水体的氧化、金属间的电化腐蚀等现象发生,加剧了汽蚀的进程。

6.1.2　水泵汽蚀类型及对性能的影响

1. 水泵汽蚀的类型

在水泵汽蚀试验中,利用频闪灯光透过观察窗可以清楚地观测到水泵叶轮内发生汽蚀(空化)的情况,用高速摄影机还可以拍摄到汽蚀(空化)发生的过程。试验表明,随着水泵工况的变化,汽蚀的类型也发生变化。水泵汽蚀大致可以分为如下四种类型:

(1) Ⅰ类汽蚀。Ⅰ类汽蚀发生在叶轮外缘叶片进口背面处,如图6.1 (a)所示,此时流量小于最高效率点流量(扬程高于最高效率点扬程),当流量继续减小时,扬程继续增高,叶片背面的汽蚀区域逐步向出口边和叶片根部扩展。

(2) Ⅱ类汽蚀。Ⅱ类汽蚀发生在叶轮外缘、根部、叶片进口正面处,如图6.1 (b) 所示,此时流量大于最高效率点流量(扬程低于最高效率点扬程),当流量继续增大时,扬程继续降低,叶片正面的汽蚀区域向中部扩展。

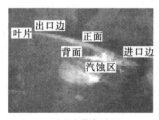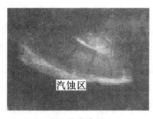

(a) Ⅰ类汽蚀　　　　　　(b) Ⅱ类汽蚀　　　　　　(c) Ⅲ类汽蚀

图6.1　汽蚀类型

Ⅰ类、Ⅱ类汽蚀均由水泵工况点偏离设计工况点造成,这很容易通过分析水泵进出口速度三角形得到理论证明,即小流量时,水流冲角增大,大流量时,冲角减小。因而引起叶片进口边水流在正面或背面脱流,进而导致压力下降和汽蚀。

这两类汽蚀在水泵允许工作范围内对水泵的运行影响不大,可称为"无危害性汽蚀"。这两类汽蚀是不可避免的,仅程度不同而已。

(3) Ⅲ类汽蚀。Ⅲ类汽蚀发生在叶片外缘和根部,从叶片近前端向后达叶片大部分区域,如图 6.1 (c) 所示,此时叶片角度较大,流量也大,而装置有效汽蚀余量较小。由于汽蚀发生区域大,常导致水泵性能下降,可称为"有害汽蚀"。

上述三类汽蚀均与水泵叶片的翼型有关,故又称之为"翼型汽蚀"。

(4) Ⅳ类汽蚀。Ⅳ类汽蚀发生在水泵叶片外缘平面直径最大的断面上下与叶轮室间隙内,故又称间隙汽蚀。由于叶片正面与背面之间存在压差,间隙内有水流泄漏,叶轮带动水流旋转,当叶轮外圆周速度较大时,间隙内水流迅速降压并产生汽化,形成间隙汽蚀。间隙汽蚀对水泵运行的影响是噪声、长期击蚀(包括机械性和理化性的汽蚀破坏)。间隙只要在许可范围,对水泵运行性能影响不大。

无论何种类型汽蚀,在汽蚀的初生阶段对水泵不会造成破坏,只有当汽蚀的过程持续作用,且空泡溃灭、射流冲击的频率和强度不断提高时,泵的固体表面才开始被侵害,进入蚀坏阶段。水泵的汽蚀是普遍现象,也是经常发生的。当水泵运行工况变化时就可能导致汽蚀,当其发生并不严重时,对水泵运行而言尚可承受;但从长期来看,对水泵是有损坏的,因为最终会使水泵能量性能和安全性能下降。

2. 汽蚀对水泵性能的影响

水泵是利用进水池水面上的大气压力和水泵进口(叶轮前水流未被加压的断面)的压力差使水流到进口的,水泵进口附近压力很低,常常处于负压状态,水流进入水泵后又会产生较大的压力降,故水泵内很容易发生汽蚀。

水泵发生汽蚀时,会产生振动和噪声,使人感觉到泵内汽蚀的存在,其实早在振动和噪声发生前,汽蚀就已产生。除此之外,水泵产生汽蚀时叶轮和液体间的能量交换受到干扰和破坏,在外特性上表现为流量、扬程和效率的迅速下降,甚至达到断流状态。这种工作特性的变化,对于不同比转速的水泵有不同的特点。低比转速离心泵由于叶槽狭长,宽度较小,一旦汽蚀发生,气泡即迅速扩展到整个叶槽,引起断流,泵的特性曲线呈急剧下降形状,如图 6.2 (a) 所示。对于混流泵,由于叶轮槽道较宽,因此当汽蚀发生时,只是发生在叶槽的某一局部,随着汽蚀状态的发展,才会布满整个叶槽,在特性曲线上则表现为开始时下降较和缓,最后呈迅速下降之势,如图 6.2 (b) 所示。至于高比转速的轴流泵,由于叶片之间流道相当宽阔,故汽蚀区不易扩展到整个叶槽,特性曲线下降缓慢,以致无明显的断裂点,如图 6.2 (c) 所示。

3. 汽蚀对水泵的损坏

汽蚀对水泵另一种危害是使水泵叶片和叶轮室产生破坏。通常水泵受汽蚀破坏严重的部位是叶片的进口附近、轴流泵和导叶式混流泵的叶轮室中部,如图 6.3 所示。

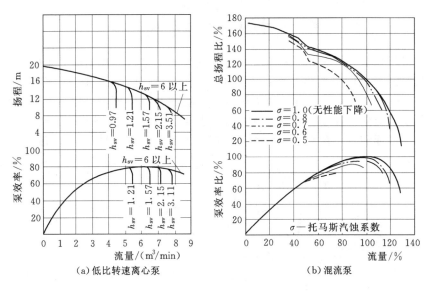

（a）低比转速离心泵   （b）混流泵

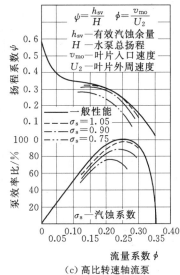

（c）高比转速轴流泵

图 6.2   不同水泵受汽蚀影响特性曲线下降的形式

   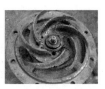

（a）叶片进口   （b）叶轮室中部   （c）叶片背面   （d）离心泵叶轮

图 6.3   轴流泵和离心泵的汽蚀破坏

6.2　水泵的汽蚀基本方程

这里用能量分析的方法来推求水泵的汽蚀基本方程。在如图 6.4 所示离心泵装置吸水侧选取四个典型断面：进水池液面、泵进口 $S—S$ 断面、泵叶轮（片）进口前 $O—O$ 断面和泵叶轮内压力最低点所在的 $K—K$ 断面。以进水池液面（或以水泵基准面）为参考基准面，分别列进水池液面和 $O—O$ 断面的能量方程，以及 $O—O$ 断面和 $K—K$ 断面的相对运动能量方程（即伯努利方程），有

$$\frac{P_a}{\rho g}=H_x+\frac{P_O}{\rho g}+\frac{v_O^2}{2g}+h_x+h_{s-O} \tag{6.1}$$

$$z_O+\frac{P_O}{\rho g}+\frac{w_O^2}{2g}-\frac{u_O^2}{2g}-h_{O-K}=z_K+\frac{P_K}{\rho g}+\frac{w_K^2}{2g}-\frac{u_K^2}{2g} \tag{6.2}$$

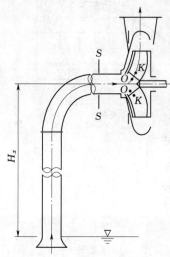

图 6.4　泵吸水装置图

式中：P_a 为大气压力；P_O、P_K、v_O、u_O、w_O、u_K、w_K 为相应于 $O—O$、$K—K$ 断面的压力和速度；H_x 为进水池液面至泵进口 $S—S$ 断面的几何高度；h_x 为进水池液面至泵进口断面的水头损失；h_{s-O} 为 $S—S$ 断面至 $O—O$ 断面的水头损失，$h_{s-O}=\zeta_v\frac{v_O^2}{2g}$；$z_O$、$z_K$ 为相应于 $O—O$、$K—K$ 断面的位置高度。

因 O、K 两点靠近，认为 $u_O=u_K$，$z_O=z_K$，$h_{O-K}=0$，不计水流的预旋，进口水流速度三角形为直角三角形，$w^2=v^2+u^2$，则式（6.2）变为

$$\frac{P_O}{\rho g}+\frac{w_O^2}{2g}=\frac{P_K}{\rho g}+\frac{w_K^2}{2g}$$

$$\frac{P_O}{\rho g}=\frac{P_K}{\rho g}+\frac{w_K^2-w_O^2}{2g} \tag{6.3}$$

把式（6.3）代入式（6.1），得

$$\left.\begin{aligned}\frac{P_a}{\rho g}-\frac{P_K}{\rho g}&=H_x+h_x+\mu\frac{v_O^2}{2g}+\lambda\frac{w_O^2}{2g}\\\mu&=1+\zeta_v\\\lambda&=\frac{w_K^2}{w_O^2}-1\end{aligned}\right\} \tag{6.4}$$

式中：μ 为动能系数；ζ_v 为流速损失系数；λ 为汽蚀系数。

式（6.4）的物理意义是大气压力在泵内最低压力以上的余能用于以下 4 个方面：①提升 H_x 的吸水高度；②克服吸水管路损失 h_x；③转为动能 $\frac{v_O^2}{2g}$；④满足水流在进入叶片后的压力下降 $\lambda\frac{w_O^2}{2g}$。①、②两项与吸水装置有关；③、④两项与叶

轮进口结构有关。把式（6.4）进一步整理，得

$$\frac{P_a}{\rho g} - \frac{P_K}{\rho g} - (H_x + h_x) = \mu \frac{v_O^2}{2g} + \lambda \frac{w_O^2}{2g}$$

当 $P_K = P_汽$ 时，汽化（以下标 cav 表示）开始，为汽蚀临界状态，上式变为

$$\frac{P_a}{\rho g} - \frac{P_{cav}}{\rho g} - (H_x + h_x)_{cav} = \left(\mu \frac{v_O^2}{2g} + \lambda \frac{w_O^2}{2g} \right)_{cav} \tag{6.5}$$

在式（6.5）中，左边的项仅与装置有关，表示水泵吸水侧装置能量扣除吸上高度和吸水管损失超过当时当地汽化压力所剩的富余能量，称为有效汽蚀余量，用 $NPSH_a$ 或 Δh_a 表示；右边的项仅与叶轮进口结构有关，表示叶轮进口附近的动压降，称为必需汽蚀余量，用 $NPSH_r$ 或 Δh_r 表示。该式说明在水泵装置有效汽蚀余量与水泵必需汽蚀余量相等时，水泵进入汽蚀临界状态。

在定义上

$$NPSH_r = \left(\mu \frac{v_O^2}{2g} + \lambda \frac{w_O^2}{2g} \right)_{cav} \tag{6.6}$$

在数值上

$$NPSH_r = \frac{P_a - P_{cav}}{\rho g} - (H_x + h_x)_{cav} \tag{6.7}$$

式（6.5）~式（6.7）即为汽蚀基本方程。在汽蚀试验中常用式（6.7）来计算水泵的必需汽蚀余量。

叶轮进口前后压差（压降）取决于泵的运行工况和泵进口结构。一般来说泵内动压降 $\lambda \frac{w_O^2}{2g}$ 数值较大。因相对速度 w 由绝对速度 v 和圆周速度 u 决定，故对于低比转速水泵，动压降数值较小，此时在汽蚀余量中动能项 $\frac{v_O^2}{2g}$ 占主导地位；而对于高比转速水泵，动压降 $\lambda \frac{w_O^2}{2g}$ 较大，是汽蚀的主要因素。

6.3 汽 蚀 余 量

6.3.1 必需汽蚀余量

如前所述，必需汽蚀余量是水泵的汽蚀性能的参数，用 $NPSH_r$ 表示。水泵的汽蚀余量与水泵的结构、叶轮进口部分的形状等因素有关，在水泵汽蚀基本方程中用 μ 及 λ 反映其大小，μ 及 λ 的取值与外界条件无关，可从有关资料中查得。因此在一定的转速和流量下，泵的汽蚀余量是确定的。但是由于叶轮进口处流速在测试上的困难，一般不用式（6.6）求得 $NPSH_r$，而是根据式（6.7）计算，通常由制造厂家通过试验提供。

水泵厂向用户提供的水泵汽蚀余量一般是偏安全的，是用该泵发生汽蚀时的汽蚀余量加一个安全量确定的，称之为该泵的允许必需汽蚀余量，用 $[NPSH_r]$ 表示。

6.3.2　有效汽蚀余量

有效汽蚀余量是指水泵进口处液体所具有的超过当时温度下汽化压力的富余能量，用 $NPSH_a$ 或用 Δh_a 表示，用公式表达为

$$NPSH_a = \frac{P_s}{\rho g} + \frac{v_S^2}{2g} - \frac{P_{cav}}{\rho g} \tag{6.8}$$

式中：$\dfrac{P_s}{\rho g}$ 为水泵进口 S—S 断面具有的压力水头，m；$\dfrac{v_S^2}{2g}$ 为水泵进口 S—S 断面具有的流速水头，m；$\dfrac{P_{cav}}{\rho g}$ 为汽化压力值，见表 6.1。

由图 6.4，列出进水面和泵进口 S—S 断面的能量方程：

$$\frac{P_a}{\rho g} - H_x - h_x = \frac{P_s}{\rho g} + \frac{v_S^2}{2g} \tag{6.9}$$

式中：$\dfrac{P_a}{\rho g}$ 为大气压力水柱高，从表 6.2 中选取；H_x 为水泵的实际吸水高度（安装高度），即进水池液面到水泵基准面的垂直距离，m；h_x 为从进水面至泵进口的水力损失，m。

表 6.2　　　　　不同海拔高度时的大气压力水柱高　　　　　单位：m

海拔高度	−600	0	100	200	300	400	500	600
$\dfrac{P_a}{\rho g}$	11.3	10.33	10.22	10.11	9.97	9.89	9.77	9.66
海拔高度	700	800	900	1000	2000	3000	4000	5000
$\dfrac{P_a}{\rho g}$	9.55	9.44	9.33	9.22	8.11	7.47	6.52	5.57

各种不同的水泵及安装方式、基准面的选取如图 6.5 所示。

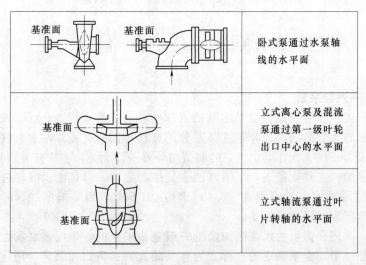

图 6.5　水泵的安装基准面

式（6.9）表明，作用在进水池液面上的能量即大气压力水头，一是用于将水提升一定的几何高度；二是克服液体流动摩擦、撞击等消耗的能量；所剩余的能量即为水泵进口 S—S 截面的能量。

将式（6.9）代入式（6.8）有

$$NPSH_a = \frac{P_a}{\rho g} - H_x - h_x - \frac{P_{cav}}{\rho g}$$ （6.10）

由式（6.10）可见：有效汽蚀余量的大小只与水泵装置进水侧的情况有关，即只与作用于液面上的大气压力、水泵安装高度、水泵装置进水部分的水力损失及当时温度的汽化压力水头等因素有关，而与水泵本身的因素无关。

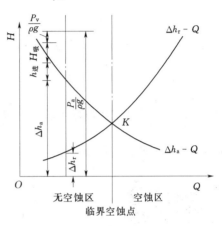

图 6.6　$NPSH_r$ 与 $NPSH_a$ 随 Q 的变化
P_v—汽化压力

很显然，水泵是否发生汽蚀，取决于泵装置的条件与泵自身条件。

由式（6.7）和式（6.9）可以看出，随着流量的增加，泵的必需汽蚀余量增加，而有效汽蚀余量则减少，用曲线表示如图 6.6 所示。在两曲线的交点 K 的左边，表示装置的有效汽蚀余量大于泵的必需汽蚀余量，水泵不会发生汽蚀；K 点的右边，表示装置的有效汽蚀余量小于泵的必需汽蚀余量，水泵将会发生汽蚀。K 点称为临界汽蚀点。

根据 $NPSH_a$ 与 $NPSH_r$ 可判断水泵是否发生汽蚀：当 $NPSH_a > NPSH_r$ 时，水泵不发生汽蚀；当 $NPSH_a < NPSH_r$ 时，水泵发生汽蚀。

6.4　水泵的吸上真空高度

6.4.1　允许吸上真空高度

水泵的吸上真空高度是指水泵进口处的压强低于大气压强的数值。如果进水池液面上的压强是一个大气压，则水泵进口处的真空度就是大气压强与该泵进口 S—S 断面的压强的差值。通常在 S—S 断面处安装真空表，真空表上的读数就是水泵的真空度，用米水柱高作单位，则有

$$H_s = \frac{P_a}{\rho g} - \frac{P_S}{\rho g}$$ （6.11）

式中：H_s 为泵的吸上真空高度，mH_2O；$\frac{P_a}{\rho g}$ 为进水池液面上的大气压力水柱高，m；$\frac{P_S}{\rho g}$ 为泵进口 S—S 断面的压力水头，m。

水泵吸上真空高度也是反映水泵汽蚀性能的参数，吸上真空高度越大，说明该泵的抗汽蚀能力越好。

对于离心泵，一般将吸上真空高度值作为反映泵的汽蚀性能的参数，其值由试验确定。为了安全起见，往往在出厂时把它的许用值定得小一点，即将该泵刚刚发生汽蚀时的值减去一个安全量，称之为泵的允许吸上真空高度，用 $[H_s]$ 表示。

必须注意的是：泵的允许吸上真空高度指海拔高度为零和环境温度为 20℃ 的标准状况时的值。如果使用地点和温度均为非标准状况，则允许吸上真空度值要按下式修正：

$$[H_s]' = [H_s] + \frac{P_a}{\rho g} - 10.33 - \frac{P_{cav}}{\rho g} + 0.24 \qquad (6.12)$$

式中：$[H_s]'$ 为海拔高度、温度修正之后的允许吸上真空高度，m；$[H_s]$ 为标准状况时的允许吸上真空高度，m；$\dfrac{P_a}{\rho g}$ 为水泵安装地点的大气压力水柱高，m，可查表 6.2；$\dfrac{P_{cav}}{\rho g}$ 为工作温度下的汽化压力水柱高，m，见表 6.1。

6.4.2　装置吸上真空高度

从式（6.9）可以得到

$$\frac{P_a}{\rho g} - \frac{P_S}{\rho g} = H_x + h_x + \frac{v_S^2}{2g} \qquad (6.13)$$

上式左边 $\dfrac{P_a}{\rho g} - \dfrac{P_S}{\rho g} = H_s$，把上式右边用 H_{ss} 表示，则有

$$H_{ss} = H_x + h_x + \frac{v_S^2}{2g} \qquad (6.14)$$

用式（6.14）求得的吸上真空高度，可以理解为装置实际具有的吸上真空高度，它的大小只与装置情况有关，与泵本身无关，故称其为装置吸上真空高度，

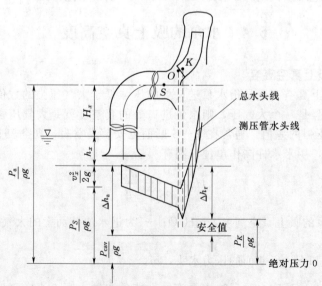

图 6.7　水泵进口侧各种能量关系

为了区别于泵的吸上真空高度，用 H_{ss} 表示。与汽蚀余量一样，根据 H_s 和 H_{ss} 也可判断水泵是否发生汽蚀：当 $H_{ss}=H_s$ 时，水泵处于临界汽蚀状态；当 $H_s>H_{ss}$ 时，水泵不发生汽蚀；当 $H_s<H_{ss}$ 时，水泵发生汽蚀。

为进一步说明水泵进口前后的各种能量关系，图 6.7 给出了能量分析用到的各能量项的几何意义。

6.5 汽蚀相似律与汽蚀比转速

6.5.1 汽蚀相似律

汽蚀相似律反映几何形状相似、运行工况相似的水泵的汽蚀性能之间的关系。两台相似的水泵，根据水泵的相似理论可推得它们的汽蚀余量之间有如下的关系：

$$\frac{NPSH_{rP}}{NPSH_{rM}}=\left(\frac{n_P D_P}{n_M D_M}\right)^2 \tag{6.15}$$

式（6.15）称为水泵的汽蚀相似律。式中下标 P 和 M 分别表示原型泵和模型泵；n 和 D 则分别表示水泵的转速和线性尺寸（通常用叶轮直径）。

式（6.15）表明，相似水泵的必需汽蚀余量之比与它们的线性尺寸之比的平方成正比，与转速比的平方成正比。可见汽蚀余量的相似性类似于扬程的相似性。在相似水泵中，转速、尺寸越大，$NPSH_r$ 也越大，抗汽蚀能力越差。对于同一台水泵，当水泵的转速改变时，必需汽蚀余量也随之改变，因为尺寸不变，由式（6.15）得

$$\frac{NPSH_{r1}}{NPSH_{r2}}=\left(\frac{n_1}{n_2}\right)^2 \tag{6.16}$$

式中，下标 1、2 分别表示工况 1 和工况 2。

试验表明，水泵实际汽蚀余量之比小于水泵转速比的平方，因而式（6.16）是偏安全的。

6.5.2 汽蚀比转速

汽蚀比转速是表明水泵汽蚀性能的重要参数，也是汽蚀相似性的重要判据。与推求水泵比转速相类似，可由水泵的相似理论推求出水泵的汽蚀比转速（用 Δh_r 表示 $NPSH_r$）：

$$\frac{n_M\sqrt{Q_M}}{\Delta h_{rM}^{\frac{3}{4}}}=\frac{n_P\sqrt{Q_P}}{\Delta h_{rP}^{\frac{3}{4}}}=C$$

汽蚀比转速公式习惯上为

$$C=\frac{n\sqrt{Q}}{\Delta h_r^{\frac{3}{4}}} \tag{6.17}$$

若 n 的单位取 r/min，Q 的单位取 m^3/s，Δh_r 的单位取 m，则式（6.17）需要乘以系数 5.62，即

$$C = 5.62 \times \frac{n\sqrt{Q}}{\Delta h_{\mathrm{r}}^{\frac{3}{4}}} \tag{6.18}$$

从上式可知，C 值愈大，Δh_{r} 愈小，水泵汽蚀性能愈好。所以，由 C 值的大小可以很容易判别出水泵汽蚀性能的优劣。与比转速一样，式中的流量 Q 对双吸泵取其流量的二分之一。

水泵的汽蚀比转速和水泵的比转速都是水泵的相似条件。水泵的比转速 n_{S} 是水泵的出口相似条件，可用于水泵的能量性能换算；而水泵的汽蚀比转速 C 是水泵的进口相似条件，可用于水泵的汽蚀性能换算。

6.6　水泵安装高度和汽蚀防护

6.6.1　水泵的安装高度计算

水泵的安装高度指水泵的基准面（图 6.5）到进水池液面的垂直距离。水泵安装高程则是指水泵基准面的海拔高程。一般用进水池最低运行水位计算水泵安装高程，偏于安全。

决定水泵安装高程的关键是计算水泵安装高度 H_x，可分两种情况考虑。

1. 根据水泵的允许汽蚀余量 $[NPSH_{\mathrm{r}}]$ 计算

一般立式安装或在灌注情况下的水泵，提供的汽蚀参数是 $[NPSH_{\mathrm{r}}]$，根据临界状态时：

$$[NPSH_{\mathrm{r}}] = \frac{P_{\mathrm{a}}}{\rho g} - H_x - h_x - \frac{P_{\mathrm{cav}}}{\rho g}$$

有

$$H_x = \frac{P_{\mathrm{a}}}{\rho g} - h_x - [NPSH_{\mathrm{r}}] - \frac{P_{\mathrm{cav}}}{\rho g} \tag{6.19}$$

常温下简化时采用：

$$H_x = 10.0 - h_x - [NPSH_{\mathrm{r}}] \tag{6.20}$$

若上式中算出的 $H_x > 0$，表示该泵的基准面在水面以上，说明该泵有正吸程；若 $H_x < 0$，则说明该泵的基准面必须在水面以下，也就是说泵叶轮必须淹没在水下，水泵吸程为负值。

因为在 $[NPSH_{\mathrm{r}}]$ 中已考虑了安全量，计算出来的 H_x 值可不必再考虑取安全余量。

2. 根据水泵的允许吸上真空高度 $[H_s]$ 计算

某些卧式安装或叶轮安装在水面以上的泵，提供的汽蚀参数是 $[H_s]$，根据临界状态时：

$$[H_s] = H_x + h_x + \frac{v_s^2}{2g}$$

则有

$$H_x = [H_s] - h_x - \frac{v_s^2}{2g} \tag{6.21}$$

对于立式轴流泵,因为其吸水管很短,只有喇叭管,为便于启动,即使算出来的 H_x 值为正值,也不将叶轮安装在水面以上,其叶轮基准面离水面的深度,一般为 1.2 倍的进水喇叭直径或不小于 0.5m。卧式轴流泵也有安装在水面以上的工程应用情况。

6.6.2 汽蚀的防护

防止水泵汽蚀,可以从提高水泵抗汽蚀性能和改善水泵的运行条件两方面着手。

1. 提高水泵抗汽蚀性能

一般而言更多的是水泵设计和制造者的工作,可通过一系列提高水泵汽蚀性能的措施,从设计和制造工艺两方面保证。

一方面要选择汽蚀性能参数较好的水泵。通常厂方提供水泵的 $[NPSH_r]$ 和 $[H_s]$ 均为定值,对于用户来说,在购买时应注意该泵的汽蚀性能能否满足在使用地点、运行工况和使用条件下不发生汽蚀的要求。

另一方面可采用抗汽蚀材料。必要时,最好购买用抗汽蚀能力好的材料制成的水泵,现在重要的泵站工程多要求水泵的叶片和外壳采用不锈钢等材料制作。近年来,使用不锈钢等抗汽蚀材料制作叶片和水泵转轮室已越来越多。不锈钢具有很好的抵抗汽蚀损害的性能,我国第一座大型泵站工程江都水利枢纽第一抽水站 1996 年更新改造采用不锈钢叶片,运行多年未见汽蚀损坏情况,这应该成为主要的防汽蚀措施的取向。

资源 6-2
不锈钢叶片
抗汽蚀(运行
20 余年)

2. 改善水泵的运行条件

(1) 在布置水泵进水管路时,要尽量减少不必要的管路附件,例如进口的底阀、弯头、闸阀等,管路不要过长,进口管径可选大一些,降低管中流速,减小水头损失。

(2) 合理设计泵站进水池及引水建筑物,使水流平顺地进入水泵,不要发生偏流、回流、漩涡等不良流态,以至于使得水泵进水水流挟气。必要时还要进行模型试验,采取必要的防涡措施,以改善进口水流状态。

(3) 运行中要及时清理拦污栅,避免在泵站进水中产生过大的水位落差。

(4) 必要时,在满足运行要求的前提下,可适当降低水泵转速,因为泵的汽蚀余量与转速比的平方成正比。

(5) 对已经被汽蚀损坏的过流部件,可采用表面保护技术加以修复,即采用具有一定硬度和韧性的材料,或对质地较差的部件进行表面强化处理,使其表面的硬度和韧性增加。常用的非金属涂层材料有环氧树脂、复合尼龙、聚氨酯等;常用的金属涂层有焊条(碳钢或不锈钢)堆焊、合金粉末喷涂、合金粉末喷焊等。表面保护技术可以显著提高水泵叶片、叶轮室的抗汽蚀、磨蚀的能力,并可延长其使用寿命。

采用何种方法来提高水泵的抗汽蚀性能,要根据工程实际进行综合比较分析,主要由成本高低决定。

第7章

水泵选型配套与泵站自动化

7.1 水 泵 选 型

7.1.1 水泵选型的原则

水泵应满足下列要求：①充分满足一定设计标准内灌溉、引水、供水和排水对扬程的要求；②水泵及其装置在运行中效率高；③水泵运行稳定安全，抗汽蚀性能良好；④节省机电设备及土建投资费用；⑤运行、管理和维修方便。

7.1.2 水泵选型的步骤

（1）根据泵站规划确定的泵站扬程，在现有的水泵产品中选几种适用的水泵，进行比较选择。规划的泵站扬程是指泵站的净扬程，即泵站进、出水（池）水位之差或压头差，并不包括管路的损失扬程。在选择水泵时，水泵的扬程应为净扬程与损失扬程之和。初选水泵时，可参考表 7.1，估算一个管路损失扬程。

表 7.1　　　　　　　　　　　　　　管路损失扬程估算表

实际扬程 $H_{净}$ /m	管路损失扬程相当于实际扬程的百分数 /%			
	$D<200mm$ $Q<100L/s$	$D=250\sim300mm$ $Q=100\sim450L/s$	$D=350\sim1000mm$ $Q=450\sim1000L/s$	$D>1000mm$ $Q>1000L/s$
1~6	0~5	0~5	0~5	0~5
6~10	30~50	20~40	10~25	10~20
10~30	20~40	15~30	5~15	3~10
>30	10~30	10~20	3~10	2~8

注　D 为水泵出口直径；Q 为水泵流量。

需要指出的是，低扬程（1~6m）水泵的初选损失扬程估算值很小，可以不计，并不意味着其水头损失很小，而是因为低扬程水泵装置的最优工况点向小流量侧偏离较大，相应的装置扬程和泵扬程接近，而水泵流量可适当增加，可取

10%左右。这就是所谓的等扬程加大流量的低扬程水泵选型方法,更加符合实际情况。

有了水泵的扬程,就可以根据水泵的性能表、水泵性能曲线、水泵型谱图或从计算机数据库中选泵型。

(2) 按照前述方法估算初选的水泵在泵站最大扬程、最小扬程时的流量、效率,应符合要求。

(3) 根据泵站的设计流量,初步确定水泵台数及其流量。水泵台数的多少,决定水泵尺寸的大小和土建工程投资,因此需要高度重视。台数太少,保证率过低;台数过多,运行成本高,不便管理。一般取 4~8 台为宜。

(4) 根据实际工程对变工况运行的需要,可以考虑采用水泵变速、变角或变径(离心泵)的可能性,如无合适产品,应与厂家联系定制。

(5) 对初选的水泵进行工况校核。先确定管路布置,计算管路性能曲线,再求出工况点,应满足设计工况下水泵装置在高效区运行,并校核在最大扬程、最小扬程下水泵是否安全运行。如果不满足,须重新选泵或改变管路布置。

(6) 对不同选型方案,分别计算各个方案的工程投资和年运行费用,通过技术经济比较,最后选择出最佳方案。

7.1.3 选型中应注意的因素

1. 台数

水泵台数越少,机组尺寸越大,机电设备运行效率越高,管理人员和维修费用等相对也少,因此能源消耗和运行费用较省。但若台数太少,则难以适应流量的变化要求,运行调度不方便,当水泵发生故障时,影响较大。在多级泵站提水时,水泵台数太少会使泵站间配合困难,甚至出现弃水现象,浪费了水和能源。

水泵台数多,适应性强,保证率高。但若台数过多,机组尺寸较小,效率较低,能耗较高,运行费用大,管理也不方便。

一般情况下,泵站流量小于 $1m^3/s$ 的场合可选 2 台泵,大于 $1m^3/s$ 的场合可考虑选 3~8 台泵,在供水保证率要求较高的场合,要考虑留有备用水泵。备用机组数应根据供水的重要性及年利用小时数确定,并应满足机组正常检修要求。对于重要的调水和供水泵站,工作机组 5 台以下时,应增设 1 台备用机组,多于 5 台时,再增加 1 台备用机组;对于农用泵站,可适当减少备用机组,亦可参照有关规范。

2. 水泵安装形式

水泵安装形式一般有立式、斜式和卧式 3 种。卧式泵安装高程一般位于进口水面以上,开挖量小,安装要求比立式泵低,维修方便,工作条件好。但卧式机组占地面积大,一般启动前要抽真空。立式泵占地面积小,叶轮淹没在水面以下,无进水管路或进水管路短,启动方便;但安装要求高,泵房高度大,一般来说,造价较高。斜式泵介于立式泵和卧式泵之间。

3. 选用抗汽蚀性能好的水泵

选用抗汽蚀性能好的水泵可提高水泵安装高程,减少泵站开挖深度,节省工程投资。

　　4. 多因素综合考虑

　　水泵的选型与泵站土建结构有直接的关系，常常需要和土建设计方案一起综合考虑，进行综合比较后确定。

7.2　水泵的动力机配套

　　水泵型号确定后还需为水泵选配合适的动力机及转动装置。驱动水泵最常用的是电动机，其次为柴油机。在购置水泵时，水泵生产厂商通常会配套供货，用户也可自行选配另购。

7.2.1　配套功率确定

　　确定配套功率时，必须按照水泵工作范围内最大轴功率来计算。配套功率 N_{mt} 按下式计算：

$$N_{mt} = K \frac{\rho g Q H}{1000 \eta_p \eta_{dr}} \quad (\text{kW}) \tag{7.1}$$

式中：Q 为水泵工作范围内对应于最大轴功率的流量，m^3/s；H 为水泵工作范围内对应于最大轴率的扬程，m；η_p 为水泵工作范围内对应于最大轴率的效率；η_{dr} 为传动效率（$\eta_{传} = 0.9 \sim 1.0$）；K 为动力机备用系数，按表7.2选取。

表 7.2		备 用 系 数 K		
水泵轴功率 /kW	<5	5~10	10~50	50~100	>100
电动机	2~1.3	1.3~1.15	1.15~1.1	1.1~1.05	1.05
柴油机		1.5~1.3	1.3~1.2	1.2~1.15	1.15

　　表7.2中的备用系数值可按照小泵取大值，大泵取小值的原则选定。配套功率的确定还要符合动力机的额定容量。另外，柴油机的标定功率有12h功率和持续功率之分，如按持续功率选配柴油机，则可不考虑 K 值；如果考虑备用系数，建议按12h标定功率选配。

7.2.2　电动机配套

　　电动机是电力泵站的主要设备之一，其正确选择与否将直接影响抽水装置的效率及泵站能否安全运行。电动机选型主要考虑以下几方面内容：

　　1. 电动机类型的选择

　　中小型泵站可选择鼠笼型或绕线型异步电动机，大容量低转速的水泵选用同步电动机。鼠笼型异步电动机结构简单、运行可靠、维护方便、价格低廉，且易于实现自动控制，因此使用较多。虽启动电流较大，可达额定电流的4~7倍，但由于水泵属轻载启动，故影响不大，所以工程中优先选用鼠笼型异步电动机。选用大容量鼠笼型异步电动机常需配用启动设备进行降压启动。当电网

资源 7-1
电动机驱动
水泵机组

容量不能满足鼠笼型异步电动机启动要求时，可考虑用绕线型异步电动机。绕线式异步电动机较鼠笼型异步电动机结构稍复杂、价格稍高，但启动性能优越。Y 系列异步电动机较 J 系列异步电动机效率高，启动转矩大，噪声小，防护性能好。

同步电动机成本较高，但具有效率高和功率因数高等优点，适用于大型泵站及使用时间较长的场合。

有防护要求的中小型泵站，例如潮湿的沉井式泵站，可选择具有优良防护性能的封闭式电动机。室内安装及周围环境较好，无湿度、尘土影响的情况下，可选择一般防护式或开启式电动机。防潮式电动机一般用于暂时或永久的露天泵站中。

2. 电动机的安装形式

电动机的安装形式一般与水泵的安装形式一致，即卧式水泵配用卧式电动机，立式水泵配用立式电动机。工程中也有用卧式电机配立式水泵的，需采用间接传动装置，如伞形齿轮传动装置。

3. 电动机电压的选择

小容量电动机优先选择 0.4kV 电压等级，因为低压电动机配电设备简单可靠，价格便宜，运行安全。

通常可以参考以下原则，按电动机的功率选择电源电压：功率在 200kW 以下的，选用 0.4kV 的三相交流电；功率在 300kW 以上的，选用 10kV（或 6kV）的三相交流电；功率在 200～300kW 之间的，两种电压均可选用，可结合当地电网条件，通过技术经济比较后合理确定。

4. 电动机转速的选择

与水泵配套的电动机，其转速必须满足水泵转速的要求。如果水泵转速与电动机样本上的额定转速差小于 2%，可以直接采用直联方式，否则要采用间接传动装置。

7.2.3 内燃机配套

无电力供应的偏僻地区的泵站或移动泵机组可用内燃机作为动力机，一般为柴油机。柴油机在选型时应考虑以下几方面的问题：

1. 柴油机配套功率的确定

通常所说的柴油机铭牌上标明的功率是标定功率，指其曲轴向外输出的功率，称为有效功率。柴油机功率的单位常用马力来表示，1 马力＝0.735kW。柴油机的功率分为 1h 功率、12h 功率和持续功率。1h 功率为柴油机允许连续运转 1h 的标定功率，这种功率是为了满足能适应突加负荷而超载工作需要有一定功率储备的机械要求而规定的指标。12h 功率为柴油机允许连续运转 12h 的标定功率，这种功率是为了满足 12h 连续运转的机械要求而规定的指标。持续功率为柴油机允许长期连续运转的标定功率，这种功率是为了满足长时间运转的机械要求而规定的指标。

通常持续功率比 12h 功率小 10% 左右，而 12h 功率比 1h 功率又小 10% 左右。例如 495 型柴油机的标定功率：1h 功率为 40kW，12h 功率为 36kW，持续功率为

资源 7-2
柴油机驱动
水泵机组

33kW。在选用这种柴油机为水泵配套时，若每次运转不超过 12h，应选 36kW 作为配套动力；如果连续运行，超过 12h，那配套时就只能按 33kW 计算。

柴油机功率确定的原则是：柴油机的持续功率应力求与水泵额定功率相匹配，相差不能大，并具有一定的功率储备。制造厂在内燃机铭牌上标明的功率值是在给定的情况下，即标准环境状况（大气压力 100kPa，相对湿度 30%，环境温度 25℃）下，该机所能发出的功率，此值即为通常所说"额定功率"。因此在与水泵选型配套时都应了解产品所标定的功率，这样才能充分发挥内燃机的作用。如果选型配套不当或不按规定功率范围使用，就可能会造成事故或缩短内燃机的使用寿命。

2. 柴油机转速的选用

柴油机的转速随供油量改变而变化，不同转速下发动机的动力特性也不同。柴油机转速越高，发出功率越大。柴油机的功率是与其转速相对应的，因此在使用中应使柴油机在铭牌上标定的转速下运行，否则发出的功率就达不到铭牌上的标定值。

柴油机的标定转速应与水泵转速匹配，不能低于水泵额定转速。

柴油机通常都有调速器，可随水泵工况的变化而自动调节供油量，保证机组在规定的转速范围内稳定工作。柴油机与水泵配套多用皮带传动等间接传动方式。

3. 燃油消耗率

燃油消耗率又称油耗率，是指在单位时间内发出单位有效功率所消耗的燃油量，单位是克/千瓦时 [g/(kW·h)]。油耗率是柴油机的经济性指标，计算公式为

$$g_e = 1000 \frac{G_t}{N_e}$$

或
$$g_e = 3600 \frac{m}{tN_e} \tag{7.2}$$

式中：G_t 为每小时所消耗的燃油量，kg/h；N_e 为有效功率，kW；g_e 为燃油消耗率，即每有效功率每小时燃油消耗量，g/(kW·h)；m 为在测量时间 t 内消耗的燃油量，g；t 为消耗油量 m 所需的时间，s。

油耗率是柴油机使用经济性的重要指标，柴油机选型配套时，应注意柴油机在正常工作负荷时的耗油率最低。图 7.1 为 495 型柴油机在不同转速时的负荷特性，由图可知，同一转速下的燃油消耗率变化越小越好，这说明燃油消耗率随负荷变化不大，在较大的负荷变化范围内，柴油机都能经济地工作。

4. 柴油机结构的选择

在功率、转速等条件相当的情况下，应选择缸数多的柴油机。缸数越多，柴油机的工作平稳性越好，振动越小，当然价格也越高。同时要求柴油机的结构要紧凑，外形尺寸小，零配件少，尽量降低设备和工程投资。选用的柴油机还应操作简单，启动容易，维修方便。

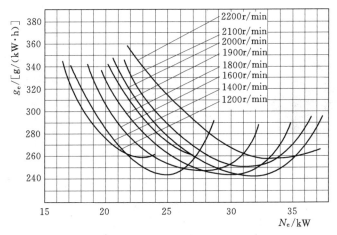

图 7.1　495 型柴油机在不同转速时的负荷特性

7.3 传 动 装 置

传动装置是实现动力机与水泵转速匹配和传递功率的设备。动力机与水泵之间的传动方式基本上可分为直接传动与间接传动两大类型。当动力机与水泵的轴线在同一直线上，两者转速相同，且有足够的空间布置动力机时，往往采用直接传动的方式。若不满足上述条件，则必须采用间接传动的方式来解决。在泵站中的传动方式主要有直接传动（刚性联轴器、弹性联轴器）、间接传动（皮带传动、齿轮传动、液力传动和电磁传动）。

资源 7-3
传动装置

7.3.1 直接传动

直接传动是利用联轴器连接水泵与动力机的轴，使它们一起回转并传递转矩，具有简单、方便、安全、结构紧凑、传动平衡等优点，传动效率接近 100%。在排灌泵站中，电力驱动的水泵机组尽可能采用直接传动方式，水泵的设计和转速的选择应考虑与电机转速和功率的配套。直接传动的水泵机组最好共用一个基础，以防止地基不均匀沉陷。机组安装时，应特别注意水泵和动力机轴线的同心度，防止机组振动、轴承发热，影响机组的正常运行，避免泵轴扭弯、折断等事故的发生。联轴器有刚性联轴器和弹性联轴器两种类型。

1. 刚性联轴器

刚性联轴器中最常见的结构型式是凸缘联轴器（图 7.2），它是由两个带毂的圆盘组成，靠螺栓把它们连成一个刚性整体，可以传递轴向力。它的优点是结构简单，价格低廉。

由于刚性联轴器采用螺栓刚性连接，在传递载荷时不能缓和冲击和吸收振动，所连接的两轴必须严格对中，以避免由于两轴不同心引起的机组强烈振动和轴承偏磨。刚性联轴器在立式轴流泵机组中有广泛的应用（图 7.3）。

2. 弹性联轴器

弹性联轴器通过中间弹性件把动力机的动力传递到水泵轴，具有较大的补偿

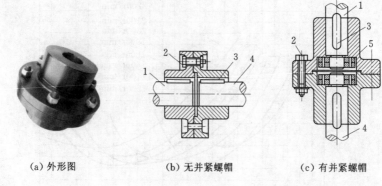

（a）外形图　　　　　（b）无并紧螺帽　　　　（c）有并紧螺帽

图 7.2　刚性联轴器

1—动力机轴；2—连接螺栓；3—键；4—水泵轴；5—并紧螺帽

两轴相对偏移、缓冲、减震作用。弹性件可根据使用要求选用各种硬度的聚氨酯橡胶、铸型尼龙弹性体等材料。弹性联轴器只能传递扭矩，不能传递轴向力。

　　弹性联轴器有多种形式，主要差别在于连接方式和中间弹性件的不同。中小型泵站上常用的弹性联轴器主要有柱销式弹性联轴器（图 7.4）和爪型式弹性联轴器（图 7.5）等几种类型。

　　柱销式弹性联轴器用带橡胶或皮套圈的柱销，或尼龙柱销连接两个联轴器，为了防止柱销滑出，在柱销两端配置挡圈。柱销式弹性联轴器结构简单，维修方便，使用寿命长，还具有缓冲、减震、耐磨和允许有较大的轴向窜动等优点。图 7.6 所示的柱销式弹性联轴器安装使用更方便。

　　图 7.7 所示为弹性联轴器在卧式水泵装置中的应用。

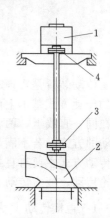

图 7.3　立式泵机
组的连接

1—电动机；2—水泵；
3—刚性联轴器；
4—弹性联轴器

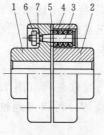
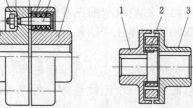

（a）外形图　　　　　（b）剖视图

图 7.4　柱销式弹性联轴器

1—水泵联轴器；2—电机联轴器；

3—柱销；4—弹性圈；5—挡圈；

6—螺母；7—弹簧垫圈

图 7.5　爪型式弹性联轴器

1—水泵联轴器；2—弹性块；

3—电动机联轴器

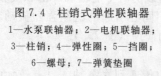

图 7.6 柱销式弹性联轴器　　　　图 7.7 卧式电机与双吸泵的连接

7.3.2 间接传动

　　当动力机与水泵的转速不同、转向不同，动力机轴与水泵轴不在同一直线上或空间位置不适合采用直接传动方式时，可采用间接传动方式。间接传动有皮带传动、齿轮传动、液力传动、电磁传动等形式，在中小型泵站上应用最多的间接传动方式是皮带传动和齿轮传动。

　　1. 皮带传动

　　皮带传动是靠挠性的皮带与皮带轮之间的摩擦力传递扭矩的。把环形的平皮带或三角皮带张紧在主动轮和从动轮上，使皮带与皮带轮的接触面间产生压

图 7.8 平皮带传动

力，当主动轮回转时，靠皮带轮接触面间的摩擦力带动从动轮回转，这样，动力机轴的力矩就通过挠性皮带传递给水泵轴。皮带的种类非常多，泵站工程中常用平皮带（图 7.8）和三角皮带（图 7.9）两种类型的皮带。

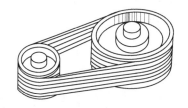

(a) 三角皮带轮　　　　　　(b) 三角皮带　　　　　　(c) 三角皮带传动

图 7.9 三角皮带轮与三角皮带

　　平皮带的应用范围较广，传动比可达 1∶5，最好控制在 1∶3 以内，有开口传动、交叉传动及半交叉传动三种传动方式。开口传动适用于泵轴与动力机轴互相平行、需要变速但不需要改变转向的场合 [图 7.10 (a)]；交叉传动适用于既变速又变向的场合 [图 7.10 (b)]；半交叉传动则常用在动力机轴和水泵轴相互垂直的情况 [图 7.10 (c)]。

　　三角皮带具有梯形断面，紧嵌在皮带轮缘的梯形槽内，由于其两侧与轮槽紧

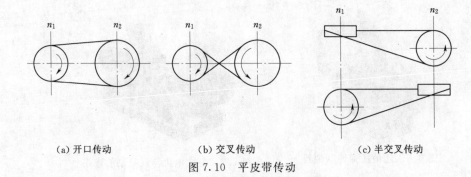

(a) 开口传动　　　　　　(b) 交叉传动　　　　　　(c) 半交叉传动

图 7.10　平皮带传动

密接触，摩擦力比平皮带大得多，传动比一般控制在 $1:7$ 以内，最大可达到 $1:10$；相对于平皮带传动，占地面积小，有利于节省泵房投资。

皮带传动的主要优点是：①可用于动力机与水泵两轴中心距较大的场合；②皮带具有弹性，可缓冲和吸振，使传动平稳、噪声小；③在过载时，皮带将打滑，有一定的保护动力机的功能；④结构简单。皮带传动的缺点是：①外廓尺寸大，占地大；②皮带上缘要绷紧，对轴承施加的力较大，轴承容易受损；③皮带的使用寿命较短。

2. 齿轮传动

齿轮传动常用于水泵和动力机转速不一致、两者轴线不一致或动力机空间布置有困难的场合，可实现平行、变叉轴之间的传动，在卧式泵站、斜式泵站、贯流泵站中有较广泛的应用，传动效率可达 $96\%\sim98\%$。

泵站上常用的齿轮传动有圆柱齿轮传动、伞形齿轮传动和行星齿轮传动，根据动力机和水泵的相对位置或转速变比不同进行选择。当两轴线相互平等时，宜采用圆柱齿轮传动 [图 7.11 (a)]；当两轴线相交时，宜采用伞形齿轮传动 [图 7.11 (b)]；当机泵轴线在同一直线上时，可考虑采用行星齿轮传动 [图 7.11 (c)]。

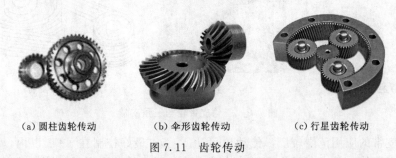

(a) 圆柱齿轮传动　　　　(b) 伞形齿轮传动　　　　(c) 行星齿轮传动

图 7.11　齿轮传动

泵站中采用的齿轮传动多用变速箱形式（图 7.12），以提高运行平稳程度和减少机械噪声污染，具有结构简单、紧凑、尺寸小、可靠耐久、传动比稳定、传递功率大、传动效率高等优点。但是，齿轮传动对齿轮的加工工艺、制造精度及材质要求较高，价格也较贵。使用中应注意齿轮箱内润滑油油质、油位和油温，必要时可采取循环冷却措施，防止高温引起油质劣化，保证齿轮良好润滑，减少摩擦损失，提高传动效率。

（a）圆柱齿轮变速箱   （b）伞形齿轮传动变速箱   （c）行星齿轮变速箱

图 7.12 变速箱

3. 液力传动

液力传动是通过调节液力联轴器中控制油量来调节水泵转速的。

液力联轴器主要由传动泵轮、传动透平轮和勺管组成（图 7.13）。传动泵轮和传动透平轮是两个形状相同、均具有径向直叶片的工作轮，两者通过液力耦合，不直接接触。传动泵轮与动力机轴连接，传动透平轮与泵轴连接，传动泵轮和传动透平轮中充满控制液体（油或水）。动力机运转后带动传动泵轮一起旋转，这时传动泵轮内的液体由于离心力的作用被甩向传动泵轮的外圆周侧，形成高速的油流，该油流进入传动透平轮并沿其径向流道推动传动透平轮旋转，从而带动泵轴旋转。同时，传动透平轮的叶片又将油流重新压入传动泵轮的内侧。这样，液体就在空腔内循环，并不停地传递能量。

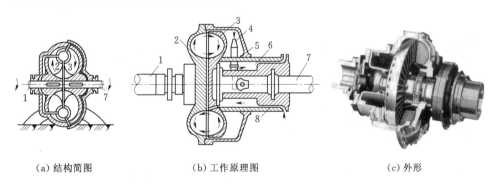

（a）结构简图   （b）工作原理图   （c）外形

图 7.13 液力联轴器

1—动力机轴；2—传动泵轮；3—传动透平轮；4—勺管；

5—旋转内套；6—回油道；7—泵轴；8—控制油入口

液力联轴器有以下优点：①工作平稳可靠，能够在较宽的范围内实现无级调速；②可自行润滑，能使动力机无负荷启动；③在自动控制的泵站中，机组停车时往往由于转子的惯性作用和管内水的倒流而造成水锤现象，如果采用液力联轴器，可以大大地减轻水锤的作用。其主要缺点是：①使用液力联轴器实现了转速调节，但并没有达到节能的目的，如当水泵转速从动力机的额定转速减低到 $25\%\sim30\%$ 额定转速时，传动效率由 $95\%\sim97\%$ 迅速降低到 $68\%\sim$

70%；②液力联轴器价格较贵，另需配有充油的油泵（或充水的水泵）机组设备，系统比较复杂。

另外，20 世纪 70 年代被广泛应用于工业水泵和其他调速旋转机械的油膜转差离合器也属于液力传动的范畴，它除了具有上述液力联轴器的优点之外，在提高传动效率和缩短转速调节响应时间方面也做了改进。目前已能生产和提供 150～3000kW 的相关产品。

4. 电磁传动

目前电磁传动有电磁转差离合器和电磁联轴器等产品，两者的共同特点是动力机与水泵之间没有机械上的联系。前者的工作原理和异步电动机相似，即电磁转差离合器的主动轴与从动轴之间存在一个转差，通过改变励磁电流即可实现水泵无级调速；后者则通过电磁力使主动轴上的摩擦圆盘吸引从动轴上的摩擦环，实现转矩和功率的传递。

电磁传动方式有它本身的优点，如结构简单、无级变速、有良好的控制性等。电磁转差离合器有工作效率低、调节响应时间较长和噪声较大等缺点；电磁联轴器需不断地供电，消耗能量，在大功率传递的情况下，设备较昂贵。

7.4 泵 站 辅 助 设 备

7.4.1 充水设备

如果水泵的叶轮安装在进水面以上，则需要在水泵开机前对水泵叶轮内充水。水泵工作有自灌式和吸入式两种方式。对于自动化程度高、供水可靠性高的大型泵站，宜采用自灌式工作。自灌式工作的水泵外壳顶点应低于吸水池内的最低动水位。吸入式工作的水泵安装高程高于进水池动水位，因此，水泵启动前必须排气充水。具有虹吸式出水流道的轴流泵站、混流泵站及卧式泵叶轮淹没深度低于 3/4 叶轮直径时，宜设置抽真空系统和充水系统。

小型水泵吸水管带有底阀时，用人工充水；水泵吸水管不带底阀时，可利用真空水箱充水。大中型泵站多采用真空泵抽真空充水。

1. 吸水管带有底阀

（1）人工充水：将水从泵壳顶部的充水孔灌入泵内，同时打开排气阀，排气完成后关闭。

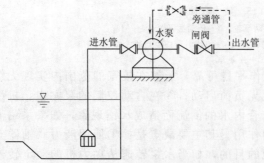

图 7.14　利用压水管中的压力水充水

（2）利用压（出）水管中的压力水倒灌充水：通常需在闸阀后装设旁通管充水，如图 7.14 所示。该法设备简单，一般用于吸水管直径不大于 300mm 的中、小型水泵。

2. 吸水管不带底阀

（1）真空泵抽真空充水。采用真空泵抽真空充水在大中型泵站中使用较为普遍，其优点是水泵启动快、运行可靠、易于实现自动控制。目前使用最多的是水环式真空泵，根据不同的特性要求，有各种不同的结构型式。常见的有单级单作用水环式真空泵、单级双作用水环式真空泵和水环-前置抽气器真空泵组等。所谓单级单作用是指泵中只有1个叶轮，在叶轮旋转1周中吸气、排气各1次。其特点是：泵体截面为圆形，结构简单，制造容易，可获得较高的真空度，运行平稳，噪声小，但径向力不能自动平衡。单级单作用水环式真空泵有SZB型、SZ型及S型等几种型号。

下面讨论水环式真空泵的构造和工作原理。如图7.15所示，星形叶轮1偏心地安装于由侧盖和泵体组成的腔室内，启动前向泵内灌入规定高度的水，在离心力作用下，按顺时针方向旋转的叶轮将水甩至泵壳外壁形成水环，水环上部的内表面与轮壳相切，在前半转中（图7.15中右半部），水环的内表面渐渐与轮壳离开，各叶片间形成的气室渐渐增大，压力随之降低，空气从进气管吸入。在后半转（图7.15中左半部），水环的内表面渐渐与泵壳接近，各叶片间的气室渐渐缩小，压力随之升高，空气便从排气口排出。叶轮不断地旋转，不断地把泵室及进水管中的空气抽走。真空泵的排气量可近似地按下式计算：

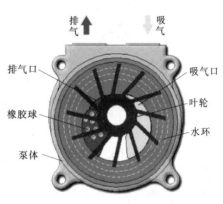

资源7-4
水环式
真空泵
运转演示

图7.15 水环式真空泵的工作原理

$$Q_v = K \frac{(W_p + W_s)H_a}{T(H_a - H_g)} \tag{7.3}$$

式中：Q_v为真空泵的排量，m^3/min；W_p为泵站中最大一台水泵的泵壳内空气容积，m^3，相当于水泵吸入口面积乘以吸入口到出水闸阀间的距离；W_s为从吸水井最低水位算起的吸水管中空气容积，m^3，根据吸水管直径和长度计算；H_a为当地大气压的水柱高度，m；H_g为离心泵的安装高度，m；T为充水时间，min，一般控制在5min以内，消防水泵不得超过3min；K为漏气系数，考虑缝隙及填料函的漏损，一般取1.1～1.5。

最大真空值H_{vmax}可按吸水井最低水位到水泵最高点间的垂直距离计算。

根据Q_v和H_{vmax}即可选择真空泵。泵体内所需的抽气量是按最大值考虑的，具有较大的安全值。

泵站内真空泵的管路布置如图7.16所示。气水分离器防止水泵中的水和杂物进入真空泵内，影响真空泵的工作。输送清水的泵站也可不设气水分离器。水环式真空泵运行过程中，应补充少量的水不断地循环，以保持真空泵的水环用水，带走由于叶轮旋转而产生的摩擦热量。为了节约用水，可装设循环水箱。

根据水泵大小，真空管直径$d=25～50mm$。泵站内真空泵通常设置两台，一台工作一台备用。两台真空泵可共用一台气水分离器。

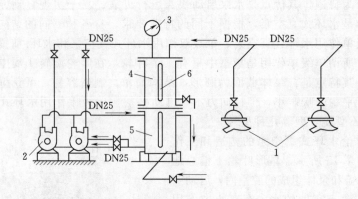

图 7.16 水环式真空泵装置图

1—双吸式水泵；2—水环式真空泵；3—真空表；4—气水分离器；

5—循环水箱；6—水位计

　　(2) 射流器引水（充水）。如图 7.17 (a) 所示，射流器喉管应连接于水泵的最高点处，在启用射流器以前，关闭水泵压水管上的闸阀，利用压力水在射流器的喷嘴处产生高速水流，使喉管进口处形成真空，将泵内的气体吸出，待射流器开始挟带出被吸的水时，即可启动水泵。图 7.17 (b) 所示为成套的射流真空泵设备。射流器本身没有运动部件，虽然充水效率较低，但具有结构简单、占地少、安装容易、工作可靠、维护方便等优点。

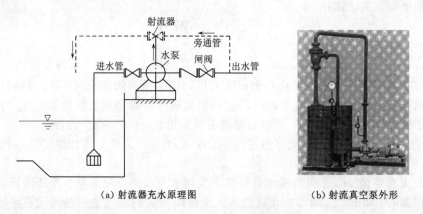

（a）射流器充水原理图　　　　　　　（b）射流真空泵外形

图 7.17 射流器充水原理及外形

7.4.2 计量设备

　　供水泵站中，为了调度泵站的运转，并进行计量核算，常常设有流量计量设施。目前，常用的计量设备有电磁流量计、超声波流量计、插入式涡轮流量计、插入式涡街流量计以及均速管流量计等。虽然这些流量计的工作原理各不相同，但都属于电测法，由传感器、测量电路、信号显示与记录等部分组成，具有连续测量、水头损失小、节能、数字显示、易于远程传送等优点。

1. 电磁流量计

电磁流量计是基于电磁感应定律制成的流量计（图 7.18），当被测的导电液体在导管内以平均速度 v 切割磁力线时，便产生感应电势。感应电势的大小与磁力线密度和水体运动速度成正比。根据电动势的大小，即可计算出流量。

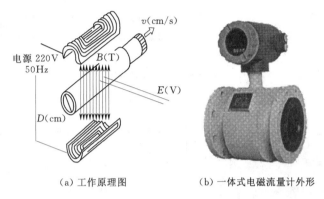

（a）工作原理图　　　　（b）一体式电磁流量计外形

图 7.18　电磁流量计

电磁流量计由电磁流量变送器和电磁流量转换放大器所组成，有一体式和分体式两种，能测量封闭管道中的导电液体介质，包括酸、碱、盐等强腐蚀性液体，泥浆，废水及固液两相悬浮的体积流量和累积流量。变送器安装在管道上，把管道内通过的流量变换为交流毫伏级的信号。转换器则把信号放大，并转换成 $0\sim 10\text{mA}$ 直流电信号输出，与其他电动仪表配套，进行记录与显示。

电磁流量计具有如下特点：

（1）测量不受流体密度、黏度、温度、压力和电导率变化的影响。

（2）测量管内无阻碍流动部件，无压损，直管段要求较低。

（3）功耗低、零点稳定，流量范围大，测量精度高。

（4）流量计为双向测量系统，可显示正、反流量，并具有电流、脉冲、数字通信等多种输出。

（5）具有自检和自诊断功能，调试方便。

（6）价格较昂贵，但随着技术进步和行业竞争的加剧，产品价格已在逐步降低。

2. 超声波流量计

超声波在流动的流体中传播时包含了流体流速的信息，对接收到的超声波进行检测，就可以计算出流体的流速，可用于标准堰槽、明渠与非标准堰槽、明渠、满管与非满管流量的测量。检测的方式有时差法、频差法、相位差法、多普勒法、波束偏移法、噪声法及相关法等不同类型。安装方式可分为便携式与固定式两种。图 7.19 为几种超声波流量计。

图 7.20 为采用声学多普勒流速剖面仪（Acoustic Doppler Current Profiler，ADCP）进行河道流量测量的示意图。该仪器在 20 世纪 80 年代投入使用，随着电子技术及计算机技术的发展而得到迅速发展，已被广泛地应用在河道流量测量

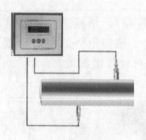
（a）插入式超声波流量计

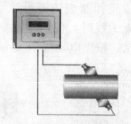
（b）分体盘式超声波流量计

（c）管段式超声波流量计

图 7.19　超声波流量计

资源 7-5
ADCP
测流现场

图 7.20　ADCP 河道流量
测量示意图

和水文测验中，将逐步取代常规的旋桨式流速流向仪。

声波源或观察者或两者相对于传输介质运动时，观察者收到的频率和波源的频率就会不相同，这种现象叫作多普勒效应，ADCP 正是利用这一物理效应来进行工作的。

具体来说，由于水中存在大量声波散射体，如微小粒子、水中浮游生物及气泡等，这些物体随水流流动。测量船向河底发射频率为 F_0 的超声波，有一小部分能量经这些散射体散射回来，通过换能器接收放大后，测得其频率为 F_r。发射频率与接收频率之间存在一个频差 F_d，根据多普勒频移原理有

$$F_d = F_r - F_0 \propto 2F_0 V \sin\alpha / C \qquad (7.4)$$

式中：α 为波束的垂直倾角；V 为声源（或接收器）与被测散射体的相对速度；C 为声速。

当声波发射以后，从不同深度返回的散射回波时间是不同的，检测不同时间上的频移，即可得到不同水层中散射体的相对速度，也就是水流相对 ADCP（或测量船）的速度。经过一定的数据处理和分析计算，即可得到河道的流量。

超声波流量计具有如下优点：

（1）对介质的导电性没有要求，实现无压损测量。

（2）测量不受压力、密度、黏度等参数的影响，输出特性线性范围宽。

（3）灵敏度高，能检测流速的微小变化。

（4）采用多声道测量，可测正、反向流动，获得较高的测量精度。

（5）无可动部件，无磨损，重量轻。

（6）通用性好，在仪表的可测口径范围内，仪器价格随口径的变化不大，因而特别适合于大口径流量测量。

（7）安装维修方便，夹装式换能器的安装与维修均不需断流，不需要专门的

阀门、法兰和旁通管道，安装费用低。

（8）便携式超声波流量计可以方便地巡回检测。

需要注意的是，夹装式超声波流量计的测量精度与管壁厚度和材质有关，若管内壁锈蚀严重或壁厚测量不准，都不宜采用夹装式超声波流量计。

3. 插入式涡轮流量计

插入式涡轮流量计由变送器和显示仪表两部分组成，如图 7.21 所示。变送器的插入杆将一个小尺寸的涡轮头定位在被测管道内，当流体流过管道时，推动涡轮头上的叶轮旋转，在较宽的流量范围内，叶轮的旋转速度与流量成正比。旋转的涡轮使信号检测器的磁场发生变化，因此在信号检测器的线圈中感应出交变电压，此信

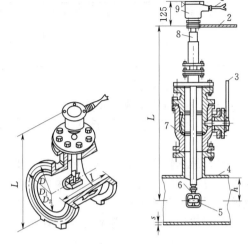

图 7.21　插入式涡轮流量计
1—信号传输线；2—定位杆；3—阀门；
4—管道；5—涡轮头；6—检测线圈；
7—球阀；8—插入杆；9—放大器

号电压的频率与叶轮的转速成正比，即与流体的流量（流速）成正比，有现场流量显示与智能远传两种输出形式。

插入式涡轮流量计具有结构简单、计量精度高、使用寿命长、操作简单、容易检修等特点，可实现不断流安装和拆卸。流量计上游端至少应有 20 倍直径长度的直管段，下游端应有 5 倍直径长度的直管段。被测水流应不含纤维和颗粒等杂质。

7.4.3　起重设备

1. 起重设备的选择

泵站机组设备的安装与维修都需要设置起重设备。起重设备的额定起重量应根据最重吊运部件和吊具的总重量确定，其提升高度应满足机组安装和检修的要求。泵站宜设机械修配间，机修设备的品种和数量应满足机组小修的要求。梯级泵站或泵站群宜设中心修配厂，所配置的机修设备应能满足机组及辅助设备大修的要求。

常用的起重设备有移动吊架、单轨吊车和单梁及双梁桥式行车（包括悬挂起重机）三种，除吊架为手动外，其余两种既可手动，也可电动。起重机的工作制应选择轻级、慢速，制动器及电器设备的工作制应采用中级。起重机轨道两端应设阻进器。

表 7.3 为参照规范给出的起重量与可采用的起重设备类型，可作为设计时的基本依据。泵房中的中小型设备一般以整体吊装为主，起重量应以最重设备来确定。对于大型泵站，必要时，对重量过大的设备可考虑解体吊装，同时应征得设备制造商的同意。

表 7.3　　　　　　　　　　泵房起重设备的选择

起重量/t	起重设备的类型	起重量/t	起重设备的类型
≤0.5	移动吊架或固定吊钩	2.0~5.0	手动或电动桥式行吊
0.5~2	手动或电动吊车	>5	电动桥式行吊

2. 起重设备布置

起重设备布置主要涉及起重机的设置高度和作业面。设置高度从泵房天花板至吊车最上部分应不小于 0.1m，从泵房的墙壁至吊车的突出部分应不小于 0.1m。

桥式吊车轨道一般安设在壁柱上或钢筋混凝土牛腿上。手动单轨吊车的构造简单，对泵房的高度、宽度及结构要求都比较低，可在厂房屋架下面安装工字钢轨道，用于吊车的悬挂。

吊车的安装高度应能保证在下列情况下，无阻碍地进行吊装工作：①吊起重物后，能在泵房内无阻碍移动；②在地下式泵站中，应能将重物吊运至出站口；③如果汽车能开进泵房内，则应能将重物吊到汽车上或吊下汽车。

泵房的高度与泵房内有无起重设备有关。在无吊车设备时，泵房进口处室内地坪或平台至屋顶梁底的距离应不小于 3m；当有起重设备时，其高度应通过计算确定。

深井泵房的高度须考虑下列因素：①井内扬水管的每节长度；②电动机和扬水管的提取高度；③检修三脚架跨度；④通风的要求。深井泵房内的起重设备一般用可拆卸的屋顶式三脚架，检修时装于屋顶，适用于手拉链式葫芦设备。屋顶设置的检修孔一般为 1.0m×1.0m。

起重设备的作业面是指吊钩服务的范围，它取决于所用的起重设备。固定吊钩配置起重葫芦，能垂直起吊设备但无法水平运移，只能为一台机组服务，故作业面为一点。单轨吊车的运动轨迹是一条线，它取决于吊车梁的布置。横向排列的水泵机组，对应于机组轴线的上空设置单轨吊车梁；纵向排列机组，则设于水泵和电机之间。设备进出大门一般都按单轨梁居中设置。若有大门平台，应按吊钩的工作点和最大设备的尺寸计算平台的大小，并且要考虑承受最重设备的荷载。

表 7.4　　　单轨吊车转弯半径

电动葫芦起重量/t	最大转弯半径 R/m
≤0.5	1.0
>2	1.5
3	2.5
5	4.0

为了扩大单轨吊车梁的服务范围，轨道可以采用图 7.22（a）所示的 U 形布置方式。轨道转弯半径可按起重量决定（表 7.4）。U 形轨布置具有选择性。因水泵出水阀门在每次启动与停车过程都要操作，容易损坏，检修较多。所以一般选择出水阀门为吊运对象，使单轨弯向出水闸阀，出水闸阀应成直线布置。桥式行车具有纵向和横向移动的功能，它服务范围为一个面。吊钩落点距泵房墙壁有一定距离，故沿墙壁四周形成一环状区域［图 7.22（b）］，不属于行车的作业面。桥式行车可垂直起吊和平行移动设备，

其服务范围是一个面。在选型时可根据起重量和行车跨度的要求，参照有关样本选择合适的产品。

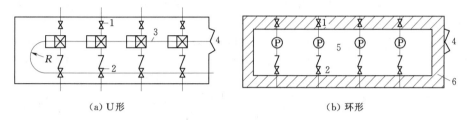

（a）U形　　　　　　　　　　　（b）环形

图 7.22　机组布置方式

1—进水阀；2—出水阀；3—单轨吊车轨道线；4—泵房大门；
5—桥式行车作业区；6—非作业区

7.4.4　通风设备

由于电动机、电器等设备散热，运行期间太阳辐射等原因，夏季泵房内的温度往往很高，从而降低电动机的工作效率，加快电动机的绝缘老化。因此，泵房通风对机组安全运行和改善工作环境十分重要。

泵房通风有自然通风和机械通风两种方式，应根据当地气候条件、泵房形式及对空气参数的要求确定。自然通风比较经济，所以在进行泵房通风设计时应首先考虑。大中型泵站中自然通风不能满足要求时，可采用机械通风。

泵房通风设计应符合如下规定：

（1）主泵房和辅机房在自然通风不能满足要求时，应采用自然进风、机械排风的通风方式；中控室应装设空调。

（2）主电动机应采用管道通风、半管道通风或空气密闭循环通风，进风口应设防尘滤网。

（3）蓄电池室、贮酸室和套间应设独立的通风系统，并使排风口高出泵房屋顶 1.5m，为防止有害气体外溢，应使室内保持负压；通风设备应有防腐措施，配套电动机应选用防爆型。

1. 自然通风

自然通风有风压通风和热压通风两种形式。风压通风借外部风力的作用，随季节、时间和风力的不同而变化，通风效果不能保证，在自然通风设计计算中不予考虑。

热压通风的原理如图 7.23 所示，图中 $A—A$ 面为等压面，即泵房内、外空气压差等于零的水平面，h_w 为进、排风口中心之间的垂直距离。当泵房内的空气温度比泵房外高时，室内的空气容重比室外的要小，因而在

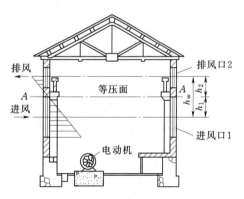

图 7.23　热压通风的原理图

建筑物的下部，泵房外的空气柱所形成的压力大。在由温度差形成的压力差作用下，泵房外的低温空气就会从建筑物的下部窗口流入泵房内，同时泵房内温度较高的空气上升，在热力作用下就会从建筑物的上部窗口排至泵房外，这样泵房内外就形成了空气的自然对流。

自然通风设计的基本任务就是根据泵房的散热量或内外温差来计算通风所需要的空气量，或根据泵房内外温差来计算泵房所需要的进、排风口面积。将计算得出的面积与实际所开门窗面积相比较，如果需要的面积小于实际所开门窗面积，则自然通风能满足泵房通风要求；否则，需调整门窗面积和高度，或者通过增设机械通风设备解决。

（1）泵房散热量计算。泵房内的主要热源是电动机，其他设备的散热量以及太阳的辐射热等可以按相当电动机散热量的 10% 考虑。因此，泵房内的总散热量 Q 按下式计算：

$$Q = 1.1\beta N_{mot} \eta_{mot} Z \tag{7.5}$$

式中：Q 为泵房内的总散热量，kJ/h；β 为热功当量，$\beta = 3610 kJ/(kW \cdot h)$；$\eta_{mot}$ 为电动机效率，%；N_{mot} 为电动机最大输入功率，kW；Z 为最多同时运行的电动机台数。

需要说明的是，若块基型泵房设计中采用电动机风道排风，则电动机所产生热量的大部分已通过风道排出了泵房，泵房内的散热量将大幅度减少。

（2）通风所需空气量计算。根据热量守恒原理可知，进入泵房内的冷空气所含热量与泵房内的散热量之和，应等于排出的热空气中所带走的热量，从而可计算出通风所需空气量：

$$G = \frac{Q}{c \Delta t} \tag{7.6}$$

式中：G 为通风所需空气量，kg/h；c 为空气比热容，kJ/(kg·℃)；Δt 为泵房内、外温差，℃，一般采用 3～5℃。

（3）进、排风口面积计算。进、排风口的面积 F_1、F_2 可按式（7.7）和式（7.8）分别计算：

$$F_1 = \frac{G}{3600\mu_1} \sqrt{\frac{1}{2gh_1\rho_1(\rho_1 - \rho_2)}} \tag{7.7}$$

$$F_2 = \frac{G}{3600\mu_2} \sqrt{\frac{1}{2gh_2\rho_2(\rho_1 - \rho_2)}} \tag{7.8}$$

式中：μ_1、μ_2 分别为进、排风口的流量系数；ρ_1、ρ_2 分别为进、排风空气密度，kg/m³；h_1、h_2 分别为进、排风口中心至等压面的距离，m。

计算中需采用试算的方法，先初步假定进、排风口的面积比等于 1:2～1:3，然后按式（7.9）确定等压面的位置：

$$\frac{h_1}{h_2} = \left(\frac{F_2}{F_1}\right)^2 \tag{7.9}$$

实际工作中，进、排风口的位置、形状与大小还受到泵房结构、采光和美观设计等方面的限制，可根据待开窗户的面积大小和高度位置，验算是否符合热压通风设计的要求，并根据计算结果进行调整。

2. 机械通风

机械通风需要另设通风管道和通风机，当自然通风不能满足泵房内部降温要求时，可采用以机械通风为主，辅以自然通风的方式。

(1) 机械通风的方式。机械通风一般有以下几种方式：①采用机械抽风式装置，即通风管与电动机的排风口相接，将热空气直接排出至室外。其排风口的位置宜设在室外檐口以上。②采用机械进风装置，用通风机和通风管送风至泵房下面，电动机所需要的冷却空气直接从室内吸取，热空气自流排出，即利用自然排风。③采用机械进风和机械抽风装置，用通风机和通风管送风至泵房下面，并且风管与电动机的排风口相接，将热空气直接排至室外，其排出口的高度以及对内压损失的要求等与第一种机械通风方式相同。对于埋入地下很深、电机容量较大、散热量较大的泵房，若采取排出热空气、自然补充冷空气的方法，通风效果不够理想时，可设置机械进风与排风两套机械通风系统。

(2) 机械通风计算。泵房通风设计主要计算机械通风所需的风量和风压，以作为选择通风机与布置风道的依据。选择风机的依据是风量和风压。

风量计算有以下两种方法：

1) 按泵房每小时换气 8~10 次所需通风空气量计算，设泵房总建筑容积为 V，则风机每小时的排风量应为 $(8~10)V$。

2) 按消除室内余热的通风空气量计算，其通风量的计算方法与自然通风相同。

风压包括沿程损失和局部损失两部分。

1) 沿程损失

$$h_f = li \quad (\text{mmH}_2\text{O}) \tag{7.10}$$

式中：l 为风管的长度，m；i 为每米风管的沿程损失，根据管道内的风量和风速，通过计算或由通风设计手册查得。

2) 局部损失

$$h_1 = \sum \zeta \frac{\rho u^2}{2} \quad (\text{mmH}_2\text{O}) \tag{7.11}$$

式中：ζ 为局部阻力系数，由通风设计手册查得；u 为风速，m/s；ρ 为空气的密度，kg/m^3。

所以风管中的全部阻力损失为

$$H = h_f + h_1 \tag{7.12}$$

根据计算的风量、风压及其他环境要求即可选择风机。风机按工作原理分为离心风机、混流风机、斜流风机及轴流等类型；根据所产生的风压大小，可分为低压风机（全风压在 100mmH$_2$O 以下）、中压风机（全风压在 100~300mmH$_2$O 之间）和高压风机（全风压在 300mmH$_2$O 以上）。泵房通风一般要求的风压不

大，故大多采用低压轴流式风机。图 7.24 为轴流式
风机。

（3）风道布置。布置风道时，应尽可能减少风
道长度和不必要的弯头，不占或少占泵房有效面积。
一台电机布置一根风管时，风道可布置在水泵的进
水侧或出水侧；也可以设一根或两根干管，用支管
接到电机。干管一般布置在泵房两端，排风管的通
风机一般设在出口处，高度越高通风效果越好。

图 7.24　轴流式风机

7.4.5　拦污及清污设施

为拦截水面漂浮物及水中污物，保证泵站安全
运行，应在泵站进水侧设置拦污栅，并配清污设备。
但要避免拦污栅过分靠近进水口，以免影响进水流态和水泵运行的安全性。

拦污栅通常由钢材制作，用厚 4～16mm、宽 50～80mm 的扁钢焊成。大中型
泵站应配置清污机及行车轨道，同时考虑起吊设备、传送带等。为增大水流过栅
面积，且便于人工和机械清污，拦污栅与水平面倾角宜按 70°～80°设置。

清污机械能自动清除截留在栅格上的杂物，并将其倾倒在翻斗车或其他集污
设备内，有的还配有皮带运输机将污物及时地运至岸边，从而大大地减轻了劳动
强度，减少了过栅水头损失，降低了能耗。清理拦污栅污物非常重要，不及时清
理污物会造成拦污栅堵塞，导致栅前后很大的水位差，降低运行效率，甚至危害
水泵安全运行。

抓斗式清污机和循环式齿耙清污机是泵站常用的清污设备。图 7.25 所示为抓
斗式清污机，有液压驱动和轮鼓回转驱动等形式，主要由门架、行走、提升、开
闭等机构组成，具有自动对轨、手动及半自动清污功能，工作可靠、操作简单、
清污能力强。图 7.26 所示为循环式齿耙清污机，主要由栅体、清污耙（齿耙）、
传动系统三个部分组成，是将拦污和清污结合为一体的固定式连续清污设备。该
装置固定安装在泵站的进水口或引渠上，结构简单，整机刚性好，运行平稳，故
障率低，操作维修简便。

图 7.25　抓斗式清污机

图 7.26　循环式齿耙清污机

7.4.6 其他设施

大中型泵站主辅机的运行和维护对供水系统、排水系统及其他安全设施等均有较高的要求。

1. 供水系统

泵站应设主泵机组和辅助设备的冷却、润滑、密封、消防等技术用水以及运行管理人员生活用水的供水系统，应满足用水对象对水质、水压和流量的要求。水源含沙量较大或水质不满足要求时，应进行净化处理，或采用其他水源。生活饮用水应符合《生活饮用水卫生标准》（GB 5749—2022）规定，首先考虑直接采用城镇供水系统供水。

自流供水时，可直接从泵出水管取水；采用水泵供水时，应设能自动投入工作的备用泵。每台供水泵应有单独的进水管，管口应有拦污设施，并易于清污；水源污物较多时，宜设备用进水管。

采用水塔（池）集中供水时，其有效容积应满足下列要求：①轴流泵站和混流泵站取全站 15min 的用水量；②离心泵站取全站 2～4h 的用水量；③满足全站停机期间的生活用水需要。

水塔（池）应有排沙清污设施，在寒冷地区还应有防冻保温措施。供水系统应装设滤水器，在密封水及润滑水管路上还应加设细网滤水器，并采取措施使滤水器清污时供水不中断。

2. 排水系统

泵站应设机组检修及泵房渗漏水的排水系统。泵站有调相要求时，应兼顾调相运行排水。检修排水与其他排水合成一个系统时，应有防止外水倒灌的措施，并宜采用自流排水方式。

排水泵不应少于 2 台，其流量确定应满足下列要求：①无调相运行要求的泵站，检修排水泵可按 4～6h 排除单泵流道积水和上、下游闸门漏水量之和确定；②采用叶轮脱水方式作调相运行的泵站，按一台机组检修，其余机组按调相的排水要求确定；③渗漏排水自成系统时，可按 15～20min 排除集水井积水确定，并设 1 台备用泵。

3. 消防设施

泵房消防设施的设置应符合下列规定：①油库、油处理室应配备水喷雾灭火设备；②主泵房电动机层应设室内消火栓，其间距不宜超过 30m；③单台储油量超过 5t 的电力变压器应设水喷雾灭火设备。

消防水管的布置应满足下列要求：①一组消防水泵的进水管不应少于 2 条，其中 1 条损坏时，其余的进水管应能通过全部用水量，消防水泵宜用自灌式充水；②室内消火栓的布置，应保证有 2 支水枪的充实水柱同时到达室内任何部位；③室内消火栓应设于明显的易于取用的地点，栓口离地面高度应为 1.1m，其出水方向与墙面应成 90°角；④室外消防给水管道直径不应小于 100mm；⑤室外消火栓的保护半径不宜超过 150m，消火栓距离路边不应大于 2.0m，距离房屋外墙不宜小于 5m。

室内消防用水量宜按 2 支水枪同时使用计算，每支水枪用水量不应小于

2.5L/s。同一建筑物内应采用同一规格的消火栓、水枪和水带，每根水带长度不应超过 25m。

4. 防雷设施

泵站中防雷保护设施常用的是避雷针、避雷线及避雷器三种。

避雷针由镀锌铁针、电杆、连接线和接地装置组成。落雷时，由于避雷针高于被保护的各种设备，于是雷电先落在避雷针上，然后通过针上的引下线引入大地，使设备免受雷电的侵袭，起到保护作用。

避雷线的作用类同于避雷针，避雷针用以保护各种电气设备，而避雷线则用在 35kV 以上的高压输电架空线路上。

避雷器的作用不同于避雷针，它是防止设备受到雷电的电磁作用而产生感应过电压的保护装置。阀型避雷器主要组成有两部分：一是由若干放电间隙串联而成的放电间隙部分，通常叫火花间隙；二是用特种碳化硅做成的阀电阻元件，外部用瓷质外壳加以保护，外壳上部有引出的接线端头，用来连接线路。避雷器是专为保护变压器和变电所的电气设备而设置的。

5. 通信设施

泵站内通信十分重要，一般是在值班室内安装电话机，供生产调度和通信之用。电话间应具有隔音效果，以免噪声干扰；同时应配备其他必需的移动通信设备。

7.5　泵站自动化系统

泵站自动化是实现泵站现代化管理的重要手段。合理科学地开发泵站综合自动化系统有重要的意义：①可实现泵站的自动监控，减少事故发生；②便于实现机组优化运行，提高运行效率；③便于水利资源的远程调度，发挥水利资源的最大效益；④可降低操作人员的劳动强度，提高工作效率。

7.5.1　系统功能

泵站综合自动化系统的主要功能如下。

1. 监测功能

泵站综合自动化系统能实现对站用变电所、水泵机组、泵站辅助设备和配套水工建筑物的各种电量、非电量运行数据及水情数据进行巡回检测和采集，并且根据这些参数的给定限值进行监视、报警、记录等。数据采集主要包括以下内容：

（1）电量如电动机三相电压、电流、频率和母线的电压、电流与频率等参数的采集和监视。

（2）开关量如断路器位置、刀闸位置、保护动作信号、闸门开关状态等参数的采集和监视。

（3）脉冲量如电动机和主变的有功、无功脉冲电度信号等的采集和监视。

（4）非电量如水位、温度、油压、水压、叶片角度、水泵转速、闸门开度等参数的采集和监视。

2. 控制功能

系统能够根据泵站的运行状态，按照给定的控制模型或控制规律进行自动控制，包括水泵机组间的优化运行、闸门开度的自动调节等。为保证控制方式的灵活性，主要设备的控制设有自动控制和手动控制两种方式，两者可以互相切换。主要控制功能如下：

(1) 变电所的主变压器、站用变压器的控制。

(2) 主机机组的起停顺序控制和强制开机控制。

(3) 事故门、工作门以及上下游闸门的开启、关闭操作控制。

(4) 断路器合、跳闸操作控制。

(5) 水泵叶片角度调节控制。

(6) 制动回路操作控制。

(7) 冷却水的投入和切除操作控制。

(8) 泵站辅机设备如供、排水泵，供油系统，压缩空气系统等的控制。

(9) 励磁设备的调节与控制。

3. 保护功能

系统的计算机保护装置可实现对机组电机、主变压器、站用变压器以及母线的保护。泵站计算机保护系统主要功能如下：

(1) 电动机保护，包括差动保护（具有差动速断）、CT 断线闭锁、过流保护、过负荷保护、转子一点接地保护、电动机失磁保护和电动机失步保护等。

(2) 母线保护，包括低电压保护、母线绝缘检查和母线正序电压保护等。

(3) 主变保护，包括具有制动特性差动保护（具有差动速断、CT 断线闭锁等功能），复合电压启动过流保护、零序过电压保护、过负荷保护、过电流保护、瓦斯保护和温度保护等。

(4) 站变保护，包括电流速断保护、过负荷保护等。

(5) 水泵机组保护，主要有推力瓦、导轴瓦、定子线圈等的温度过高保护和供水、供油、供气系统异常保护等。

泵站综合自动化的发展主要体现在其硬件技术进步和软件功能的强化提高上，二者的有效结合使得泵站运行管理实现了从单一的监测功能到今天的监测、控制和管理一体化的综合功能。在系统监测功能上，从早期的泵站运行参数的实时检测，发展到现在能实时检测记录机组运行、机组启动或者故障时的动态参数，以实现对机组运行状况的分析、故障预测和故障诊断等功能。在系统控制功能上，从早期只能对机组、辅机设备等的启停进行控制操作，发展到现在能够自动判断机组的启停条件，自动完成机组启停的准备程序，实现自动操作等。在系统管理功能上，从早期系统只能进行简单的报表处理和数据管理工作，发展到现在可对泵站运行的各种数据进行统计处理和分析计算，并以此来支持各级管理部门的决策和调度，实现泵站机组运行的优化调度等。

7.5.2　系统结构

从目前采用综合自动化系统的泵站来看，常见的计算机控制系统类型主要有集中式处理系统、分布式控制系统、现场总线控制系统和基于工业以太网和

TCP/IP 的系统。

1. 集中式处理系统

集中式处理系统指将该系统的各种功能，如数据采集、数据处理、人机通信等均集中完成，采集设备通常是插在计算机的 PCI 采集卡。集中式处理系统是通过数据采集系统对水泵站运行过程及参数进行采集、处理、分析计算，并将结果用于控制水泵站的自动化运行操作和监督报警。该系统通常在全泵站只设置一台或两台监控计算机，对整个泵站进行集中监视、控制。由于泵站所有信息都要送到计算机进行处理，所有操作、控制命令都由计算机发出，因而计算机的工作负荷大，对计算机可靠性要求很高，若计算机出现故障，将导致全系统瘫痪。其次，生产过程所需采集的状态和参数均直接引入计算机，当泵站机组台数较多时，现场敷设电缆会过多过长，不仅成本高，安装维护不方便，而且抗干扰能力差，信号误差大，且系统的可扩展性和可维护性较差。目前大型水泵站均不采用集中式处理系统，但在一些泵机组台数不多、控制功能要求较简单的中小型水泵站中仍然采用这种方式。

2. 分布式控制系统

分布式控制系统（Distributed Control System，DCS）又称分散式控制系统或集散控制系统。其基本思想是集中操作管理，分散控制。由于控制分散，就可以做到"风险分散"，从而使整个系统的可靠性大为提高。分布式系统是计算机监测控制系统一个重要的发展方向，对于大型、复杂的控制过程，分布式系统成为首选方案，但价格昂贵，开放性差。

可编程序控制器（Programmable Logic Controller，PLC）可以看作分散控制的一种现场控制器，PLC 因其可靠性高和逻辑处理能力强在工业控制中得到了广泛应用。随着 PLC 的模拟量的采集和数据处理能力增强以及网络化，基于 PLC 的控制系统也可看作一种 DCS 系统。由于泵站的处理信息中开关量所占比重大，逻辑处理量大，PLC 在泵站综合自动化系统中得到了广泛应用。

3. 现场总线控制系统

现场总线控制系统（Fieldbus Control System，FCS）是 20 世纪 90 年代兴起的新一代工业控制技术，它将当今网络通信与管理的概念引入工业控制领域。计算机技术、通信技术和计算机网络技术的发展，推动着工业自动化系统体系结构的变革，模拟和数字混合的集散控制系统逐渐发展为全数字系统，由此产生了工业控制系统用的现场总线。现场总线控制系统是一个开放式的互联网络，既可以与同层网络互联，也可以与不同层的网络互联。在现场设备中，以微处理器为核心的现场智能设备可方便地进行设备互联、互操作。从控制的角度看，FCS 有两个显著特点：

（1）传统的 4～20mA 模拟信号制被双向数字通信现场总线信号制所代替。FCS 把通信线一直延伸到生产现场中的生产设备，构成用于现场设备和现场仪表互连的现场通信网络。全数字化的信号传输极大地提高了信号转换的精度和可靠性，避免了模拟信号传输过程中难以避免的信号衰减、精度下降、干扰信号易于进入等问题。

（2）传统的集中在控制器和中央控制系统的控制功能分散下放到现场设备中，实现彻底的现场控制。FCS废弃了DCS的I/O控制站，将这一级的功能分散地分配给现场设备和仪表。用户可以灵活地选用各种功能块，经过统一组态构成控制回路实现控制。

4. 基于工业以太网和TCP/IP的系统

由于工业自动化系统正向分布化、智能化的实时控制方面发展，通信成为关键，用户对统一的通信协议和网络的要求日益迫切。另外，Intranet/Internet等信息技术飞速发展，要求企业从现场控制层到管理层能实现全面的无缝信息集成，并提供一个开放的基础构架，但目前的现场总线尚不能满足这些要求。多种现场总线互不兼容，不同公司的控制器之间不能相互实现高速的实时数据传输，信息网络存在协议上的鸿沟导致出现"自动化孤岛"等，促使人们开始寻求新的出路，并关注到以太网。以太网有以下优点：

（1）具有相当高的数据传输速率（目前已达到100Mb/s），能提供足够的带宽。

（2）由于具有相同的通信协议，Ethernet和TCP/IP很容易与Internet集成。

（3）能在同一总线上运行不同的传输协议，从而能建立企业的公共网络平台或基础构架。

（4）沿用多年，已为众多的技术人员所熟悉，市场上能提供广泛的设置、维护和诊断工具，成为事实上的统一标准。

（5）允许使用不同的物理介质和构成不同的拓扑结构。

运行TCP/IP协议的以太网通信模块对CPU有较高的要求，因而成本也较高，将所有设备直接接入以太网显然不太现实。目前大量的智能仪表如智能电表、温度巡检仪、智能水位计和智能闸门开度仪等在泵站中广泛使用，而这些设备通常带有串行口或现场总线接口。目前通常的做法是将智能设备作为PLC的子设备，PLC通过串行口或现场总线接口获取数据；或通过通用串行口转以太网设备接入以太网；或直接接入监控计算机串行口。这样的系统实际是上述系统的混合系统。

7.5.3　系统软件

大型泵站的综合自动化系统软件主要包括三大部分：系统软件、监控应用软件以及应用软件的开发工具软件。其中系统软件为计算机操作系统软件即计算机系统管理软件，目前由于Windows操作系统应用比较普遍，支持Windows操作系统的设备驱动软件比较多，因此，监控系统的操作系统一般都选用Windows操作系统。应用软件开发的最为合理的方法是采购监控系统组态软件，在组态软件基础之上进行二次开发和第三方设备通信软件开发。组态软件是面向监控与数据采集（Supervisory Controlled Data Acquisition，SCDA）的软件平台工具，具有丰富的设置项目，使用方便灵活，功能强大。组态软件最早出现时主要解决人机图形界面问题。随着它的快速发展，实时数据库、实时控制、SCDA、通信及联网、开放数据接口、对I/O设备的支持已经成为其主要内容。组态软件具有实时多任务、接口开放、使用灵活、功能多样、运行可靠等特点。

　　组态软件通过 I/O 驱动程序从现场 I/O 设备获得实时数据，对数据进行必要的加工后，一方面以图形方式直观地显示在计算机屏幕上，另一方面按照组态要求和操作人员的指令将控制数据传送给 I/O 设备，对执行机构实施控制或调整控制参数。同时还需存储历史数据，对历史数据检索请求给予响应，当发生故障时及时发出报警信息。

　　实时数据库是组态软件的核心和引擎。历史数据的存储与检索、报警处理、数据运算处理、I/O 数据连接都是由实时数据库系统来完成的。I/O 驱动组件直接负责从设备采集实时数据并将操作命令下达给设备。一般设备制造商会提供 PC 与设备间进行数字通信的接口协议和物理接口标准。I/O 驱动组件主要是按照接口协议的规定向设备发送数据请求命令，对返回数据进行拆包，从中分离出所需数据。

　　目前，国内外比较著名的组态软件有 IFIX、INTOUCH、PLANTWORKS、FACTORYLINK、MCGS、组态王等几十种软件。其中，IFIX 组态软件功能强大、开放性好，且应用最为广泛。该产品自 1984 年以来，以其强大的、可靠的自动化解决方案成为工业标准。

　　近年来，对泵站自动化系统提出更高的标准，要实现泵站运行管理的智能化，实质上就是自动化程度更高，主要体现在以下方面：

　　（1）数据、视频同步监控。各监控点与监控中心之间全部通过光纤通信；泵站近、远端数据、视频同步监控。

　　（2）泵站远程控制，实现无人值守。远程监测泵站电压、电流、耗电量、进出水池水位、流量、泵/辅机运行状态；远程控制阀门、排水泵、清污机、输送机等设备运行。

　　（3）管理系统内可与其他组态软件对接，利用大数据分析和优化算法，自动实现单泵站及多泵站的优化运行。

　　显然，泵站智能化要求高，实现难度大，尤其是优化运行，需要不断的探索和努力才能加以解决。

第8章

水泵站工程规划

8.1 排灌泵站规划

兴建泵站工程，应当根据工程建设目的因地制宜地进行统筹规划设计。泵站工程规划是地区水利规划的一部分，其主要任务是在分析地形地质、水文条件等基础上确定工程等级与规模、总体布置、设计标准、设计参数和装机容量，计算经济指标，评价工程效果，拟订工程运行管理方案等。目前，我国将泵站工程分为5等，见表8.1。对工业、城镇供水泵站等级的划分，应根据供水对象、供水规模和重要性确定。泵站等级决定了其主要建筑物、次要建筑物和临时性建筑物的级别。

表 8.1　　　　泵 站 分 等 指 标

泵站等级	泵站规模	分 等 指 标	
		装机流量 /(m³/s)	装机功率 /万 kW
I	大（1）型	$\geqslant 200$	$\geqslant 3$
II	大（2）型	50～200	1～3
III	中型	10～50	0.1～1
IV	小（1）型	2～10	0.01～0.1
V	小（2）型	<2	<0.01

合理的工程规划不仅在工程兴建时能减少工程量、节省投资，而且有利于工程建成后的运行管理，为降低工程运行成本创造有利条件。泵站工程规划应在流域或地区水利规划的基础上，根据全面规划、综合治理、合理布局、经济可行的原则，正确处理好近期与远期、整体与局部的关系，协调好与其他用水部门的关系，使水泵站工程发挥最大效益。

8.1.1　灌溉泵站规划

灌溉泵站的规划主要包括以下内容：查勘灌区的地形、地质和水源条件，及其他自然、社会经济条件，调查已有水利工程设施及其效益，了解能源、交通等情况。在此基础上，根据自然区划特点并考虑行政区划进行灌区的划分、选定站址、确定泵站建筑物和灌溉渠系的布置等。

1. 灌区分片

根据灌区的地形、水源及能源等情况，灌区一般有以下几种划分方案。

（1）一站提水、一区灌溉。全灌区只建一座泵站，由一条干渠控制全部灌溉面积。泵站将水提升到灌区的制高点，然后由渠系向全灌区供水。此方案适用于灌溉面积较小、扬程较低、地面高差不大、输水渠道不长的灌区，如图 8.1 所示。地形高差不大的小型灌区大多采用这种布置方式。

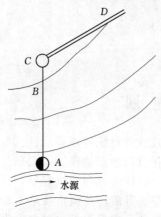

图 8.1　一站提水、一区灌溉
A—泵站；B—输水管道；
C—出水池；D—渠道

（2）多站提水、分区灌溉。当灌区面积较大或位于平原圩区时，采用一站提水、一区灌溉的方式可能导致输水距离较长，沿程阻力损失及水量损失加大，交叉建筑物过多引起工程量增加，此时往往采用多站提水、分区灌溉的方式。每个灌水区由单独的泵站和灌溉干渠供水，见图 8.2。图中 A_1、A_2 和 A_3 分别表示相同高程梯级、担负不同灌水区灌溉任务的不同泵站。

（3）多站分级提水、分区灌溉。根据水源和地形条件，有时为了避免提升到高处的水再回流灌溉低田，造成能量浪费，也可以把已经提升到一定高程的水作为另一泵站的水源，建梯级泵站。根据地面高差，将灌区分成几个高低不同的灌水区。这种方式适合于地面高差较大或地形上有明显台地的地区，如图 8.3 所示。

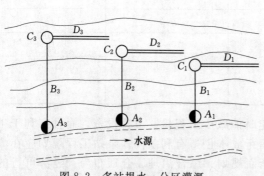

图 8.2　多站提水、分区灌溉
A—泵站；B—输水管道；
C—出水池；D—渠道

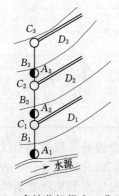

图 8.3　多站分级提水、分区灌溉
A—泵站；B—输水管道；
C—出水池；D—渠道

此外，对于某些地面高差较大但是面积不大的灌区，也可采用一站分级提水、分区灌溉，即在同一泵站安装几台不同扬程的水泵，分高、低两个出水池和相应的渠道供水。

2. 高扬程灌区分级和经济扬程

对于扬程高、灌溉面积大的灌区，大多采用多站分级提水、分区灌溉，以避免高水低灌，节约能源。分级越多，各级泵站动力总和越少，但总的土建工程投资和设备投资势必增加。因此，针对具体灌区，如何分级建站，要根据地形条件确定。

图 8.4 表示某高扬程灌区一级提水扬程与灌溉面积的关系曲线。灌区范围内最高田面距水源水面的高度为 H，总灌溉面积为 ω。如提水流量为 $Q(\mathrm{m}^3/\mathrm{s})$，采用一级提水，即把水抽提至最高处，提水扬程为 H，则动力机的功率为

$$N = \rho g Q H/(1000\eta) = \rho g q \omega H/(1000\eta) = K\omega H \quad (\mathrm{kW})$$
$$\eta = \eta_{站}\eta_{渠系}$$
$$K = \rho g q/1000\eta \tag{8.1}$$

式中：ρ 为水密度，$\mathrm{kg/m}^3$；q 为灌溉用水率，$\mathrm{m}^3/(\mathrm{s}\cdot\mathrm{hm}^2)$；$\eta$ 为包括泵站和渠系两部分的效率；$\eta_{站}$、$\eta_{渠系}$ 分别为泵站效率和渠系水利用系数；K 为常数。

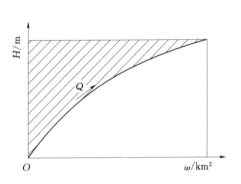

图 8.4　一级提水扬程与
灌溉面积的关系

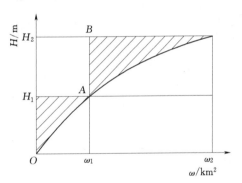

图 8.5　二级提水扬程与
灌溉面积的关系

图 8.4 中 ωH 实际上代表了泵站总功率，阴影部分为高水低灌而浪费的功率，由图 8.5 可知，采用二级提水可少浪费 H_1ABH_2 阴影部分的功率。

分级提水能够节省功率的道理简单，级数越多，总功率越小。n 级泵站所需功率为

$$N_n = \frac{\rho g q}{1000\eta}[H_1\omega_1 + H_2(\omega_2 - \omega_1) + \cdots + H_n(\omega_n - \omega_{n-1})]$$
$$= K\sum_{i=1}^{n} H_i(\omega_i - \omega_{i-1}) \tag{8.2}$$

或
$$N_n = K\sum_{i=1}^{n} H_i\Omega_i$$

式中：$\Omega_i = \omega_i - \omega_{i-1}$。

在灌区地形变化比较平缓时，可事先假定泵站级数，根据功率最小的原则确定各级的合理扬程，以初步确定各级泵站站址处的高程位置，然后，再综合各方面因素，进行全面的技术经济分析，最后确定泵站分级方案。

欲使式（8.2）表示的 n 级泵站总功率最小，可对 N_n 求 ω_i 的偏导数，并令其等于零，即

$$\frac{1}{K}\frac{\partial N_n}{\partial \omega_i}=H_i+(\omega_i-\omega_{i-1})\frac{\partial H_i}{\partial \omega_i}-H_{i+1} \tag{8.3}$$

$$H_{i+1}-H_i-\Omega_i\frac{\partial H_i}{\partial \omega_i}=0 \tag{8.4}$$

为便于直观地进行分析，以灌区四级提水为例：

由 $\dfrac{\partial N_4}{\partial \omega_1}=0$ 得 $H_2-H_1=\Omega_1\dfrac{\partial H_1}{\partial \omega_1}$ (8.5)

由 $\dfrac{\partial N_4}{\partial \omega_2}=0$ 得 $H_3-H_2=\Omega_2\dfrac{\partial H_2}{\partial \omega_2}$ (8.6)

由 $\dfrac{\partial N_4}{\partial \omega_3}=0$ 得 $H-H_3=\Omega_3\dfrac{\partial H_3}{\partial \omega_3}$ (8.7)

可见，式（8.5）～式（8.7）等号左边分别表示二、三、四级站的提水扬程；等号右边第一项（Ω_1、Ω_2、Ω_3）分别表示相邻的前一级灌水区面积，第二项分别表示各级站站址处面积-高程关系曲线的斜率。因此，上面公式说明，各级站的扬程就等于面积-高程关系曲线在该级站站址处的斜率乘以相邻前一级灌水区的面积。根据这一关系，可以用图解的方法求取各级站符合功率最小要求的合理扬程及相应该级灌水区面积。图解方法介绍如下。

以一级站进水池水面上一点 O 为原点，以面积 ω 为横坐标、高程 H 为纵坐标作面积-高程关系曲线，并从曲线最高点分别向纵、横坐标作垂直线（图8.6），再按下述步骤进行图解作图。

（1）假定一级站的扬程 $H_{11}=H/n$（n 表示分级的数目，此处 $n=4$），H_{11} 中的第 1 个注脚"1"表示一级泵站，第 2 个注脚"1"表示第 1 次作图，其他类推。

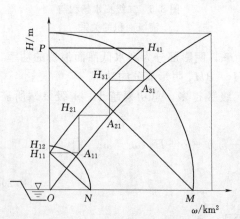

图8.6 分四级提水时泵站
站址确定的图解方法

（2）从 H 轴上的 H_{11} 处作水平线，交 $\omega=f(H)$ 曲线于 A_{11} 点。A_{11} 的高程即一级站出水池的水面高程，并近似地将 A_{11} 点作为二级站的站址位置。

（3）过 H_{11} 点作 A_{11} 点处曲线切线的平行线，并过 A_{11} 点作垂直线，交点为 H_{21}，由 H_{21} 作水平线交曲线于 A_{21} 点。对照式（8.5），实际上 $H_{11}A_{11}$ 为 ω_1，$A_{11}H_{21}/A_{11}H_{11}$ 即 $\omega=f(H)$ 曲线在 A_{11} 点处的斜率，因此 $A_{11}H_{21}$ 就是

二级泵站的扬程，A_{21} 点就是三级泵站的站址位置。

（4）依照上述方法，再求出 H_{31} 和 A_{31} 以及 H_{41}。如果 H_{41} 的纵坐标值恰好等于 H，则说明所求得的各级站的净扬程合理，依此建站，总功率最小；如果 H_{41} 的纵坐标不等于 H，则说明第一次作图时所选一级站的扬程 H_{11} 不正确，需要根据比例关系 $H_{12} = \dfrac{H}{H_{41}} H_{11}$，按照下面的步骤求出第二次作图时一级站的扬程 H_{12} 值。

（5）以 $\omega = f(H)$ 曲线坐标原点 O 为圆心，以 OH 为半径画圆弧，交横坐标轴于 M 点，过 H_{41} 作水平线交纵坐标于 P 点，连 P 和 M 两点成直线。

（6）过 H_{11} 点作平行于 PM 的直线，交横坐标于 N 点，以 O 点为圆心，以 ON 为半径画弧，交纵坐标轴于 H_{12} 点，此即为第二次作图时一级站的扬程 H_{12}。

（7）按照（2）～（4）的做法，求其他各级站的扬程 H_{22}、H_{32}、H_{42}。若 H_{42} 的纵坐标仍不等于 H，则须按 $H_{13} = \dfrac{H}{H_{42}} H_{12}$ 的关系，重复（5）～（7）的步骤，再从 H_{13} 开始直到求出 H_{42}，直至用这种方法得到最后一级泵站出水池水面与 H 相等或足够接近时为止。这时所得各相应 A 点的纵坐标值，即为各级站出水池水面高程，亦即为相邻前一级站的站址高程。

级数不多时，用图解法确定最小功率的扬程分级方案较方便；级数多时，亦可用电算求解。但是，无论采用何种方法，实际的站址高程还需综合考虑计算结果及地形地质等条件确定。

3. 灌溉设计流量确定

（1）灌溉设计标准。灌溉泵站设计流量应在满足一定的灌溉设计标准下，根据作物的灌溉制度、灌水模数、灌溉面积、渠系水利用系数及灌区内调蓄容积等综合分析计算确定。灌溉设计标准是反映灌溉水源或泵站提水能力对农田灌溉用水保证程度的一项指标，是确定泵站工程的规模和设计参数的重要依据，应根据灌区的水源状况、作物布局、水文气象条件、地形、土质、当地农业生产的规划及经济条件等因素认真分析确定。灌溉设计标准一般用灌溉设计保证率表示，有的地区亦将"抗旱天数"作为设计标准。

灌溉设计保证率是指灌区用水量在多年期间能够得到充分满足的概率，一般以正常供水的年数或供水不破坏的年数占总年数的百分数表示。灌溉设计保证率是一项在经济分析基础上产生的指标，综合反映了水源条件和灌区用水需要两方面的情况，因此能较好地表达灌溉工程的设计标准。如灌溉设计保证率为 80%，即指通过兴建泵站工程，在长系列内，平均每 100 年中 80 年可以保证农田灌溉，20 年可能供水不足或中断。

根据有关规范，用灌溉设计保证率作为灌溉设计标准的地区，可参照表 8.2 选用保证率数值。

（2）设计流量的确定。泵站设计流量由下式确定：

$$Q = m\omega / (3600 T t \eta) \quad (\text{m}^3/\text{s}) \tag{8.8}$$

式中：m 为最大一次灌水定额，m^3/hm^2；ω 为灌溉面积，hm^2；T 为轮灌天数，d，是全灌区灌一次水所需延续的总天数；t 为水泵每天工作时间，大型泵站可采用24h，一般采用20～22h；η 为渠系水利用系数，与渠道控制的面积、渠床土质、渠道长度、防渗措施等有关。

表 8.2   灌溉设计保证率数值表

地区	作物种类	灌溉设计保证率/%
缺水地区	以旱作物为主	50～75
	以水稻为主	70～80
丰水地区	以旱作物为主	70～80
	以水稻为主	75～95

4. 水位和灌溉扬程确定

泵站上下游水位有出水池水位（上游）和进水池水位（下游），出水池水位取决于灌区田面高程及灌溉流量等因素，进水池水位取决于水源水位。

（1）出水池水位。灌溉泵站的出水池水位是灌溉渠系由渠尾到渠首逐级推算出的灌溉干渠的渠首水位。泵站出水池水位$\nabla_{出}$可以用下式推求：

$$\nabla_{出} = \nabla_{田} + d + \sum iL + \sum \Delta h \tag{8.9}$$

式中：$\nabla_{出}$ 为渠尾处代表性高田块地面高程，m；d 为田间灌水深度，m，水稻田一般采用0.1～0.15m；$\sum iL$ 为从出水池到田间经过各级渠道的沿程水头损失总和，m；$\sum \Delta h$ 为从干渠渠首到田间通过各渠系建筑物的局部水头损失总和，m。

出水池水位又分最高水位、设计水位、最高运行水位、最低运行水位、平均水位等，其确定方法如表8.3所列。

表 8.3   灌溉泵站出水池及水源水位确定方法

特征水位	出水池	水源
最高水位	当出水池接输水河道时，取输水河道的校核洪水位；当出水池接输水渠道时，取与泵站最大流量相应的水位	根据《防洪标准》（GB 50201—2014）确定
设计水位	取按灌溉设计流量和灌区控制高程的要求推算到出水池的水位	从河流、湖泊或水库取水时，取历年灌溉期水源保证率为85%～95%的日平均或旬平均水位；从渠道取水时，取渠道通过设计流量时的水位
最高运行水位	取与泵站加大流量相应的水位	从河流、湖泊取水时，取重现期5～10年一遇洪水的日平均水位；从水库取水时，根据水库调蓄性能确定；从渠道取水时，取渠道通过加大流量时的水位
最低运行水位	取与泵站单泵流量相应的水位；有通航要求的输水河道，取最低通航水位	受潮汐影响的泵站，其最低运行水位取历年灌溉期水源保证率为95%～97%的日最低潮水位
平均水位	取灌溉期多年日平均水位	从河流、湖泊或水库取水时，取灌溉期水源多年日平均水位；从渠道取水时，取渠道通过平均流量时的水位

（2）进水池水位。进水池水位同样又分最高水位、设计水位、最高运行水位、最低运行水位、平均水位等。对于无引渠或引渠较短的泵站，其进水池水位确定方法见表 8.3（同水源水位）。如引渠较长，进水池相应水位的确定，应扣除从水源（取水口）至进水池的水力损失。从河床不稳定的河道取水时，还应考虑河床变化对水位的影响。

工程设计中，泵站进口最高运行水位主要用于校核水泵及配套动力机的工作状况，也用于校核工程安全稳定性。进口设计水位用以确定泵站设计扬程。进口最低运行水位用以确定水泵的安装高程和校核工程的安全。对于泵房不直接挡水的泵站，进口最高水位用以确定机房地面或电机层楼板高程以及设计挡水墙，校核工程的抗浮、抗滑稳定性。当泵站进口出现最高水位时，泵机组不一定需要运行，因此确定最高水位数值的标准不是灌溉设计保证率，而是泵站建筑物的等级。

有的泵站还设有进口最低水位，该水位根据水源枯水位资料以泵站建筑物等级所要求的标准用频率分析确定。设计时，用以校核工程安全。

（3）灌溉扬程的确定。根据上述出水池水位和进水池水位的组合，可以算出泵站的各种扬程：

设计扬程＝出口设计水位－进口设计水位

最大扬程＝出口最高水位－进口最低运行水位

最小扬程＝出口最低水位－进口最高运行水位

泵站平均扬程可按式（8.10）计算加权平均扬程，或按泵站进、出水池平均水位差计算。在平均扬程下，水泵应在高效区工作：

$$H = \frac{\sum H_i Q_i t_i}{\sum Q_i t_i} \tag{8.10}$$

式中：H 为加权平均扬程，m；H_i 为第 i 时段泵站进、出水池运行水位差，m；Q_i 为第 i 时段泵站提水流量，m³/s；t_i 为第 i 时段历时，d。

8.1.2 排水泵站规划

排水泵站的规划主要是根据各地区的排水出路（承泄区）和地形条件，正确处理自排与提排、内排与外排、排田（抢排）与排湖（内河）的关系，以尽量减少排水泵站的装机容量，降低工程投资。同时应尽可能兼顾灌溉的要求，提高泵站设备的利用率。在布局上要从整体出发，既有利于挡（挡洪）、灌（灌溉）、排（排水）、降（降低地下水位）综合治理，也要有利于机耕、交通、绿化、生态和环境保护等。

1. 排水区划分

排水区的划分要尽可能满足内外水分开、高低水分开，并充分利用自流排水的条件。

内外水分开主要是洪涝分开，避免外河洪水侵入圩内；其次在排水区内部还要求内河和农田分开。即排水时既要利用外河、内河、农田的滞蓄能力，又要建闸、筑堤、分级控制。

高低水分开就是要求等高截流，高水高排，低水低排，避免高水汇集到低地而加长排水时间，产生或加重涝害；同时，实现高水高排，也可以避免高水汇集到低地，增大排水扬程，有利于减少排水站装机容量和运行费用。另外，由于高水往往有自排的可能，应充分利用时机，及时自流排水。

（1）沿江滨湖圩内排水区的划分。湖区、圩区地面虽然平坦，但也会有一定高差，尤其是面积较大的地区，各处自流外排的条件不同，需统一规划，进行分区排水。分区时，应根据地形特点、承泄区水位条件，适当兼顾原有排水系统。地势较高、有自排条件的地区，尽量利用自排条件，划分为高排区；地势较低、排水期间外水位长期高出田面的地区，划分为低排区，以提排为主；介于上述两者之间的地区，可采取自排与提排相结合的排水方式。

（2）半山半圩地区排水区的划分。这类地区，后临丘陵地区或高地，前沿江、湖，俗称半山半圩地区。由于汛期外水位高于圩内农田，同时高处客水又流向下游，因此易成涝灾。分区时，要在山圩分界处大致沿承泄区设计外水位高程的等高线开挖截流沟或撇洪沟，使山圩分排，高低分排，减少泵站的装机容量。

（3）滨海和感潮河段地区排水区的划分。对于滨海和感潮河段地区受洪水影响较小而潮汐影响较大的排水系统，可按地区高程划分排水区。地面高于平均感潮潮位者为畅排区，低于平均低潮位者为非畅排区，介于上述两者之间的为半畅排区。畅排区可以自流排水，非畅排区依靠泵站提排，而半畅排区则应考虑增加排水出口，缩短排水路径，并于出口建挡潮闸，利用落潮间歇自流抢排。若这样处理后仍不能满足排水要求，考虑建外排（涝）站，在涨潮期间闭闸提排。对这类地区的规划，应详细分析涝水、洪水和潮位的关系，以调整不合理的排水分区和排水出口，尽可能扩大畅排区和缩小非畅排区，减少排水站的装机容量和运行费用。

2．站点布局

（1）集中建站与分散建站。一般而言，具备下列条件的地区宜集中建大站：排水区面积较大而地形起伏不大或地势单向倾斜；蓄涝区（内河）容积集中且较大；有骨干排水河道、排水出路较远。苏北、淮南、江汉平原、太湖流域、洞庭湖区等属此类型。排水面积不大，但地形比较平坦，蓄涝容积较大，排水出口或行政区划单一时，亦宜集中建站。排水区水网密集，排水出口分散，或地势高低不平，高地要灌、低地要排的地区，宜分散建小站，杭嘉湖平原、珠江三角洲等属此类型。

集中建大站的优点是单位装机容量造价低，输电线路短，便于集中管理。但要求有完整的排水系统，要开挖大的排水干沟，土方量大，挖压耕地面积大。分散建小站的优点是工期短，收效快，工程量小，挖压耕地面积少，有利于结合灌溉，排灌及时。由于涝区的情况往往非常复杂，故规划时应根据具体情况，因地制宜，小型为主，大、中、小结合。

（2）一级排水与二级排水。排水站无论集中建站或分散建站，都有两种排水方式，即一级排水与二级排水。所谓一级排水就是由排水站直接将涝水排入承泄区，见图 8.7（a）；或由排水站将涝水先排入蓄涝区，而蓄涝区的涝水则待外水位降低时再开闸自排，见图 8.7（b）。二级排水方式，即在低洼地区建小站，将涝水排入蓄涝区内，这种站称为二级站或内排站，一般排水扬程较低；而蓄涝区内的涝水则需要另外建站外排，这种站称为一级站或外排站，如图8.8所示。如蓄涝容积较大时，除利用泵站提排外，还可以利用蓄涝区滞蓄涝水，待外水位降低后再开闸排蓄涝区滞蓄的涝水，利用闸站配合排水，以减少外排站装机容量。

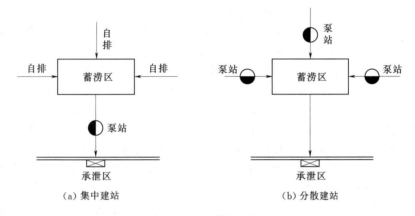

(a) 集中建站　　　　　　　　　(b) 分散建站

图 8.7　一级排水示意图

实际工程中，上述两种排水方式往往不是截然分开的，有时外排站既可排蓄涝区的涝水，又可直接排出，在运用上采取先排田后排蓄涝区。当泵站排田时为一级排水，而排蓄涝区时则为二级排水，如图8.9所示。

一般排水面积不大、装机容量较小、扬程不高的涝区，宜采用一级排水方式；排水面积较大、地形比较复杂、高低不平、扬程较高的排水区，宜采用二级排水方式。相反，如果这时仍用一级排水方式［图8.7 (a)］，不仅低洼地区排水不及时，而且会增加排水沟的开挖深度，增加外排站的扬程，使整体工程量和泵站的装机容量相应增加。尤其是大型泵站，由于控制范围大，涝区内地形复杂，应特别重视二级排水方式。这样，在布局上，集中与分散结合；规格上，大、中、小结合。此外，二级站（内排站）一般容量小，运用灵活，能适应局部低地排水或低地要排、高地要灌的需要。

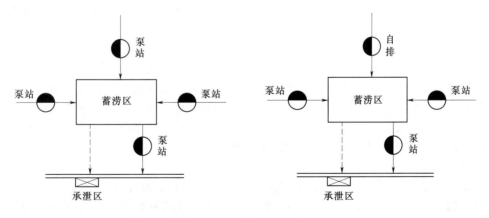

图 8.8　二级排水示意图　　　　　图 8.9　一、二级结合排水方式

滨海和感潮河段地区的排水区如可利用退潮排水，而蓄涝容积又较大时，则内排站可先排低地涝水，待退潮后再开闸排蓄涝区。这种情况下内排站起外排站的作用，属一级排水方式。若蓄涝容积较小或退潮后外水位仍比较高，不能完全依靠开闸自排，则应另设外排站配合提排涝水，这就是二级排水方式。

排水方式的选择是排水站规划中的一项重要工作，应通过详细技术经济比较确定。此外，排水站的规划还要考虑综合利用。根据需要，可以通过合理布置泵站建筑物，把一座排水站设计成既能提排提灌，又能自排自灌，一站多用，扩大工程效益。

3. 排水标准和排水设计流量确定

（1）排水标准和排水设计标准的表达方式。排水标准是关系到排水工程规模的重要指标。影响排水标准的因素很多，如暴雨（雨型、雨量等）、汇流、蒸发量、河网湖泊蓄水量、田间蓄水量、作物耐淹程度以及承泄区（外河）水情等。排水设计标准的表达方式一般有如下两种。

1）设计暴雨法。以涝区发生一定频率的暴雨而不受涝为标准，即首先确定设计暴雨，然后根据相应的设计水位和排水时间确定泵站的规模和装机容量。目前我国各地采用设计暴雨重现期多为 5～10 年。设计外水位应区别对待，如涝区与外河流域水文特征基本一致，则涝区境内暴雨和外河洪水可能同期发生，这时外河水位可采用与设计暴雨同频率的数值；如二者水文特征差异很大，则采用与设计暴雨重现期多年平均水位或稍偏高的水位数值。排水时间应当与排区作物耐淹程度和排水方式有关。

设计暴雨法含义明确，且能综合反映各地自然地理、水文特征和作物种植等特点，是目前各地广泛采用的表达方式。

2）典型年暴雨法。取工程未建前某一涝情较重的年例暴雨作为典型年暴雨，并以此暴雨条件下不受涝为标准。采用典型年暴雨作为设计标准，能较好地反映涝区实际情况，概念上明确具体。

（2）排水设计流量的确定。推算排水设计流量一般有下述几种方法。

1）排水模数法。涝区 $1km^2$ 集水面积的最大排水流量称为排水模数。排水流量按照下式计算：

$$Q = qA \quad (m^3/s) \tag{8.11}$$

式中：q 为排水模数，$m^3/(s \cdot km^2)$；A 为集水面积，km^2。

计算排水模数的依据首先是设计暴雨，设计暴雨根据历年实测暴雨资料统计分析而得。确定设计暴雨后，再根据各地相关的其他实测资料，计算求得设计暴雨所产生的径流量，确定所需排除的水量。由于各地自然条件等情况不同，排水模数的计算方法不尽一致，我国北方平原地区多采用以下经验公式：

$$q = KR^m A^n \tag{8.12}$$

式中：R 为设计暴雨所产生的径流深，mm，由暴雨、径流关系推求；m 为峰量指数（反映排水模数与洪峰流量的关系）；n 为递减系数（反映排水模数与面积的关系）；K 为综合系数（反映河沟配套程度、排水沟坡比、降雨历时及流域形状等因素）。

2）平均排除法。当涝区面积较小，且区内只有分散的河网、湖泊时，一遇到暴雨，全部面积总产水量除田间和湖泊、河网等滞蓄一部分水量外，其余均需在规定的排水时间内排除，设计流量可按平均排除法确定，一般按下式计算：

$$Q = \frac{A_{水田}(P_{设计} - h_{水田}) + A_{旱荒}CP_{设计} - A_{河湖}h_{河湖}}{3.6tT} \tag{8.13}$$

式中：Q 为泵站设计排水流量，m^3/s；$A_{水田}$ 为涝区内水田面积，km^2；$A_{河湖}$ 为涝区内河网、湖泊水面面积，km^2；$A_{旱荒}$ 为涝区内旱地、道路、村庄等面积，km^2；$P_{设计}$ 为设计暴雨量，mm；T 为排水天数，d；t 为每天开机小时数，h，中小型泵站取 2～20h，大型泵站可取 24h；C 为旱荒地一次暴雨径流系数，因地而异，根据水文观测总结资料选用；$h_{水田}$ 为水田允许临时滞蓄水深，即该时期作物耐淹深度减去适宜灌水深度，一般有试验或调查总结资料可查，通常水稻取 $h_{水田} = 50～70mm$；$h_{河湖}$ 为河网、湖泊蓄涝水深，mm，视管理运用情况而定。

排水天数主要根据作物的允许耐淹时间确定。对于小排水面积常采用 1d 暴雨 2～3d 排除；对于大排水面积常采用 3d 暴雨 4～5d 排除。旱作物地区排水时间应较水田地区短。

3）调蓄演算法。以上两种方法适用于没有或不考虑河网湖泊调蓄作用的情况。当排水区内有河网、湖泊起调蓄作用时，排水流量应区别不同情况用调蓄演算法确定。

第一种情况，先排田后排湖（涝水容蓄区）。这种情况，涝区排水面积分为两部分：一部分为低田抢排区，另一部分为高田自流入湖区。由于利用河网、湖泊调蓄涝水，把高低部分面积的排水时间错开，可以大大减少提排流量和装机容量。

计算这种情况的提排流量，首先是确定自流大湖的高田面积，据此求得低田抢排面积。如果抢排要求是排水控制情况，则再根据低田抢排面积用前面的方法计算排水流量。确定抢排面积的方法和步骤如下：

a. 根据地形资料绘制排水区内地面高程-面积曲线（$H - A$）及内湖水位-容积曲线（$H - V$）。

b. 根据 $H - V$ 曲线和设计暴雨所产生的地面径流（产水量）绘制排水区地面高程-产水量曲线（$H - W$）。

c. 将 $H - V$ 和 $H - W$ 绘在同一张图上，两曲线的交点即为内湖正常蓄涝水位。此水位以上的排水区面积（A_2）为自流入湖的高排区面积，其涝水量恰好等于内湖的调蓄容积；此水位以下的排水区面积（A_1）即为所求的低田抢排面积（图 8.10）。

第二种情况，全部排湖（容蓄区）。这种情况是排水区内河网、湖泊蓄水容积较大，且位置较低，可以调蓄全部涝水。这时，排涝站的任务就是在规定的时间内排空调蓄容积，以满足作物生长的要求或准备存蓄下一次暴雨径流。因此，泵站排水流量取决于调蓄容积的大小及允许排水时间的长短。调蓄演算的任务主要是确定调蓄容积、排水流量与排水时间三者之间的关系。当调蓄容积大小已定时，调蓄演算的目的在于确定排水流量与排水时间。而如果给定排水时间，则排水流量也随之而定。此时应通过调蓄演算校核在排水期间内湖最高蓄水位是否会超过

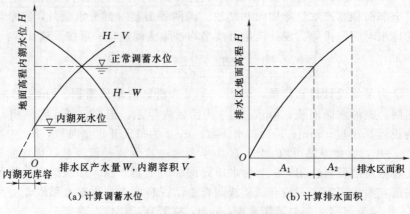

图 8.10　图解法求排水区抢排面积

允许数值；在内湖蓄水容积待定的情况下，又可以根据调蓄演算求出的内湖最高蓄水位确定合理的内湖调蓄容积和蓄涝堤顶高程。

解决以上排水计算有图解法和列表法两种，其原理相同，兹将图解法介绍如下：

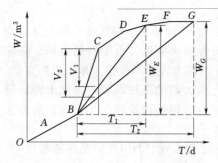

图 8.11　确定排湖流量图解计算图

　　a. 根据排水标准所确定的设计暴雨，求排水区内逐日产水量累计值 W_1、W_2…

　　b. 以产水量为纵坐标，以时间（d）为横坐标作排水区产水量累积曲线 $W - T$（图8.11）。

　　c. 根据产水量情况确定全力提排的时间起点，如图中与降雨开始后第二天相应的 B 点。在 B 点之前，产水量不大，不构成控制排水能力。

　　d. 选定排空内湖的时间 T_1、T_2 等，从时末坐标引垂线交累积曲线于一定点（E、G 等），并从 B 点开始做出排水能力的几种方案。

　　由图 8.11 可以看出，射线 BE、BG 的斜率分别为 W_E/T_1 和 W_G/T_2，显然这是两种方案的排水流量，射线 BE 和 BG 也就是两种方案的排水量累积曲线，其中方案 1（BE 线）排水时间短，方案 2（BG 线）排水时间长。

　　参考图 8.11，显然产水量曲线和排水量曲线纵坐标的差值即为需要调蓄的水量。就所举两种排水方案，最大调蓄水量出现在暴雨后第三天，分别为 V_1 和 V_2。有了最大调蓄水量，在排水区内实际调蓄能力已知的情况下，则可以据此校核最高蓄水位是否超过允许数值，从而校核所选排水方案是否合理，其合理排水方案的排水流量即为排水区排水设计流量。

　　值得指出的是，调蓄演算法可用于合理确定排水设计流量，即合理确定泵站装机容量，对于已有排水泵站，有可利用的调蓄容积时，通过调蓄演算，合理确定开机台数，或根据泵动力特性，合理确定运行方式，以实现经济运行。

4. 水位和排水扬程确定

（1）水位。排水站的内水位一般有最高内水位、最高运行内水位、设计内水位、最低运行内水位等，其中最低运行内水位与最高运行内水位又分别称起排水位与停排水位。外水位一般有防洪水位、最高运行外水位、设计外水位、最低运行外水位等，其在泵站设计中的作用与灌溉泵站各水位的作用相似，各水位确定方法如表 8.4 所列。

表 8.4　　　　排水泵站内、外水位确定方法

特征水位	出 水 池	进 水 池
防洪水位	根据《泵站设计标准》（GB 50265—2022）确定	
最高水位		取排水区建成后重现期 10～20 年一遇的内涝水位
设计水位	取承泄区重现期 5～10 年一遇洪水的 3～5d 平均水位；当承泄区为感潮河段时，取重现期 5～10 年一遇的 3～5d 平均潮水位	取由排水区设计排水水位推算到站前的水位；对有集中调蓄区或内排站联合运行的泵站，取由调蓄区设计水位或内排站出水池设计水位推算到站前的水位
最高运行水位	当承泄区水位变化幅度较小，水泵在设计洪水位能正常运行时，取设计洪水位；当承泄区水位变化幅度较大时，取重现期 10～20 年一遇洪水的 3～5d 平均水位；当承泄区为感潮河段时，取重现期 10～20 年一遇的 3～5d 平均潮水位	取按排水区允许最高涝水位的要求推算到站前的水位；对有集中调蓄区或内排站联合运行的泵站，取由调蓄区最高调蓄水位或内排站出水池最高运行水位推算到站前的水位
最低运行水位	取承泄区历年排水期最低水位或最低潮水位的平均值	取按降低地下水埋深或调蓄区允许最低水位的要求推算到站前的水位
平均水位	取承泄区排水期多年日平均水位或多年日平均潮水位	取与设计水位相同的水位

（2）排水扬程。已知内、外水位，则可根据机遇组合得各种排水扬程：

$$设计扬程＝设计外水位－设计内水位$$

如果最高运行外水位与最低运行内水位有相遇的可能，则最大扬程按下式计算：

$$最大扬程＝最高运行外水位－最低运行内水位$$

如果最高运行外水位与最低运行内水位无相遇的可能性，则应根据内外水位组合的可能性计算扬程，以其中较大者作为采用的最大扬程，譬如根据下述两种水位组合计算出扬程，取较大值：

$$最大扬程＝最高外水位－设计内水位$$

或　　　　　　　$$最大扬程＝设计外水位－最低运行内水位$$

最低扬程同样应根据内外水位组合的可能性计算，譬如用进水池最高运行外

水位与出水池最低运行内水位组合计算的扬程。

8.2　城市水泵站规划

8.2.1　城市给水泵站规划

规划的一般原则如下：①城市给水工程规划时应能保证供应所需的水量，符合用户对水质、水压的要求，当消防或应急时能供应必要的用水；②正确处理城镇、工业、农业用水的关系，合理安排水资源；③节约用地，节约能耗，少占农田。

1. 给水泵站的分类

按照泵站在给水系统中所起作用，给水泵站可分为一级泵站、二级泵站、加压泵站和循环泵站。一级泵站（图8.12）直接从水源取水，并将水输送到净水构筑物，或者直接输送到配水管网、水塔、水池等构筑物中。二级泵站通常设在净水厂内，自清水池中取净化了的水，加压后通过管网向用户供水。加压泵站（图8.13）用于提高输水管中的水压，自调节水池中吸水向用户供水。加压泵站通常用于地形高差太大，或供水距离过远，而将供水管网设置成分区或分压给水系统。循环泵站是将处理过的生产排水抽升后，再输入车间重复利用。

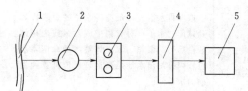

图8.12　一级泵站布置示意图
1—水源；2—进水井；3—泵房；
4—闸阀井；5—净化场

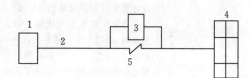

图8.13　加压泵站布置示意图
1—二级泵房；2—配水管；3—加压
泵房；4—管网；5—逆止阀

2. 用水量的估算

城市用水量的规划涉及未来发展的诸多因素和条件，有的因素属于地区的自然条件，如水资源条件；有的因素属于人为的，如国家的建设方针、政策，居民生活水平和经济发展状况。目前常用的规划方法有经验预测法、统计分析法和规划估算法。其中，规划估算法的步骤如下：

（1）按城市规划人口数和近期生活用水量标准计算居民生活用水量。

（2）工业用水量一般可采用单位产品耗水量法、单位产值耗水量法、用水量增长率法进行估算。用水量大的工厂应考虑自备水源和水的循环利用。水源缺乏地区估算工业用水量时应当留有一定的余地。

（3）市政用水量可按上两项总和的百分数估算。百分数大小可按地区情况而定，一般为3%～5%。

（4）未预见用水量按前三项总和的百分数计算，一般取10%～20%。

（5）水厂自用水量一般取上述水量总和的5%～10%。

8.2.2 城市排水泵站规划

1. 城市排污水泵站

确定城市污水量是合理进行城市排水系统规划的前提，也是进行设计的关键。不同的规划阶段对城市污水量的计算精度的要求不同。在总体规划阶段，要求估算出排水区域内主干管和干管的污水流量，从而确定大致管径，确定泵站规模；在详细规划阶段，要求较精确地计算出污水设计流量，从而为确定管径、布置管道、确定泵站的位置规模、进行投资造价估算及专业设计做准备。

城市污水量包括城市生活污水量和部分工业废水量，与城市性质、发展规模、经济生活水平、规划年限等有关。城市生活污水量由居民生活污水量、公共建筑污水量和工业企业生活污水量等组成。生活污水量的大小直接取决于生活用水量。通常生活污水量占用水量的 70%～90%。

（1）总体规划阶段的污水量估算。污水量与用水量密切相关，通常由用水量乘以污水排放系数（又称排供比）获得。总体规划阶段的污水量可根据用水量预测结果进行估算。预测居民生活用水量、公共建筑用水量及工业用水量等，分别乘以相应的污水排放系数，再进行加和。

城市居民生活和公共建筑污水的排供比一般为 0.85～0.95。工业废水量同工业用水量的关系因不同行业、产品、单位而异。《城市排水工程规划规范》（GB 50318—2017）中，按工业分类确定排供比：一类工业为 0.80～0.90；二类工业为 0.80～0.95；三类工业为 0.75～0.95。

（2）详细规划阶段的污水量计算。详细规划阶段的污水量通常采用规划期末的日最大小时的污水流量，包括居民生活污水量、公共建筑生活污水量和工业企业生活污水量，应当分别进行计算。

1）居民生活污水量。居民生活污水量等于平均日生活污水量乘以生活污水量总变化系数 K_z。这里平均日生活污水量可按下式计算：

$$Q_0 = \frac{qN}{24 \times 3600}$$

式中：Q_0 为居民平均日生活污水量，L/s，根据《室外排水设计标准》（GB 50014—2021）选取；q 为居民生活污水量标准，L/(人·d)；N 为规划设计人口数，人。

生活污水量总变化系数随污水流量的大小而不同。污水流量越大，其变化幅度越小，变化系数越小；反之则变化系数越大。生活污水量总变化系数一般按表8.5采用。

表 8.5　　　　　　　　　　　　生活污水量总变化系数

污水平均日流量 /(L/s)	5	15	40	70	100	200	500	1000	≥1500
K_z	2.3	2.0	1.8	1.7	1.6	1.5	1.4	1.3	1.2

2）公共建筑生活污水量。公共建筑生活污水指标由各地公共建筑用水量定额乘以相应的污水排放率获得。再根据规划人口数、用地面积或建筑面积求得公共建筑生活污水总量。

3）工业企业生活污水量。工业企业的生活污水主要来自食堂、浴室、厕所等。其污水量与工业企业的性质、脏污程度、卫生要求等因素有关。工业企业职工的生活污水量标准应根据车间性质确定，一般采用 25～35L/（人·班），时变化系数为 2.5～3.0。淋浴污水量标准按淋浴用水量确定。淋浴污水在每班下班后 1h 均匀排出。

工业废水量可按生产设备的数量和每一设备每日废水排放量计算。在规划时，若无工业企业提供的资料，可参照附近条件类似的工业企业的废水量确定。

2. 城市排雨水泵站

城市降雨量相对集中，短时间暴雨强度较大，若不及时排除，会造成灾害。当城市雨水不能自流排除时需设置雨水泵站。在进行城市排水规划时，除了建立完善的雨水管道系统外，应对整个水系进行统筹规划，采取"拦、蓄、分、泄"等措施，实现雨洪的综合治理和雨水利用。

城市雨水系统规划的主要内容为：①选定当地暴雨强度公式；②确定排水流域与排水方式，进行雨水管渠的定线；③确定雨水泵房、雨水调节池、雨水排放口的位置；④确定设计流量计算方法；⑤进行雨水管渠水力计算。

雨水流量是根据当地降雨强度、径流系数、汇水面积，通过计算确定的。径流系数可根据表 8.6 计算。

应当注意：随着城市化进程的加快，径流系数增加也较快，特别是城市近郊区的开发使城市不透水面积增加。规划时，应考虑远期发展的可能，选用合适的径流系数。径流系数还可参考城市综合径流系数。我国部分城市所采用的重现期、地面集水时间 t_1 和综合径流系数见表 8.7。

表 8.6　单一覆盖的径流系数

覆 盖 种 类	径流系数
各种屋面、混凝土和沥青路面	0.90
大块石铺砌路面、沥青表面处理的碎石路面	0.60
级配碎石路面	0.45
干砌砖石和碎石路面	0.40
非铺砌土路面	0.30
绿地和草地	0.15

表 8.7　我国部分城市所采用的重现期、地面集水时间 t_1 和综合径流系数

城市	重现期/年	地面集水时间 t_1/s	综合径流系数 ψ
上海	0.5～1	5～15	0.5～0.6，最大 0.8
南京	0.5～1	10～15	0.5～0.7
杭州	0.33～1	5～10	<0.6
宁波	0.5～1	5～15	0.5
广州	1～2，主要地区 2～20	15～20	0.5～0.9
长沙	0.5～1	10	0～0.9
成都	1	10	0.6
天津	1	1～15	0.3～0.9
常州	1	10～15	0.55～0.6

8.3 泵站枢纽布置

8.3.1 站址选择

泵站站址应根据流域（地区）治理或城镇建设的总体规划、泵站规模、运行特点和综合利用要求，考虑地形、地质、水源或承泄区、电源、枢纽布置、对外交通、占地、拆迁、施工、管理等因素以及扩建的可能性，经技术经济比较选定。泵站站址选择时，一般考虑以下几方面要求：

（1）站址应选择在排灌区内最优的地形位置上。为减小泵站扬程，控制全灌区面积而又避免筑高大渠道，灌溉站应选择在灌区的高处。排涝站则应选择在地势低洼，能汇集排水区涝水，且靠近承泄区的地点，以便控制较大的排水面积，并使涝水迅速排出。其出口不宜设在迎溜、岸崩或淤积严重的河段。对于排灌结合的泵站，应根据有利于外水内引、内水外排，灌溉水源水质不被污染和不致引起或加重土壤盐渍化，并兼顾灌排渠系的合理布置等要求，经综合比较确定；供水泵站站址应选择在城镇、工矿区的上游，水质状况良好；梯级泵站的站址选择应符合总功率最小的原则，结合地形、地质等因素综合选定。

（2）保证取水、排水方便。选择水量充沛、水质好的河段和湖泊、水库作为水源。对于河流，无论是取水还是泄水，都应尽量选在河段顺直、河床稳定处。如遇弯曲河段，应选在坡陡、泥沙不易淤积的凹岸，并避免在有浅滩、支流汇入和分岔的河段建站。排涝站还应尽可能选择在外河水位较低的地段，以便降低排水扬程。

（3）泵站站房应尽量设置在坚实的地基上，如遇淤泥、流沙、湿陷性黄土、膨胀土等地基，应慎重研究确定基础类型和地基处理措施。

（4）泵站应尽量建在交通方便的地方，电力排灌站还应尽量靠近电源，以减少输、变电工程投资及输电损耗。

（5）站址处地形开阔，有利于泵站建筑物的布置、施工和今后可能需要的改建扩建。

（6）考虑综合利用要求，便于运行管理，充分发挥效益。

8.3.2 泵站建筑物及其枢纽布置

1. 泵站建筑物

泵站工程的建筑物主要是进水建筑物、站房和出水建筑物。进水建筑物包括前池、进水池和进水管道等。对于有引渠的灌溉泵站，引渠亦属于进水建筑物；对于建在多泥沙河流上的泵站，前池部分往往还建有沉沙池。出水建筑物包括出水管道（流道）、出水池等。泵站站房（泵房）是安装水泵、动力机及其辅助设备以及泵站附属设备的建筑物，是泵站各建筑物中的主体工程。

排水泵站和灌溉泵站的泵站建筑物类似，图 8.14、图 8.15 分别为灌溉泵站与排水泵站及其配套工程所组成的灌溉泵站枢纽、排水泵站示意图。

资源 8-1
泵站建筑物
及其枢纽
布置

(a)

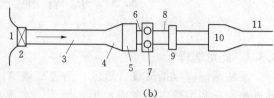

(b)

图 8.14　灌溉泵站枢纽示意图

1—水源；2—进水闸；3—引渠；4—前池；5—进水池；6—进水管；
7—泵房；8—出水管；9—镇墩；10—出水池；11—灌溉干渠

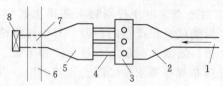

图 8.15　排水泵站枢纽示意图

1—排水干沟；2—前池；3—泵房；
4—出水管；5—出水池；6—河堤；
7—泄水涵洞；8—泄水闸

2. 枢纽布置

泵站枢纽布置对整个工程的造价以及泵站的运行管理等方面都有很大影响，究竟采用何种布置形式，都要根据排灌任务要求、地形、水系条件、原工程情况、拟选泵机组的性能和结构特点等综合考虑，以求得经济合理的方案。

泵站枢纽按建站目的不同，分灌溉泵站枢纽、排水泵站枢纽及排灌结合泵站枢纽等。不同类型的枢纽，其布置形式也不同。

（1）灌溉泵站枢纽。单纯灌溉的泵站枢纽比较简单，分有引渠和无引渠两种，有引渠灌溉泵站枢纽通常如图 8.14 所示，河中水流经进水闸通过引渠引到泵站前池，再由水泵提到出水池并送入灌溉渠道进行灌溉，在汛期不需要灌溉时将进水闸关闭。对于扬程不高而灌水区距水源较远的泵站，常将水泵的进水管直接架设在河道或水库中，这样就省去了从进水闸到前池之间的引渠，习惯上称为无引渠泵站枢纽。

（2）排水泵站枢纽。单纯排水的泵站枢纽布置形式通常如图 8.15 所示，出水池紧靠河堤，出水池的出口与泄水涵洞相连，通过水泵提到出水池的涝水经泄水涵洞泄入外河。有的不用泄水涵洞而用明渠泄水。泄水闸可起防洪作用，当外河水位高而又不需要提水排水时，泄水闸关闭。

（3）排灌结合泵站枢纽。对于既有灌溉任务，又有排水任务的排灌结合的泵站工程，配套建筑物相应较多，更要讲究合理布置。为合理布置，首先应当确定必不可少的配套建筑物及其调节运用关系。图 8.16（a）为一典型的闸站结合泵站枢纽，左为泵站，右为节制闸，闸站协调，实现灌排结合。图 8.16（b）所示的泵站枢纽布置称为"一站四闸"布置，由四座节制闸和一座泵站组成，这种布置能满足提灌、提排、自引、自排需要。提水灌溉时，开闸 1、闸 3，关闸 2、闸 4；提水排水时则相反；自流引水开闸 3、闸 4，自流补水到排水河或自流排水时开闸 1、闸 2。

（a）闸站结合的泵站枢纽

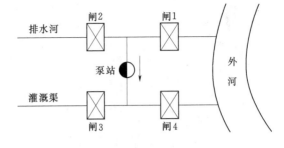

（b）"一站四闸"的布置示意图

图 8.16　灌排结合泵站枢纽布置图

　　根据枢纽功能的不同，建筑物的数量将会有所增减。确定了必不可少的配套工程数目及其关系，再结合灌排水区具体情况，即可进行排灌结合泵站枢纽的具体布置。

　　（4）双向流道多功能泵站。排灌结合泵站枢纽的布置形式很多，往往与沟渠的走向有很大关系。在大型泵站建设中，为满足自引、自排及双向提水需要，常常将流道设计成 X 形，成为立体双向抽水的双向流道闸站结合形式，如图 8.17 所示。站房下层既是进水流道，又可作为引水或排水的涵洞，上层是出水流道，进水和出水都为双向。如外河水位较低，可以打开闸门 2 和 4，内河水则可自流排入外河；若外河水位较高不能自排，则关闭闸门 1、4，打开闸门 2、3，可提排入外河。灌溉时，若外河水位较高，可开闸门 2 和 4，自引外河水灌溉；若外河水位较低，则关闭闸门 2、3，打开闸门 1、4，进行提水灌溉。这种泵站的站房直接挡水，为堤身式泵站，适用于扬程较低、内外水位变化幅度不大的场合。

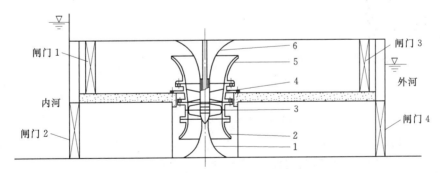

图 8.17　箱涵式双向流道闸站结合一体式泵装置剖面图

1—进口导水锥；2—吸水喇叭；3—转轮室；4—导叶体；5—出水喇叭；6—出口导水锥

　　与"一站四闸"布置形式相比，"一机组四闸门"的双向流道泵站（图 8.17）结合水闸的闸站结合布置形式占地面积小，工程投资大为节省，便于集中管理，一座泵站可以实现提灌、提排、自引和自排。但通常泵站效率较低，对流道特别是进水流道设计要求较高，否则易增加水力损失，进水流道内易产生涡带。

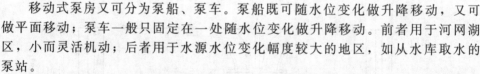

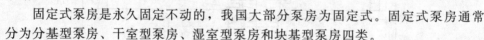

第 9 章

泵 房

泵房是整个泵站工程的核心建筑物，用以安装主机组、辅机设备、机电设备及部分管路，为机组的安装、维修、运行提供良好的工作环境。泵房必须满足：①设备安装、检修及安全运行的要求，泵房布置应尽量紧凑；②在各种工作条件下的稳定要求，各构件具有足够的强度和刚度，抗震性能良好；③通风、散热和采光要求，符合防潮、防火、防噪声等技术规定；④水下部分及输水系统应不渗不漏；⑤应注意建筑造型，简朴、实用、大方，并与环境协调。

9.1 泵房的结构型式

泵房结构型式主要与进出水水位变幅、主机组的类型和结构、地质条件等因素有关。按泵房位置变动与否可将泵房分为移动式泵房和固定式泵房两大类。

移动式泵房又可分为泵船、泵车。泵船既可随水位变化做升降移动，又可做平面移动；泵车一般只固定在一处随水位变化做升降移动。前者用于河网湖区，小而灵活机动；后者用于水源水位变化幅度较大的地区，如从水库取水的泵站。

固定式泵房是永久固定不动的，我国大部分泵房为固定式。固定式泵房通常分为分基型泵房、干室型泵房、湿室型泵房和块基型泵房四类。

资源 9-1
泵房布置
及结构
剖面

9.1.1 分基型泵房

这种泵房的房屋基础与机组的基础分开，无水下部分，如图 9.1 所示，结构简单，施工方便。由于机组基础与房屋基础分开，因此，机组运行时的振动不至于影响到整个泵房。泵房位于地面以上，通风、采光和防潮条件都较好，机组运行、检修方便。站前挡土墙可以是直立式，也可以做成斜坡，以节省工程材料，也减少水力损失，如图 9.1 中虚线所示。这类泵房适用于水源水位变幅较小、安装卧式机组的场合，是中、小型灌溉站中常采用的一种泵房结构型式。

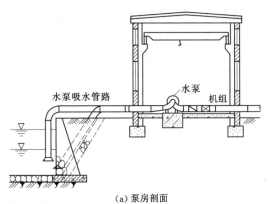

(a) 泵房剖面   (b) 泵房外形

图 9.1 分基型泵房

若水源水位变幅较大时仍然采用分基型泵房，为了防止高水位时泵房受淹，可在站前修建防洪闸进行水位调控，但此时运行会造成人为的扬程损失；或在泵房前岸坡上修建挡水墙，但须注意洪水对地基的不利影响，谨防地基渗水。

9.1.2 干室型泵房

在水源水位变幅超过一定范围时，若采用分基型泵房就不能满足低水位时水泵吸上高度的要求，在高水位时还易造成向泵房内渗水，影响泵站的安全和正常运行。为此，可将泵房底板适当降低并和侧墙用钢筋混凝土整体浇筑，形成一个不透水的泵室，这类泵房称为干室型泵房，如图 9.2 所示。

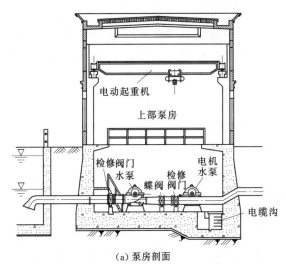

(a) 泵房剖面   (b) 泵房外形

图 9.2 干室型泵房

干室型泵房的平面形状一般为矩形，机房内布置整齐，安装、运行、检修及通风、采光条件均较好。矩形泵房形式适用于泵房埋深较小的场合。如水源水位变幅较大，使得泵房埋深较大、承受外部荷载较大时，为节省土建工程量，平面形状常采用圆形，适用于水泵台数较少的情况（一般少于 3 台）。这种泵房往往高度较高，对于卧式机组，常分为两层，下层安装水泵、动力机、管道等，为水泵层；上层安装电气设备，为电气层。对于立式机组，电动机与水泵以长轴相连，电动机安装在水泵层以上形成电机层。

9.1.3　湿室型泵房

中小型立式轴流泵和导叶式混流泵机组常采用开敞式进水池进水。进水池位于泵房的下部，水泵置于池内，形成一个具有自由水面的泵室，这类泵房称为湿室型泵房。湿室型泵房在平原、河网地区的低扬程泵站中应用最为广泛，一般分为两层，上层为电机层，下层为水泵层，结构较为简单。

湿室型泵房的水下结构有多种不同类型，最为常见的有墩墙式，此外还有排架式、圆筒式。墩墙式泵房的水下结构由底板、站墩和挡土墙围成，其四周除进水侧外，其他三面都有挡土墙，对于多台机组，中间还有站墩隔成多个进水池，每台机组有一单独集水室，如图 9.3 所示。墩墙式泵房的进水条件较好，各台机组可以单独检修，互不干扰。这种泵房因自重较大，后墙外的填土又产生较大的侧向土压力，因此，地基应力较大，要求地基有较高的承载能力。排架式、圆筒式泵房则可能是多泵共用同一进水室。

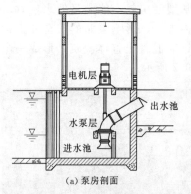
（a）泵房剖面

（b）泵房外形

图 9.3　墩墙式泵房

9.1.4　块基型泵房

大型轴流泵站或其他大型机组的进水流道与泵房底板整体浇筑，形成一块状基础结构作为整个泵房的基础，这种泵房称为块基型泵房。图 9.4 为我国最早兴建的大型泵站——江都水利枢纽第一抽水站，泵房结构型式即为块基型。

这类泵房整体性好，抗震能力强，适用于立式、卧式和贯流式各种机组。其中用于立式机组的泵房结构较为复杂，通常由下至上分为：进水流道层、水泵层、联轴层和电机层。进水流道层通常布置进水流道、廊道、空箱等，水泵层安装主水泵和供、排水设备，联轴层主要安装联轴器、电缆及油气水管路，电机层安装电动机和电气设备及其他辅助设备。

根据出水流道与泵房是否整体浇筑，块基型泵房又可分为整体式和分建式两种。整体式泵房又称堤身式泵房，站身直接挡水，适合于上下游水位差较小的场

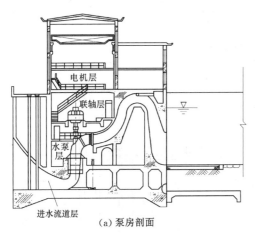

电机层

联轴层

水泵层

进水流道层

(a) 泵房剖面

(b) 泵房外形

图 9.4　块基型泵房

合。分建式泵房又称堤后式泵房，挡水建筑与站身分设，站身不直接挡水，适合于上下游水位差较大的场合。堤后式泵房的出水管路较长。图 9.5 所示为堤后式泵房纵剖面。堤身式泵房的出水管路较短，图 9.4 和图 9.6 所示都是堤身式泵房。

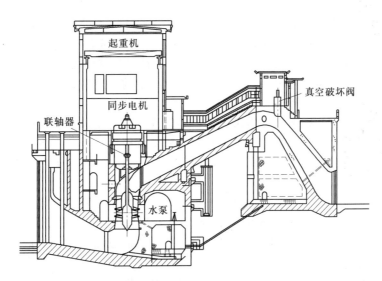

起重机

同步电机

真空破坏阀

联轴器

水泵

图 9.5　堤后式泵房剖面图

块基型泵房规模较大，结构复杂，其结构型式的影响因素较多，如主泵主机型式、进水流道形式、出水流道形式、泵房挡水作用等，设计中需认真做好方案比较工作。

9.1.5　影响泵房结构类型的因素

影响泵房结构类型的因素有：①水泵机组的形式及容量；②进出水位变幅；③站址处的地基条件。

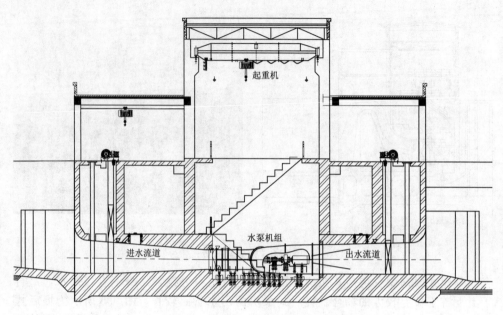

图 9.6 卧轴堤身式块基型泵房剖面图

对于安装中小型卧式水泵的泵房，因单机流量小，有效吸程大，在水源水位变幅较小时，不需要水下结构，故采用最简单和经济的分基型泵房。

随着水泵口径和水源水位变幅的加大，一方面机组基础的单位面积重量增大；另一方面，泵房要防止外水渗入，故需要将机组基础和泵房基础合建成一封闭的干室，从而形成了干室型泵房。

如果干室较深，则不利于通风、采光和防潮，同时要承受较大的浮托力和侧向压力，会使工程造价提高，这时采用立式机组可能比较合理。为了立式泵启动方便，将叶轮淹没于水下一定深度，这就使得进水池移至泵房下部，形成湿室型泵房。

当水泵流量很大时，要求进水流态更加均匀、对称，要用专门设计的进水流道来改善水泵的入流条件。同时，因机组尺寸及重量大，泵房的受力及结构复杂，对其整体性和稳定性要求较高，便将下部连同进水流道浇筑成大块整体基础，使之成为块基型泵房。

当水源水位变幅很大时，各种固定式泵房都难以适应，出于技术和经济上的考虑，采用可随水位而移动的泵船和泵车会更加有利。

9.2 泵房内部布置与尺寸确定

泵房形式确定后，需对泵房内主机组、电气设备、辅助设备、管道、检修间、门窗及过道等进行合理布置，在满足机组安装、检修、运行要求及泵房结构布置要求的前提下，泵房布置应力求紧凑、整齐、美观。

9.2.1 卧式机组泵房布置与尺寸确定

1. 泵房内部布置

（1）主机组布置。按水泵的类型及机组台数，大中型泵站主机组在机房内一般有一列式和双列式两种布置形式，如图9.7所示。

1）一列式。可分两种形式，各机组轴心线位于同一直线和机组轴线相互平行，分别如图9.7（a）、（b）所示，这种形式布置简单、整齐。前者机房横向跨度较小，双吸泵多采用这种形式，缺点是当机组台数较多时，机房长度会很长，泵站前池及进水池相对较宽；后者泵房跨度较大，但长度缩减，一般适用于单吸泵。

2）双列式。机组在机房内成两行排列，有时可布置成相互交错，如图9.7（c）所示，这种布置能充分利用机房平面。如 Sh 型水泵，因其轴可以调换方向，台数较多时常采用这种布置方式，但水泵订货时应向供应商特别说明。

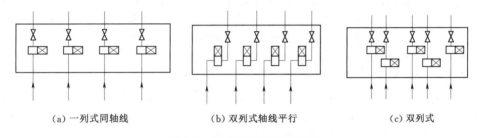

（a）一列式同轴线　　　　　（b）双列式轴线平行　　　　　（c）双列式

图9.7　卧式机组布置示意图

（2）配电设备布置。配电设备布置有集中布置和分散布置两种。分散布置即将配电柜布置在两台电动机中间靠墙的空地上，这时机房无须加宽。集中布置根据其在机房中的位置，又分为两种形式，即一端式布置和一侧式布置。

1）一端式布置，在泵房进线端建单独的配电间，如图9.8（a）所示。其优点是机房跨度小，进出水侧都可以开窗，有利于通风及采光。但是当机组台数较多时，工作人员不便监视远离配电间的机组运行情况。

2）一侧式布置，即在泵房一侧（进水侧或出水侧，一般以出水侧居多）布置配电柜，如图9.8（b）所示。其优点是有利于监视机组的运行。为了弥补使机房跨度加大的缺点，可设副厂房布置配电柜，这样不致增加整个机房跨度，比较经济。

配电柜分高压、低压两种，配电间的尺寸主要取决于配电柜的数目及其规格尺寸，以及必要的操作维修空间。若为不靠墙安装的配电柜，其柜后要留出不小于0.8m的通道，以便于检修，柜前一般都需要1.5～2.0m的操作空间。

为保持配电间干燥，配电间的地板应略

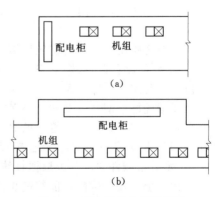

图9.8　配电设备布置示意图

高出机房地面。配电间一般都应单设一个外开的便门,以防事故之用。干室型泵房配电间地坪高程应高于挡水墙外的最高水位,以防受潮和高水威胁。

(3)检修间布置。检修间一般设在泵房靠近大门的一端,其平面尺寸要求能够放下泵房内部的最大设备或最大部件,并便于拆卸,同时还要留有空地存放工具等杂物。对于不专设吊车的泵站,机组容量较小或机组间距较大时,可原地进行检修而不必单设检修间。检修间大门尺寸的确定应保证最大设备能顺利运进或运出。

(4)交通道布置。泵房内的交通道是沿泵房长度方向布置的主要通道,便于值班人员巡视、阀门启闭及物件搬运。水泵单列布置的泵房,交通道多布置在出水侧,并高出泵房底板一定高度。双列布置的泵房,通常在两列机组间设置交通道。大中型泵站交通道宽度应不小于1.5m。

(5)充水系统布置。卧式机组的水泵中心多数高于进水池水面,需要抽真空充水启动。水泵的充水系统包括充水设备(真空泵机组)及抽气干、支管,其布置以不影响主机组检修、不增加机房面积、便于工作人员操作为原则。充水设备一般布置在主机组之间靠进水侧的空地上,抽气干管可与充水设备同侧,在高程上可沿机组基础的地面铺设,也可以支承在高于地面2.0m以上的空间,然后再用抽气支管与每台水泵相连。

(6)排水系统布置。排水系统用以排除水泵水封渗滴水及管阀漏水等。底板或泵房地面应向下游有一定倾斜,机房内设排水干、支沟。支沟一般沿机组基础布置,但应与电缆沟分开以免电缆受潮,废水沿支沟汇集到干沟中,然后可向墙外自流排出,或汇集至泵房端部的集水井中由排水泵抽排至进水池。通常前者适用于分基型泵房,后者适用于干室型泵房。

(7)通风布置。由于电动机、电气设备的运行以及阳光辐射会散发出大量的热量,尤其在夏日排灌季节,可能造成很高的室内温度,这不仅影响工作人员的身体健康,也会加剧电机绝缘老化,降低电动机效率。实测资料表明,当电动机周围温度达到50℃时,则功率要降低25%,因此必须充分重视机房内的通风设计。

分基型泵站泵房主要是通过合理布置门窗实现风压或热压自然通风,干室型泵房有时需采用机械强迫通风。

2. 泵房尺寸确定

(1)机房跨度。机房跨度应根据泵体的大小,进、出水管道及其阀件的长度,安装检修及操作管理所必需的空间确定,并考虑进出水侧所布置的走道宽度要求,其跨度也应与定型的屋架跨度或吊车跨度相适应。

为了避免漏气漏水以及便于拆装,泵房内外的进、出水管道通常都采用金属管法兰连接。由于进、出水管道的直径一般比水泵进口及出口的直径大,所以在水泵进口处需安装一个偏心渐缩接管,出口处需安装一个同心渐扩接管,见图9.9。出水管道阀件的位置可根据具体情况确定。逆止阀的位置,分基型泵房通常置于室内,但为便于检修,前装逆止阀后装闸阀。为了方便闸阀的拆卸,闸阀后往往接一短管。此外,为了避免阀件重量传给水泵或其他设备,阀件下均设支墩支承。

（2）机房长度。机房长度主要根据机组及机组基础的长度，以及机组间的间距确定。机组间的间距根据机组大小、电机的电压等级及操作维护等要求而定，可按表 9.1 选取。机组基础长 L'，加上净空尺寸 b 为机组中心距 L，L 值应等于每台水泵要求的进水池宽度与池中隔墩厚度之和，如图 9.10 所示。

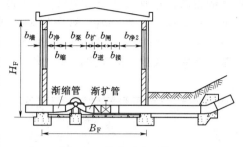

图 9.9　机房跨度计算图

机组中心距也就是机房的柱距，在有配电间或检修间的机房中，配电间或检修间的柱距可与机组间的柱距相同，或根据设计需要确定。

表 9.1　　　　　　　　泵 房 内 部 设 备 间 距 表

流量/(m³/s)	<0.5	0.5~1.5	>1.5
设备顶端与墙的间距/cm	70	100	120
设备与设备顶端的间距/cm	80~100	100~120	120~150
设备与墙的间距/cm	100	120	150
平行设备之间的间距/cm	100~120	120~150	150~200
高压或立式电动机组间的间距/cm	150	150~175	200

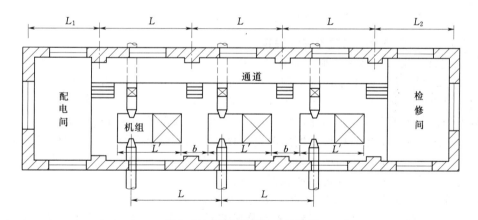

图 9.10　机房平面尺寸示意图

（3）机房高度。图 9.11 中 H 即为机房高度，它是指机房地面与屋面大梁下缘之间的距离。分基型泵房由于机组小、重量轻，故通常不专设吊车，此时机房高度可根据水泵大小选取，一般不小于 3.5m。设有吊车的机房，其高度应满足吊车能从汽车的车厢中吊起最大设备，并能在已安装好的设备上空自由通行。机房高度 H 可按下式计算：

$$H = h_1 + h_2 + h_3 + h_4 + h_5 + h_6 \qquad (9.1)$$

式中：h_1 为车厢板离地面的高度；h_2 为垫块高，或吊起物底部与泵房进口处室内地坪的距离，一般不小于 0.2m；h_3 为最高设备高度；h_4 为起重绳索的捆扎垂直长度，对于水泵为 $0.85b_0$，对于电动机为 $1.2b_0$，b_0 为水泵长度或电动机宽度；h_5 为吊钩极限高度；h_6 为单轨吊车梁高度，如采用桥式吊车，则为吊车高度与吊车顶至屋面大梁间的净空高度之和。

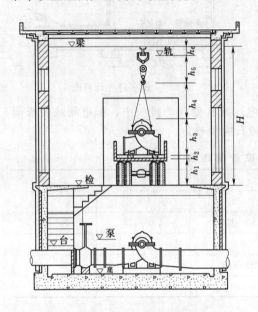

图 9.11　机房高度计算图　　　　图 9.12　湿室型泵房各部位高程示意图

9.2.2 立式机组泵房布置与尺寸确定

1. 中小型立式机组泵房内部布置与尺寸

中小型立式机组多采用湿室型泵房，布置较为简单，主机组一般为一列式布置，机组间距主要取决于下层进水池的进水要求。根据湿室型泵房的特点，机房以下的设备须垂直吊运，因此，机房楼板上须注意开设吊物孔或做活动楼板。

机组一列式布置时机房宽度的确定与分基型泵房要求类似。对于墩墙式泵房，往往在隔墩上留有检修门槽，为起吊闸门，上部须设临时便桥，为此，机房宽度加上必要的便桥宽度应与进水池长度对应。

泵房各部高程（图 9.12）的计算说明如下。

（1）叶轮中心高程 $\nabla_{轮}$。该高程是泵房剖面设计中首先需要确定的高程，由水泵的汽蚀性能和最低运行水位 $\nabla_{低}$ 确定：

$$\nabla_{轮} = \nabla_{低} - h_3 \qquad (9.2)$$

式中：h_3 为水泵叶轮中心淹没深度。

（2）水泵吸水喇叭管管口高程 $\nabla_{进}$。$\nabla_{进}$ 取决于进口最低运行水位 $\nabla_{低}$ 及水泵尺寸，可得

$$\nabla_{进} = \nabla_{低} - h_2 - h_3 \qquad (9.3)$$

式中：h_2 为喇叭口至叶轮中心线高度。

（3）底板高程 $\nabla_{底}$。$\nabla_{进}$ 确定后，底板的高程取决于管口悬空高度 h_1，可得

$$\nabla_{底} = \nabla_{进} - h_1 \tag{9.4}$$

（4）电机层楼板高程$\nabla_{机}$。电机层楼板高程一般按进口最高水位$\nabla_{高}$加上安全超高δ确定，可得

$$\nabla_{机} = \nabla_{高} + \delta \tag{9.5}$$

δ可以取$0.5 \sim 1.0$m。

电机层楼板高程的确定还应与电动机和水泵连接所需要的中间轴的长度相应，同时，为防止地面雨水进入机房，楼板应高于室外地面。

（5）机房屋面大梁下缘高程$\nabla_{梁}$。屋面大梁的下缘至机房楼板的垂直距离即为机房的高度H，其高度应满足起吊最大部件的要求。对于立式机组，应考虑可以进行电动机转子抽芯和水泵的抽轴。

2. 大型立式机组泵房内部布置与尺寸

大型立式机组一般采用块基型泵房，一列式布置，泵房层数较多，结构复杂，影响布置的因素亦多。

（1）泵房各部高程的确定。图9.13为大型立式机组泵房各部位高程示意图。由图9.13可见，整个泵房由下至上分为四层：进水流道层、水泵层、联轴层、电机层。如前所述，水泵安装高程由进口最低运行水位和水泵的汽蚀性能决定。进水流道底部高程$\nabla_{底}$根据进水流道的水力设计要求确定，叶轮中心高程减去进水流道高度即得。水泵层地面高程$\nabla_{泵}$的确定需先根据水泵结构确定泵底座高程$\nabla_{座}$（泵叶轮室通过短锥管安装在泵底座上），再考虑土建结构，如果挡

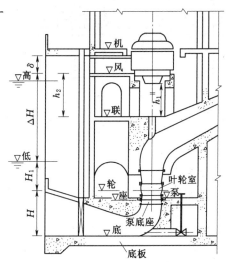

图9.13　大型立式机组泵房
各部位高程示意图

水前墙处流道顶板能满足结构强度要求，则可以$\nabla_{座}$作为$\nabla_{泵}$；如果流道顶板不能满足要求，则可抬高泵底座四周高程，并以此作为水泵层地面高程$\nabla_{泵}$。站房内联轴层除安装连接水泵和电动机的联轴器外，也是水泵出轴、安装密封填料的空间层，同时，油、气、水管及电缆等也布置于此。为了便于检修填料函，拆装联轴器，检修电动机下部结构以及拆装油、气、水管道和阀件，一般联轴层与水泵填料函部位大致同高；对于采用泵井结构，则联轴层多与上盖法兰同高；也有的联轴层地面稍低于填料函部位，这样联轴层净空高度可大些。

电机层地面高程$\nabla_{机}$根据联轴器位置高程和电动机轴伸长度确定。同时，为便于布置主机通风，电机层地板以下往往要布置排风道，故确定电机层高程时应注意以下要求：①排风道出口高程$\nabla_{风}$高于进口最高水位；②联轴层净空高度（$h_2 = \nabla_{风} - \nabla_{联}$）范围内必须开门做通道，以利巡视、检查，并与开有吊物孔的机组位置连通，以利安装、检修，一般h_2不小于2.5m；③对电机下部的净空高度h_1也有一定要求，如果此处兼做巡视通道，则h_1不得小于2m，如不做通道，

不得小于1m。

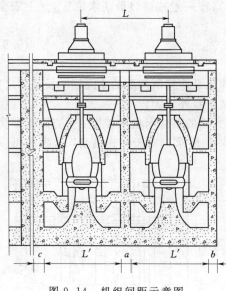

图9.14　机组间距示意图

（2）泵房主要平面尺寸的确定。泵房内除主机、主泵外，还要根据使用方便、整齐紧凑的要求，把电气设备以及油、气、水辅助设备布置在上述各层的适当部位，因此，泵房各层尺寸有些与主机组有关，而有些又与各层设备及其布置直接有关。

1）机组中心距。图9.14为机组间距示意图，由图可得，机组中心距为

$$L = L' + a \qquad (9.6)$$

式中：L'为泵房站墩之间的净距，即进水流道的进口宽度；a为中墩厚度，一般为0.8～1.0m。

对于泵房底板分块浇筑、中间有缝墩的机组，如缝墩厚度为c（一般为0.6～0.8m），则式（9.6）中a须换为$2c$。

机组中心距通常受进水流道的进口宽度控制，在电机外径尺寸较大的情况下，机组中心距的确定还需保证上层电动机之间有足够的安全距离和运行操作、安装检修空间。

2）泵房长度。底板长度（垂直水流向）由进水流道的宽度及隔墩、缝墩及边墩等结构尺寸确定；上层厂房长度通常在底板长度的基础上加上检修间长度。

3）泵房宽度。泵房宽度是指顺水流方向的尺寸。下层底板宽度由进水流道长度、流道后廊道、空箱尺寸及出水流道布置等确定，空箱尺寸一般由泵房稳定要求确定；上层主机房主要布置电动机、电器设备及油压装置等，考虑到泵房内大型物件的垂直运输及工作人员巡视，还需在电机层开设吊物孔和楼梯孔，主机房宽度即由上述设备布置及交通要求而定，同时还需兼顾起吊设备的标准跨度。

9.3　泵房整体稳定分析

初步拟定泵房尺寸后，必须进行整体稳定计算，要求泵房整体在外力和内部荷载的共同作用下，不发生倾覆、滑动或浮起等破坏，满足稳定要求；否则，必须根据计算结果对泵房布置和尺寸进行修改。

泵房稳定分析和一般的水工建筑物相同，包括抗倾、抗滑、抗浮和地基稳定校核，以及地下轮廓线的设计计算等内容。稳定分析可取一个典型机组段作为计算单元，台数较少时，可直接取一块底板作为计算单元。

9.3.1 荷载组合

泵房在施工、运行、检修等不同时期所受的外部作用力、内部荷载也不同，必须选择最不利的情况进行计算校核。实践中，往往很难断定哪一种情况最危险，需要同时计算几种不同情况进行比较分析。荷载组合一般如表 9.2 所列，表中"√""—"分别表示计入和不计入。

表 9.2 荷 载 组 合 表

荷载组合	计算情况	荷 载							
		自重	静水压力	扬压力	土压力	泥沙压力	波浪压力	地震作用	其他荷载
基本组合	完建情况	√	—	—	√	—	—	—	√
	设计运用情况	√	√	√	√	√	√	—	√
特殊组合	施工情况	√	—	—	√	—	—	—	√
	检修情况	√	√	√	√	—	—	—	√
	核算运用情况	√	√	√	√	√	√	—	√
	地震情况	√	√	√	√	√	√	√	—

9.3.2 泵房稳定计算

1. 计算工况

泵房稳定计算通常需考虑以下几种情况。

（1）完建期。土建及安装工程已完成，但未拆除施工围堰，泵站前后无水。泵房主要承受建筑物自重及各种机电设备自重，还有侧向土压力、地下水压力等。

（2）正常运行期。在设计运行时，泵房进出水侧均有水，除自重外，还承受水压力、土压力、底板上部的静水压力及下部的扬压力等。

（3）检修及调相期。检修期一般在低水位时进行。根据检修方式的不同，有时抽空独立的进水池或进水流道进行逐台检修，有时需将前池、进水池水全部抽空。大型同步电动机有可能需要调相运行，此时常将进水流道内水抽空，泵空转运行。

（4）校核情况。校核情况通常指泵站遭遇校核水位及地震、止水失效等非常情况。这些情况下的外荷载变化很大，为确保工程安全，需要进行校核验算。但地震力不与校核水位组合。

2. 稳定分析

（1）抗滑稳定计算。对于修建在软土地基上的泵站，由于地基承载力较小，泵房在承受水平荷载和垂直荷载的情况下，可能发生滑动破坏。滑动包括表面滑动和深层滑动。当发生表面滑动时，采用下式进行抗滑稳定计算：

$$K_c = \frac{\sum V f}{\sum H} \geqslant [K] \tag{9.7}$$

式中：$\sum V$ 为全部垂直荷载（当有齿墙时，应包括齿墙间土体的重量）；$\sum H$ 为水平荷载；f 为底板与地基间摩擦系数；K_c 为抗滑稳定安全系数；$[K]$ 为抗滑稳定安全系数允许值，由建筑物的级别根据相关规范确定。

当泵房基础前后均设有齿墙，而齿墙又较深时，泵房将连同齿墙间的土体滑动，此时的抗滑稳定计算公式为

$$\left.\begin{array}{l} K'_c = \dfrac{\sum V f_0 + cA}{\sum H} \geqslant [K] \\[2mm] f_0 = \tan\varphi \end{array}\right\} \tag{9.8}$$

式中：f_0 为沿滑动面土壤颗粒之间的摩擦系数；φ 为土壤的内摩擦角；c 为齿墙间滑动面上土体的凝聚力，取室内试验值的 $1/3 \sim 1/5$；A 为齿墙间土体的剪切面积；K'_c 为抗滑稳定安全系数。

若计算出的 K_c 及 K'_c 值大于 $[K]$ 甚多，若非结构布置需要，说明泵房断面尺寸定得太大，可以考虑减小，以节约投资；若计算出的 K_c 及 K'_c 值小于 $[K]$，说明泵房不稳定，应采取措施，直至满足要求。调整 K_c 及 K'_c 值一般有如下措施：

1) 改变泵房结构尺寸或上部结构及设备布置，必要时改变泵房形式。

2) 加长防渗铺盖，延长渗径，以减小底板下的渗透压力。

3) 降低墙后填土高度或控制回填土料或控制地下水位，以减小水平推力。

4) 空箱内填土或填石，通过增加垂直荷重以加大抗滑力。

5) 设置钢筋混凝土阻滑板，以增加泵房抗滑稳定性。但需注意，在未加阻滑板时，泵房抗滑稳定安全系数必须在 1.0 以上。

（2）抗浮稳定计算。当泵房承受很大浮托力，有可能使泵房失稳时，应进行抗浮计算。一般计算情况为泵房刚建好，机组未安装，四周未填土，此时泵房四周达设计最高洪水位。抗浮稳定按下式计算：

$$K_f = \frac{\sum V}{V_f} \geqslant [K_f] \tag{9.9}$$

式中：$\sum V$ 为全部垂直荷载；V_f 为扬压力；$[K_f]$ 为泵房抗浮安全系数的允许值，基本荷载组合为 1.1，特殊荷载组合为 1.05。

（3）地基应力计算。泵房基础底面的边缘应力按下式确定：

$$\sigma^{max}_{min} = \frac{\sum V}{F} \pm \frac{\sum M}{W} \tag{9.10}$$

式中：$\sum V$ 为全部垂直荷载；F 为基础底板面积；$\sum M$ 为全部荷载对底板中心的力矩和；W 为底板截面（底面）的抗弯模量。

计算出的最大地基应力必须小于地基容许应力，即地基容许承载力，最小地基应力必须大于零，即不出现拉应力。

为了不致产生过大的不均匀沉陷，地基应力的不均匀系数不能太大，应在规范规定的范围内，即

$$K = \frac{\sigma_{max}}{\sigma_{min}} \leqslant [K] \tag{9.11}$$

当地基应力不满足要求时，可以调整局部布置或采取适当措施以达到稳定要求。

3. 地下轮廓线设计

与其他水工建筑物一样，防渗设计是泵站设计中的一项重要内容。渗透破坏通常有两种形式，黏土地基为流土，砂性地基为管涌。为了防止地基的渗透变形，除要求选择好泵房地下轮廓线外，还必须认真做好防渗和排水设施，以确保建筑物安全。

首先，可按勃来法或莱因法确定最小渗径长度 L，该值必须大于等于规定值，即

$$L \geqslant \Delta HC \qquad (9.12)$$

式中：ΔH 为上下游最大水头差；C 为勃来系数或莱因系数。

当实际渗径长度不足时，通常根据地基土质情况在上游增设防渗铺盖，增加水平渗径长度；或通过在底板下设齿墙、板桩增加垂直渗径长度。

9.4 泵房主要构件及计算

泵房的主要构件包括屋盖、墙体、门窗和吊车梁等。屋盖是由屋面与支撑结构两部分组成的，屋面起维护作用，支撑屋面积垢，并将荷载传递至墙身或柱上。

泵房常用的屋盖有斜屋盖与平屋盖两种，选型应根据设计要求、施工使用条件，并按照就地取材等原则考虑。屋盖、墙体和门窗的设计可参照房屋建筑有关资料。泵房的变形缝包括沉降缝、伸缩缝，设置应符合有关规范的规定要求。

吊车梁是大中型泵房的重要构件之一，它主要是承受吊车在启动、运输、制动时产生的各种移动荷载。泵房吊车起重吨位不大，且极少在最大荷载下工作，使用又不频繁，为轻级工作制。设计吊车梁时必须考虑这些特点，依据《混凝土结构设计规范（2015 年版）》（GB 50010—2010）有关规定进行设计。采用钢筋混凝土单跨简支吊车梁时，可根据吊车起重吨位、吊车跨度及泵房柱距，尽可能从国家建筑构件图集中选用，可不必进行计算。

本节仅介绍部分主要构件的设计计算。

9.4.1 矩形干室型泵房的侧墙及底板

1. 侧墙荷载分析及计算

干室侧墙（指水下墙部分）承受回填土（包括地面活荷载）的主动土压力、水压力（临水面的水压力及地下水产生的渗水压力）以及上部砖墙（包括屋面系统及吊车系统及风载）传递下来的垂直力、弯矩及剪力。

干室侧墙计算简图的取法和上部砖墙的结构型式有关。当侧墙的刚度与水上墙（壁柱）的刚度比值较小（如刚度比小于 5）时，则可将两者视为一个整体，按变截面的排架进行计算；如果侧墙的刚度较大，不受上部壁柱变形的影响，可分开进行计算。

当侧墙和上部砖墙的壁柱分开计算时，应考虑下述几种不利的荷载组合：

（1）如图 9.15（a）所示，水下墙已建成并已回填土，假设地下水水位升到

设计最高内水位，上部砖墙未建。此时水下墙承受土压力及水压力作用，省略水下墙自重，按上端自由下端固支的悬臂梁计算。

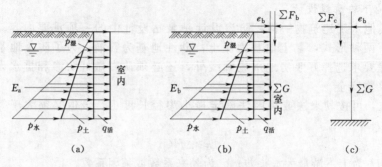

图 9.15 干湿型泵房侧墙不利荷载组合示意图

（2）如图 9.15（b）所示，泵房已建成，墙外达设计最高内水位，顶部受上部壁柱传来的偏向室内的偏心荷载及壁柱自重的作用，按偏心受压构件进行计算。

（3）如图 9.15（c）所示，泵房已建成，假设墙外无水和无土压力作用，其顶部受上部壁柱传来的偏向室外的偏心荷载及壁柱自重的作用，按偏心受压构件进行计算。

水下墙外侧直立钢筋应按（1）或（2）工况的最大弯矩及垂直力进行计算，内侧直立钢筋应按（3）工况的弯矩及垂直力进行计算。水下墙的断面尺寸由（1）（2）（3）三种工况中最大剪力来确定。

2. 底板荷载分析及计算

底板所受荷载除地基反力外还有以下几种：①上部砖墙（包括屋顶及吊车系统）及水下墙的自重等，通过壁柱传给底板，假定其作用线与水下墙中心线重合，不考虑垂直荷载的偏心及横向力引起的弯矩作用；②土压力、水压力及地面活荷载对水下墙底部产生的弯矩，传至底板；③泵房周围地下水对底板产生的浮力；④泵房内设备自重；⑤底板自重。

计算工况的选择、荷载分析与计算方法及计算截条的取法有关。干室型的底板可按弹性地基梁法进行静力计算。

该法将梁和地基都视为弹性体，梁受外荷载作用发生弯曲变形，地基受压产生相应沉陷，梁和地基紧密接触，它们的变形是一致的，所以按平面变形问题计算地基反力和梁的内力。这样，不作地基反力均匀分布的假设而是根据实际荷载予以计算，是待求的数值，同时，水下墙不作为底板支座处理，而是作为外荷作用于底板上。由此可见，该法克服了倒置梁法的缺点，计算结果较为精确。

取进、出水方向 1m 宽的横向截条进行计算，截条应该选择包括吊车柱和包括主机组两种情况。计算工况及荷载组合一般可采用下列两种。

（1）土建施工完毕，周围未回填土，正在进行机电安装，泵房周围达到设计最高水位。可以此计算底板负弯矩，配置底板上层钢筋 [图 9.16（a）]。

（2）运行时期，泵房外达到设计最高水位。可以此计算底板正弯矩，配置底板下层钢筋 [图 9.16（b）]。

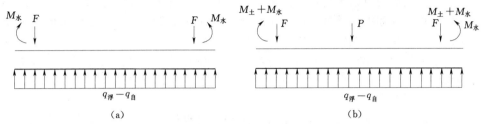

图 9.16 底板计算简图

F—上部结构传至底板的荷载；$M_水$—水压力对水下墙产生的弯矩，传至底板；

$q_浮$—底板承受的浮托力；$q_自$—底板自重；$M_土$—土压力及活荷载

对水下墙产生的弯矩，传至底板；P—主机组及其基础重

9.4.2 墩墙

从块基型泵房的结构可知，进水流道的进水口上部可视为一个空腹的箱型结构，电动机层楼板、电动机大梁，以及水泵进、出水流道均与墩（边墩、缝墩及中墩）墙（前、后墙）刚性联结。因为泵房底板的刚度比墩墙的刚度大得多，故可以认为墩墙与底板固结。

为了简化，仍按平面刚架结构进行内力分析，垂直水流方向取单宽刚架，以缝墩为界视为一个计算单元，计算简图如图 9.17 所示。

刚架在岸墩回填土压力作用下产生侧向移动，因自重所引起的内力比土压力所引起的内力小得多，故略而不计。采用反弯点法进行刚架的内力计算，基本假定如下：

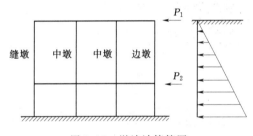

图 9.17 墩墙计算简图

（1）水平土压力荷载可化为集中荷载作用于节点上，如 P_1、P_2。

（2）上层刚架的反弯点（即弯矩为零点）在各墩高度的中点，下层刚架的反弯点在各墩高度的 2/3 处，从而定出各墩的剪力作用点。

（3）按各墩的相对刚度 i 进行剪力分配，并计算剪力。刚度 K 即 $\dfrac{EL}{l}$（E 为钢筋混凝土的弹性模量，kg/m^2），而 $J \propto h^3$（h 为墩厚），如各墩的 E 相等，则 $K \propto \dfrac{J}{l} \infty \dfrac{h^3}{l}$（$J$ 为墩墙截面惯性矩，m^4），即

$$K_岸 = \frac{h_岸^3}{l}, \quad K_缝 = \frac{h_缝^3}{l}, \quad K_中 = \frac{h_中^3}{l} \tag{9.13}$$

而分配系数

$$\left.\begin{array}{c} i = \dfrac{K}{\sum K_i} \\[2mm] \sum K_i = K_岸 + K_缝 + K_中 \end{array}\right\} \tag{9.14}$$

（4）根据剪力可以求得各墩的弯矩，据此进行配筋计算。电动机大梁前面部分的各墩可按前述方法计算，而后面部分由于各墩主要受电机大梁传来的弯矩及垂直荷载的作用，故按偏心受压柱进行配筋及内力计算。

为了通风及检修行走之便，泵房内的中墩和缝墩均开有门洞。在电机大梁传来的集中荷载作用下，门洞附近将发生应力集中，并且有可能发生剪切破坏，所以应分别予以验算。

根据高宽比，泵房前、后墙可按双向和单向板计算。前墙承受水压力，必要时考虑浪压力及壅高，其底部及两侧分别与底板及墩固结，上部可认为与电机层楼板铰支。后墙视泵房的形式不同可以是挡水墙（堤身式）或挡土墙（堤后式），作用荷载按具体情况进行考虑，其底部及两侧分别和底板及墩固结，上部与出水流道固结，属四边固支的双向板。

9.4.3　底板

泵房底板按顺水流方向可分为进水流道底板、排水廊道底板两部分，按垂直水流方向可分为中跨（指缝墩与缝墩之间机组段）、边跨（指缝墩与岸墩之间机组段）两种计算单元，由于受力条件不同，分别予以说明。

1. 进水流道底板部分

（1）中跨进水流道底板。中跨进水流道底板属于断面渐缩的厚板，两侧及后缘均为大体积混凝土，可以认为是三边固结、一边自由的等腰梯形，如图 9.18 所示。无边荷载作用，只承受纵向地基反力、水重、扬压力和自重。为了计算方便，其计算简图可简化成两边固结的单向板条（如图中阴影部分），板条位置视荷载不同而截取，通常以检修闸门为界，分闸前、闸下及闸后三部分计算，闸下部分须考虑闸门的重量。

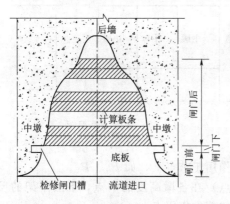

图 9.18　中跨进水流道底板计算简图

闸前、闸下部分通常取竣工、进水池最高水位、进水池最低水位等三种计算工况进行荷载组合。闸后部分除此以外，尚需考虑检修工况（即进水流道内无水而进水池为最高水位）。

比较前述各情况，选取最大的正弯矩配底板底层钢筋，最大负弯矩配底板的面层钢筋。

（2）边跨进水流道底板。荷载不仅要考虑纵向地基反力、水重、扬压力和自重，还要考虑由岸墩土压力（边载）引起的横向地基反力，以及岸墩、中墩和缝墩底部传给底板的不平衡力矩，每一个墩子的位置可以看成一个支座，可按倒置连续梁进行内力计算。

岸墩、中墩和缝墩传给底板不平衡力矩的计算见 9.4.2 节。这里仅对横向地基反力的计算加以说明。计算简图如图 9.19 所示，经分析只有竣工工况时荷载组

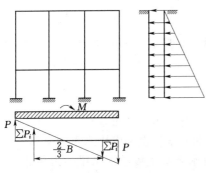

图 9.19 边跨进水流道底板计算简图

合最危险（即岸墩前面无水），故计算时仅考虑该工况。

图 9.19 中矩形荷载为考虑超载（通常可按 $4N/m^2$ 计）而产生的土压力，三角形荷载为填土高而造成的土压力。若前述两种外力对底板产生的力矩分别为 M_1 及 M_2，则总力矩 $M=M_1+M_2$，M 沿垂直于纸面方向是均匀分布的，所以可以认为它作用于底板的中心，其引起的地基反力 P 可按下式计算：

$$P=\frac{4\sum P_i}{B} \tag{9.15}$$

式中：B 为垂直水流方向的底板宽度，m。

而

$$\sum P_i=\frac{1}{2}P\frac{B}{2}=\frac{M}{2/3B} \tag{9.16}$$

式中：M 为总力矩，N·m。

将纵、横地基反力分别进行叠加并扣除底板自重，便得到作用在底板上的计算外荷载，然后可进行内力计算。

2. 排水廊道底板部分

排水廊道底板为整体结构，隔墩将其分成彼此独立的部分，根据所在部分亦可取中跨及边跨两种计算单元。

中跨廊道底板可视为四边固结的双向板或单向板进行计算，由于有沉陷缝隔开故不计边载作用，即不考虑横向地基反力，而只计纵向地基反力及自重作用。

边跨廊道底板尚需考虑横向地基反力。

假设边跨由两台机组组成，如图 9.20 所示。板上 1、2、3、4 各点所受的荷载计算如下。

从纵向地基反力分布图可得 $P_1(P_4)$ 及 $P_2(P_3)$，从横向地基反力分布图可得：$P_1(P_2)$ 及 $P_3(P_4)$，取平均值 $P_均=(P_1+P_2)/2$。

将两者叠加得 $q_1=P_1+P_均$

或 $\qquad q_1=P_4+P_均 \tag{9.17}$

$\qquad q_2=P_2+P_均$

或 $\qquad q_2=P_3+P_均 \tag{9.18}$

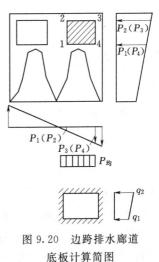

图 9.20 边跨排水廊道底板计算简图

有了作用荷载，根据四边固结的单向或双向板计算内力，并据此进行配筋计算。

需要指出的是，水下结构要求具有抗裂性，应按不允许出现裂缝或限制裂缝开展宽度的钢筋混凝土进行计算。

9.4.4 机组支承结构

1. 水泵梁

中小型立式水泵大多采用水泵梁支承。对于小型泵,水泵梁为两根单梁,中型泵可用井字梁。

水泵梁上的荷载包括:

(1) 水泵梁自重。

(2) 水泵固定部件(包括喇叭口、导叶体、弯管等)的重量。

(3) 出水弯管至后墙(或框架的搁梁)之间的水管重和管中水重的一部分。

以上(1)项为均布荷载,(2)(3)项通过水泵底座传至水泵梁,为局部均布荷载,为简便计算,可作为集中荷载考虑。计算时,一般认为上部荷载由两根水泵梁平均承受。为安全起见,可乘以荷载不均系数 1.05~1.10。

除了上述主要荷载外,抽水运行时,水流对弯管尚有一冲击力存在,冲击力分为水平力和垂直力。垂直力是向上的,设计时不考虑;水平力使水泵梁产生侧向弯曲,设计时一般也不作为计算项目,只是在水泵梁侧向适当布置一些钢筋,最后用事故停机、拍门失效而产生的最大水平冲击力对水泵梁进行双向弯曲强度校核。至于水平力传到梁顶时产生的扭转作用,其扭矩一般较小,设计时亦不加考虑。

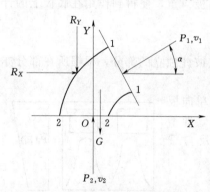

图 9.21 弯管水流脱离体图

水流对泵弯管所产生的水平推力根据动量定理计算。将水泵弯管中的水取脱离体(图 9.21),由动量定理可推得

$$R_{XP} = \rho Q_P v_P \cos\alpha + P_1 \cos\alpha \qquad (9.19a)$$

$$R_{Xn} = \rho Q_n v_n \cos\alpha + P_1 \cos\alpha \qquad (9.19b)$$

式中:R_{XP}、R_{Xn} 分别为正常运行和倒流时水泵弯管对水体的水平作用力,kN,水体对弯管的水平推力与 R_X 大小相等,方向相反;Q_P、Q_n 分别为正常运行流量和水泵倒流时流量,m^3/s,水泵倒转流量与水泵比转速、水头及管路性能有关,一般轴流泵管路不长,在额定扬程下,最大倒转流量为水泵额定流量的 1.2~1.6 倍;P_1 为水泵弯管出口水压作用力,kN,$P_1 = p_1 \frac{\pi}{4} D^2$,$p_1$ 为弯管出口处平均压强,kPa,不计弯管以上水头损失时,$p_1/(\rho g)$ 为管口中心处的静水头(出水池水位与管出口中心的高程之差)与速度水头的差值,当计及水头损失时,正常运行情况下的 p 比倒流时的数值为大;v_P、v_n 分别为正常运行和倒转时的管中流速,m/s;α 为弯管出口中心线与水平线的夹角;ρ 为水体密度,t/m^3。

水泵梁一般采用矩形截面钢筋混凝土预制构件,可按简支梁计算其内力。多机组的泵房,如果水泵梁为现场整体浇筑,也可按连续梁计算内力。

大中型水泵常采用支墩或支座作为水泵支承结构。支墩刚度很大,计算较简单。

2. 电机支承结构

（1）支承形式。根据机组大小情况，电机支承通常有梁式支承、架式支承、圆筒式支承和块状支承等几种形式，1000kW 以下立式电机常采用梁式支承，如图 9.22（a）所示。

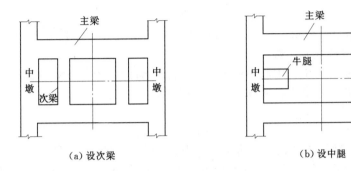

（a）设次梁　　　　　　　　　　　　（b）设中腿

图 9.22　支承水泵或电机的井字梁

电机梁一般有双梁和井字梁两种形式，由于井字梁中的次梁增加了与主梁之间的联系，因而主梁受力条件较好。对于机组稍大的场合，如 1600kW 机组，往往不用次梁而从两中墩上伸出两个牛腿，增加了电机的两个支承点，以此来改善主梁受力条件，称为纵梁牛腿式，如图 9.22（b）所示。这种形式适用于机组间距较小情况。

卧式机组则多用块状支承，即机墩，与一般动力机基础类似，为大体积块状混凝土结构，结构较为简单，刚度大，只要满足强度和稳定要求即可。

（2）荷载分析。

1）垂直荷载。垂直荷载包括静荷载和活荷载。静荷载有电动机定子重、上下机架及附件重、支承结构自重、电机层楼板传递的荷载；活荷载包括电动机转子与水泵转子重，作用在水泵叶轮上的轴向水压力（立式机组）。轴向水压力 P_w 可按下式估算：

$$P_w = \frac{\pi}{4}\rho g K (D^2 - d^2) H_{max} \quad (kN) \tag{9.20}$$

式中：D、d 分别为叶轮及轮毂直径，m；K 为系数，轴流泵可取 0.9～1.0；H_{max} 为水泵最大工作扬程，m；ρ 为水密度，t/m^3。

2）水平荷载。水平荷载主要是电动机扭矩产生的切向水平力 P_K。电动机在运行过程中，产生的电磁力矩在转子与定子间互相作用，作用于定子的力矩由定子支承环螺栓传到支承架上。电动机扭矩有正常扭矩 $M_正$ 及短路扭矩 $M_短$ 两种，分别按下式计算：

$$M_正 = 9.55\frac{N}{n} \quad (kN \cdot m) \tag{9.21}$$

$$M_短 = 9.55\frac{N}{nX_{sk}} \quad (kN \cdot m) \tag{9.22}$$

式中：N 为电动机额定功率，即输出轴功率，kW；n 为电动机额定转速，r/min；

X_{sk} 为电动机暂态电抗，取 0.18～0.33。

电动机扭矩产生的作用于电动机支承点的水平力按式（9.23）计算，方向沿该点所在圆周切线方向：

$$P_K = \frac{2M_K}{D_M m} \qquad (9.23)$$

式中：M_K 通常取 $M_K = M_{短}$；D_M 为机座固定点（螺栓）中心所在圆直径，m；m 为机座固定点（螺栓）个数。

机组转子的质心与旋转中心不一致产生的水平惯性力 P_i（kN）按式（9.24）计算，方向背离圆心，沿半径向外，作用机座螺栓上。

$$P_i = e \frac{G}{g} \omega^2 \qquad (9.24)$$

式中：e 为质心与旋转中心的偏心距，m，取决于制造和安装质量，在无厂家资料时，$n < 1500 r/min$，取 $e = 0.2～0.3mm$，$n \leqslant 750 r/min$，取 $e = 0.35～0.8mm$，其中，n 为机组转速，r/min，额定值或飞逸值；ω 为电动机旋转角速度，rad/s；G 为机组转动部分总重，kN。

由于电机支承结构是在动力荷载作用下（所谓静荷载实际上也受动力作用），除了轴向水推力以外，其余各项荷载应乘以一定的动力系数（1.3～2.0），然后作为静载考虑。考虑到静荷载与动荷载的不同影响，可将动荷载的动力系数取较大值，静荷载的动力系数取较小值。

（3）动力计算。进行动力计算时，一般需进行强迫振动频率、垂直自振频率、水平自振频率的计算及共振校核、振幅验算、动力系数验算等。

9.4.5　机组基础

水泵和电动机必须安装在牢固的机组基础上，机组基础用以承受机组重量及其运转时机器产生的振动力，所以，基础应有足够的强度和刚度。与立式机组梁柱式基础不同，卧式机组基础多为块墩式。

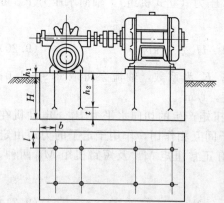

图 9.23　卧式泵机组整体墩式基础

水泵与动力机直联或齿轮转动时，必须用整体墩式基础。对于皮带传动的机组，泵和动力机分别设置单独的基础时，要考虑因皮带的拉力而使基础产生滑动和倾覆的力。在软地基上设置机墩时应注意进行地基处理。对于电动水泵机组，其墩基的重量一般应大于机组总重的 3 倍。对于内燃机水泵机组，其墩基重量应大于机组总量的 5 倍。整体墩式基础如图 9.23 所示。

基础平面尺寸的确定应满足水泵安装尺寸的要求，而且螺孔中心离基础边缘的距离 b 应不小于 20cm。为了便于安装及防止积水，基础顶面应高出主机坪 $h_1 = 10～30cm$，h_2 则根据地脚螺栓埋入长度确定，当基础采用 C10 混凝土时，末端有弯钩的螺栓的最小埋深 h_2 可参照表 9.3 确定。根据 h_1 和 h_2 即可求出基础高 H。

表 9.3   螺 栓 最 小 埋 深 表

螺栓直径/mm	<20	24~30	32~36	40~50
末端有弯钩的螺栓的最小埋深 h_2/cm	40	50	60	70~80

机组基础除受到静力作用外还受到动力作用，过大的振动不仅影响机组正常运转和运行工作环境，还会通过基础传至地基并波及相邻结构，引起地基的附加沉陷，造成房屋损坏，所以，动力基础的设计同时应满足以下几点要求。

（1）基底应力应满足地基承载力要求。实践证明，地基在动荷作用下产生振动的附加沉陷比仅承受静荷大，因此，在设计基础时应采用比单纯静荷作用时要低的地基承载力，降低的程度应按振动加速度的大小来确定，但实际上很难估计地基受动力影响的效果，通常按下式计算基础底面承载力：

$$\left.\begin{aligned} P &\leqslant \psi R \\ P &= \frac{G}{F} \end{aligned}\right\} \tag{9.25}$$

式中：P 为基础底面承载力，kPa；G 为机组和基础重力，kN；F 为基础底面积，m^2；ψ 为由于动力影响对地基承载力的折减系数，电动机组基础可采用 0.8；R 为静荷作用下地基允许承载力，kPa。

（2）基础的自振频率不可与基础的强迫振动频率（机组的旋转频率）相同，以防止共振现象。假设机组和基础的重心及作用力都通过基础底面形心并在同一条直线上，这时仅产生垂直振动。基础垂直振动的自振频率 ω_0 按下式计算：

$$\omega_0 = \sqrt{\frac{C_z F}{m}} \tag{9.26}$$

式中：ω_0 为基础自振频率，s^{-1}；F 为基础底面积，m^2；m 为机组和基础的质量，kg；C_z 为地基抗压刚度系数，N/m^2。

C_z 的物理意义是单位面积的地基土壤产生单位弹性均匀压缩变形所需的荷载。根据实测资料分析，C_z 与土壤性质和基础底面积有关，当基础底面积大于 20m^2 时，C_z 值变化不大，可视为常数；当面积在 20m^2 以下时，C_z 值与底面积立方根成反比关系。在动力基础的振动计算中，最好现场实测 C_z 值。

基础强迫振动频率 ω 与机组的转速 n 有以下关系：

$$\omega = 2\pi \frac{n}{60} = 0.105n \tag{9.27}$$

式中：ω 为基础强迫振动频率（即机组旋转角速度），s^{-1}；n 为机组转速，r/min。

如果 $\omega = \omega_0$，在理论上振幅值为无限大（即引起共振），所以在设计时应尽量避开共振区，即使 $\omega_0/\omega \leqslant 0.75$ 或 $\omega_0/\omega > 1.25$。

（3）机组运转时产生的振幅应符合规范的要求。高频率转动机组的振幅虽然考虑土的阻尼作用，但仍然会产生相当大的数值，必须进行校核。这是由于机组本身尽管有很好的静平衡，但机组转动时总会产生离心力，其大小取决于设计、制造、安装和维修等方面和因素，通常可按下式简化计算：

$$\alpha = \frac{Q_1 \omega_0}{2\lambda C_z F} \tag{9.28}$$

$$Q_1 = em\omega^2 \tag{9.29}$$

式中：α 为振幅，m；Q_1 为离心力，N；λ 为阻尼系数，s^{-1}，$\frac{2\lambda}{\omega_0}$ 值在 0.2～0.5 范围内，混凝土材料可选用 0.45；e 为机组转动质量中心与转动中心的偏差值，mm，通常不同转速时的偏差值如表 9.4 所列；m 为机组转动部分的质量，kg；其他符号意义同前。

按有关规范要求，计算的 α 值不应大于 0.15mm。

表 9.4 e 值 表

转速/(r/min)	3000	1500	≤750
e/mm	0.05	0.2	0.3～0.8

第 **10** 章

进 水 建 筑 物

泵站进水建筑物主要包括进水涵闸、引渠、前池和进水池等。进水建筑物合理的水力设计可以为水泵提供良好的进水条件,对改善水泵装置的能量性能和汽蚀性能都有很大影响。为保证泵站的安全经济运行,泵站进水建筑物除需满足一般水工设计的要求及尽可能节省土建投资外,还应满足保证进水能力、水流平顺稳定、水力损失小、避免回流及漩涡等水力设计的要求。在泵站枢纽布置及站址选择时,应充分考虑进水建筑物水力设计方面的要求。

10.1 引 渠

当泵站建于水源附近或排水区岸边确有困难时,需设置引渠。通常泵站引渠是连通水源(或排水区)与泵房的明渠,必要时也可是管道。

10.1.1 引渠的作用

(1)使泵房尽可能接近灌区(或容泄区),以减小输水渠道的长度。

(2)为保证水流平顺地进入前池创造必要的条件。

(3)避免泵房与水源直接接触,简化泵房结构,便于施工。

(4)对于从多泥沙的水源中取水的泵站,还可为沉沙提供条件。

10.1.2 引渠路线的确定

引渠路线的选择应根据选定的取水口及泵房位置,结合地形地质条件、施工条件及挖填方平衡等多方面的因素,经技术经济比较后确定。我国《泵站设计标准》(GB 50265—2022)要求:

(1)渠线应避开地质构造复杂、渗透性强和有崩塌可能的地段,渠身应坐落在挖方地基上,少占耕地。

(2)为了减少工程量,渠线宜顺直。如需设弯道,土渠弯道半径不宜小于渠道水面宽度的 5 倍,石渠及衬砌渠道弯道半径不宜小于渠道水面宽的 3 倍,弯道终点与前池进口之间应有直线段,长度不宜小于渠道水面宽度的 8 倍。

10.1.3　引渠的类型

引渠通常分为有自动调节能力和无自动调节能力两种类型（图 10.1）。有自动调节能力的引渠，其渠顶是水平的或者是逐渐升高的，故而不会因渠道中流量的变化而发生漫溢，图中 7—8 线即为自动调节渠道的堤顶线，高于最高水位线 2—4 线。1—0 线为泵站运行在设计工况点时的水位线，渠道中的水流为水深相等的均匀流。灌溉泵站常设在灌区控制高程附近，其引渠常在深挖方中，自然形成具有调节能力的渠道。图中 2—3 线为无自动调节能力引渠的堤顶线，其渠顶有一定坡降（与渠底坡降相同）。当渠中的流量小于泵站设计流量时，渠中的水位即可能超过渠顶而发生漫溢。排涝泵站和从自流渠道中引水的灌溉泵站的引渠常为无自动调节能力的引渠。1—5 线为渠中的流量大于泵站设计流量时的水位线。无自动调节能力的渠道应通过渠首控制闸来调节。

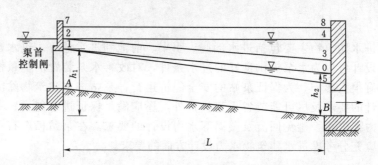

图 10.1　泵站引渠纵断面图

10.1.4　引渠设计水深的选定

泵站引渠中设计水深的选定需考虑水泵吸水管进口要求的淹没深度 h。若 h 值过大，将引起泵房挡水高度增加，增加泵房投资；若 h 值过小，又会引起前池底坡过陡，引起水泵进水条件的恶化。

水泵的运行对引渠中的流动也有影响，只有在水泵抽吸流量等于引渠设计流量时，引渠内的流动才能保证是均匀流。在不同水泵工况下，引渠内的流动也是变动的。水泵的启动和停机是最为明显的工况变动。在水泵启动时，渠内水面会出现跌落；而在水泵停机时，渠内水面则将产生壅高。水面跌落和壅高均以波的形式出现，跌落时产生逆落波，壅高时产生逆涨波（图 10.2）。在确定水泵吸水管进口要求的淹没深度时，应考虑最后一台机组启动所产生的水面降落（即逆落波）的影响；在确定渠道顶部高程时，则应考虑机组突然停机所产生的水面壅高（即逆涨波）的影响。

逆落波可按下式近似计算：

$$\Delta h_{落} = 2 \frac{Q_1 - Q_0}{B \sqrt{g h_0}} \quad (\text{m}) \tag{10.1}$$

式中：Q_0、Q_1 分别为水泵机组启动前、启动后渠内的流量，m^3/s；B 为渠中平均水面宽度，m；h_0 为水泵机组启动或停机前的渠中水深，m。

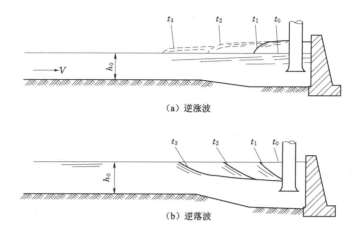

(a) 逆涨波

(b) 逆落波

图 10.2 引渠中的逆涨波和逆落波

逆涨波可按下式近似计算：

$$\Delta h_{涨} = \frac{(v_0 - v')\sqrt{h_0}}{2.76} - 0.01 h_0 \quad (m) \quad (10.2)$$

式中：v_0 为突然停机前引渠末段流速，m/s；v' 为突然停机后引渠末段流速，m/s。

实际上，对于引渠的断面比较大，前池容量较大的场合，所谓水泵启动时的逆落波和停机时的逆涨波是很小的，也就是说水泵启动和停机带来的前池水面波动对工程的影响甚微。对逆涨波可以不予考虑；对于逆落波，应注意水面波动对最小淹没深度的影响。

10.1.5 引渠（管）道与水泵的协调运行

当引渠（管）道较短时，渠道内水头损失很小，渠首、渠末水位差也很小。但是当引渠（管）道很长时，水头损失就较大。由此造成渠道末端（泵站前池）水位降低较多，可能对水泵的运行产生较大的影响。市政工程水泵站中长管道引水尤其常见。这类问题较为普遍，由此引出一个水泵和长引渠（管）道协调运行的问题。如果考虑不周，直接影响水泵吸水管口淹没深度和水泵安装高程，这就是在考虑引渠（管）道情况下如何确定水泵工况点的问题。

图 10.3 (a) 为一座有长引渠的泵装置示意图。图 10.3 (b) 为相关的各种水头（扬程）-流量曲线：

(1) 曲线 1 为泵装置性能曲线 $H_{st} - Q_p$，由泵性能曲线 $H_p - Q_p$ 减去管路损失得来。

(2) 曲线 2 为渠末水深 h_2 与泵装置流量关系曲线 $h_2 - Q_p$，泵站出水位 H_0 不变，$H_0 - H_{st} = h_2$。

(3) 曲线 3 为渠末水深与非均匀流状态下渠道流量关系曲线 $h_2 - Q_c$，渠首水位 h_1 不变。

(4) 曲线 4 为渠道均匀流水深 h_0 与均匀流状态下渠道流量关系曲线 $h_0 - Q_d$。

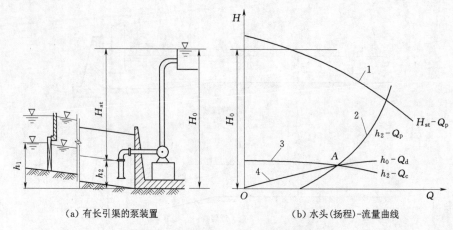

（a）有长引渠的泵装置　　　　　　　　（b）水头（扬程）-流量曲线

图 10.3　引渠（管）道与水泵的协调运行

曲线 2 和曲线 3 的交点 A 即为水泵工况点，若曲线 4 经过 A，则表明渠道内的流动为均匀流，否则为非均匀流。必须注意，若渠中水面线是下降的，应当校核渠末水深能否满足水泵运行要求，如果不能满足则应调整渠道设计。

引渠的水力设计及结构型式的设计与一般渠道基本相同，应根据地形、地质、水力、输沙能力和工程量等条件计算确定，并应满足引水流量、行水安全及渠道不冲不淤等要求。

10.2　前　　池

10.2.1　前池的作用与类型

在多机组的情况下，泵站进水池的宽度比引渠底宽大，因此需在引渠和进水池之间设置一连接段，这就是前池。其作用是为了保证水流在从引渠流向进水池的过程中能够平顺地扩散，为进水池提供良好的流态。前池与引渠及进水池的连接情况示于图 10.4 中。

前池分为正向进水前池和侧向进水前池两种基本类型（图 10.5）。正向进水前池的水流与进水池水流的方向一致，水流逐步扩散、流态平顺且形式简单，施工方便，应优先采用。侧向进水前池的水流则与进水池水流方向正交或斜交，易形成回流或漩涡，流态分布不均匀，应尽量避免采用，仅在地形条件比较狭窄、正向进水难以布置的情况下才考虑采用。

资源 10 - 2
前池

10.2.2　前池流态分析及设计要求

前池设计不当易导致不良流态，图 10.6 给出了两种前池的不良流态。前池内的不良流态将严重影响进水池内的流态，导致水泵能量性能和汽蚀性能下降，甚至引起水泵的汽蚀和振动，同时回流还会引起前池内的局部淤积，而泥沙淤积又会进一步加剧不良流态的发展。前池的水力设计要求保证水流顺畅、扩散平缓，无脱壁、回流或漩涡现象，同时还要考虑尽可能节省土建投资。

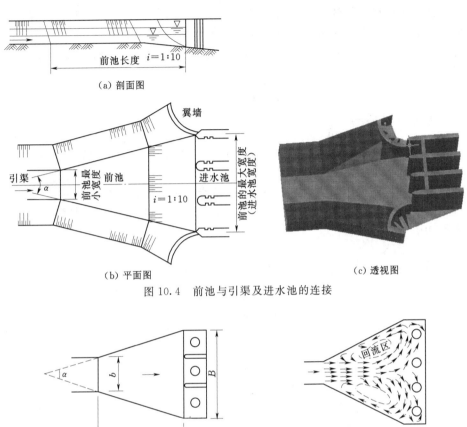

（a）剖面图

（b）平面图 （c）透视图

图 10.4 前池与引渠及进水池的连接

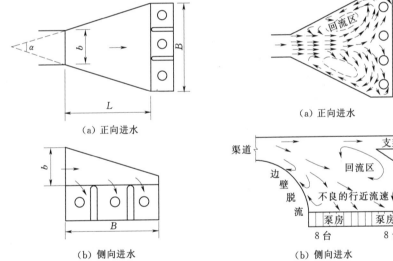

（a）正向进水

（b）侧向进水

图 10.5 前池的两种基本类型

（a）正向进水

（b）侧向进水

图 10.6 前池内的不良流态

10.2.3 前池尺寸的确定

1. 前池扩散角

正向进水前池在平面上呈梯形，其短边等于引渠末端底宽、长边等于进水池总宽（图 10.4）。前池扩散角 α 是影响前池流态及其尺寸大小的主要因素，α 过大，则前池池长短，工程量小，但水流扩散太快，极易导致回流或漩涡；α 过小，则水流扩散平缓，可得到理想的流态，但这又导致前池池长过大，工程量增大。因此，α 值必须在一合理的范围内选取。

　　水流在渐变段扩散流动时具有一种自然现象，即在流速 v、水深 h 为某一定值时，若 $\alpha/2$ 大于某一临界值，则水流会因惯性而发生脱壁现象，此临界值称为天然扩散角，又称临界扩散角，其值可根据以下半经验半理论公式进行计算：

$$\tan\frac{\alpha}{2}=0.065\frac{1}{\sqrt{Fr}}+0.107 \qquad (10.3)$$

其中，弗劳德数 $Fr=\dfrac{v}{\sqrt{gh}}$。

　　由式（10.3）可知，临界扩散角取决于 Fr，当 $Fr=1$，即水流处于急流与缓流之间的临界状态时，$\alpha=20°$。由于引渠和前池中的流动通常为缓流，$Fr<1$，故其扩散角 α 可以大于 20°。根据实际工程经验，前池扩散角的取值一般为 20°～40°。当 Fr 较大时，α 取值靠下限；当 Fr 较小时，α 取值靠上限。扩散角 α 一般不大于 40°。

　　2. 前池池长

　　前池池长可由引渠末端底宽 b、进水池总宽 B 及选定的前池扩散角 α 算得：

$$L=\frac{B-b}{2\tan\dfrac{\alpha}{2}} \quad (\text{m}) \qquad (10.4)$$

　　在前池中，由于水流速度逐渐变小，水深逐渐加深，Fr 是逐渐减小的，前池进口处的 Fr 最大、出口处的 Fr 最小。若 B 与 b 相差很大，按式（10.4）算得的池长很大，也可将前池在平面方向上做成曲线形（图 10.7），以减少工程量，其依据是：随着 Fr 的逐步减小而逐步加大扩散角 α，仍能满足临界扩散角的要求。但实际上难以做到，也极少采用。

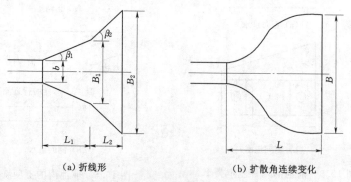

(a) 折线形　　　　　　　　(b) 扩散角连续变化

图 10.7　曲线形前池

　　3. 池底纵向坡度

　　由于水泵淹没深度的要求，进水池池底的高程一般高于引渠末端的渠底高程，因此，还需将前池池底做成斜坡，使其在立面方向上起连接作用，其坡度为

$$i=\frac{\Delta H}{L} \qquad (10.5)$$

式中：ΔH 为引渠末端渠底高程与进水池池底高程之差。

如果池长较长、计算得到的 i 较小，可将纵坡只设置在靠近进水池进口的一段长度内，而将斜坡前的池底做成水平，以便施工。根据有关试验资料，前池底坡 i 对进水流态有一定影响，图 10.8 所示为进水管进口阻力系数 ξ_λ 与前池底坡 i 的关系。由图 10.8 可以看到，前池底坡 i 越大，阻力系数 ξ_λ 越大。当 $i<0.3$ 时，阻力系数 ξ_λ 的变幅较小；当 $i>0.3$ 时，阻力系数 ξ_λ 的变幅较大。底坡 i 一般不陡于 1：4。

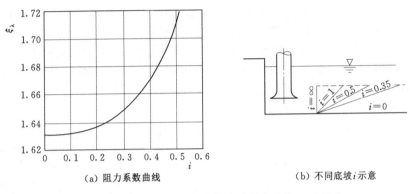

（a）阻力系数曲线   （b）不同底坡 i 示意

图 10.8   前池底坡 i 对进水管进口阻力系数 ξ_λ 的影响

4. 前池边坡系数 m 与翼墙形式

前池边坡与铅垂线夹角的正切称为边坡系数 m。m 值的选用关系到渠坡的稳定，主要根据土质条件及挖填方的深度确定，前池边坡系数 m 的具体选用应参考有关资料及工程实例。

前池翼墙有直立式、倾斜式及圆弧式等，翼墙的形式对前池流态也有一定影响。与进水池中心线成 45°夹角的直立式翼墙可获得良好的流态，并且直立式翼墙也便于施工，因而得到广泛的应用。必要时前池可采用直立边墙，对流态最有利，此时 $m=0$。

10.2.4   侧向进水的前池

在地形条件受到限制、前池无法采用正向进水布置形式的情况下，侧向进水的前池往往成为一种替代的布置形式。图 10.9 给出了 3 种侧向进水的布置方式，其中，图 10.9（a）所示为典型的锥形侧向进水前池，由于前池内的流量沿水流方向逐渐减少，其过水断面也逐渐减少；图 10.9（b）所示为曲线形侧向进水前池，流

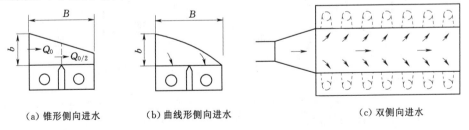

（a）锥形侧向进水   （b）曲线形侧向进水   （c）双侧向进水

图 10.9   侧向进水的前池

态较锥形侧向进水前池好一些，但施工稍麻烦；图 10.9（c）所示的双侧向进水前池适用于水泵机组台数较多，且采用锥形侧向进水前池土建投资过大的情况。

受惯性力的影响，侧向进水前池内水流很容易产生回流及漩涡，通常均需采取适当的整流措施，以改善流态。侧向进水的前池宜设分水导流设施，并应通过水工模型试验进行验证。

10.2.5　前池流态的改善

采取设置导流墩及底坎、立柱等措施可以明显改善前池内的不良流态。对于正向进水的前池，当机组全部投入运行或机组对称投入运行时，流态较好，如图 10.10（a）所示；当机组不对称运行时，池中水流偏斜，引起水流的不对称扩散，形成较大的回流区，如图 10.10（b）所示；设置隔墩可以有效地避免不对称开机所引起的回流、漩涡等不良流态，如图 10.10（c）所示。

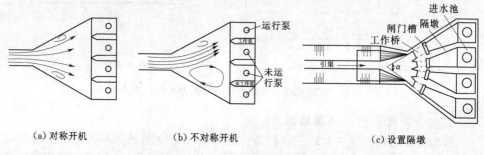

（a）对称开机　　　　　（b）不对称开机　　　　　（c）设置隔墩

图 10.10　正向进水前池流态的改善

侧向进水的前池一般均需采取适当的整流措施，图 10.11 表示在一侧向进水前池中采用立柱和底坎整流的情况。立柱的作用是使水流收缩后大体均匀地流向两侧，再扩散到边壁，对克服脱流、避免回流非常有利。底坎的作用是使过坎水

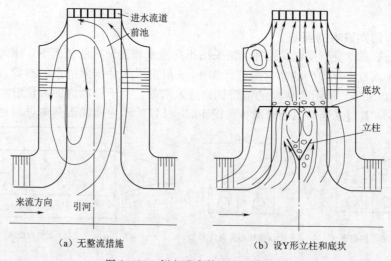

（a）无整流措施　　　　　　　　（b）设Y形立柱和底坎

图 10.11　侧向进水前池流态的改善

流形成立面旋滚，形成较强的紊动扩散，有力地破坏了边壁回流及立柱后部的漩涡，从而达到使水流流速重新分布的目的。试验结果表明，采用立柱及底坎整流后所产生的水流紊动并未对水泵的稳定运行产生影响，从整体效果看，水泵的运行条件有了很大改善。

10.3 进 水 池

10.3.1 进水池的作用与设计要求

进水池（也称开敞式进水池）是供水泵吸水管直接吸水的构筑物，具有自由水面，通常用于中小型泵站。对于轴流泵及导叶式混流泵，由于水泵叶轮室紧靠吸水喇叭管，进水池就是湿室型泵房的下层，也称为泵室。

进水池的主要作用是进一步调整从前池进入的水流，为水泵进口提供良好的进水条件。如果进水池内流速分布不均匀，甚至还有漩涡，不仅会显著降低水泵的能量性能和汽蚀性能，而且还可能导致水泵机组产生振动，无法工作。

进水池的水力设计要求合理选择进水池的结构型式，合理确定进水池的各几何参数，以保证所需的进水流态。同时，在满足流态要求的前提下，还应尽可能减少土建投资。获得良好的进水流态与减少土建投资是对矛盾，需合理地兼顾两方面的要求。

进水池进口通常设置拦污门槽，以便设置拦污栅，在水泵运行时拦截污物。进水池进口还应设置检修门槽，在水泵需要检修时，放下检修门，可抽空进水池内的水进行检修。

10.3.2 进水池的后壁形式及主要参数

进水池有多种边壁形状，应用较多的是矩形、多边形、半圆形及平面对称蜗壳形等，如图 10.12 所示。

矩形进水池的主要几何参数包括进水池宽度 B、喇叭管悬空高 C、后壁距 T、池长 L 及喇叭口淹没水深 h_s，如图 10.13 所示。图中，D 为喇叭管进口的直径，目前大都以 D 为基本参数表示进水池的各几何参数。

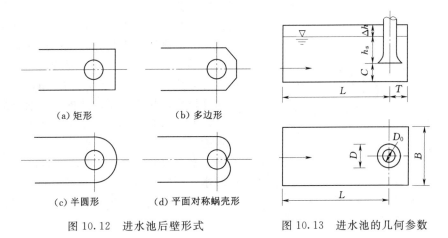

(a) 矩形　　　　　(b) 多边形

(c) 半圆形　　　　(d) 平面对称蜗壳形

图 10.12　进水池后壁形式　　　图 10.13　进水池的几何参数

10.3.3　进水池流态分析

进水池内的基本流态如图 10.14 所示，图中数字表示不同的水流粒子流动的迹线在水泵运行时，一部分水流从正面进入喇叭管，一部分水流从两侧进入，还有一部分则绕过两侧，从后面进入喇叭管。水流从四面汇集进入喇叭管，这就是进水池流动的基本特征，进水池几何尺寸的确定必须依据这一流动特征。

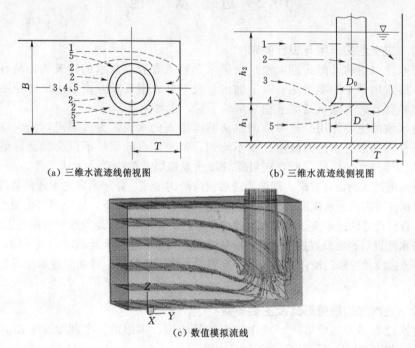

（a）三维水流迹线俯视图　　　　　（b）三维水流迹线侧视图

（c）数值模拟流线

图 10.14　进水池的基本流态

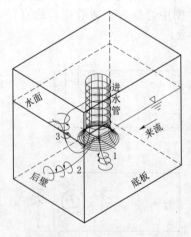

图 10.15　漩涡的类型
1—附底涡；2—附壁涡；3—水面涡

在进水池设计不当或水泵吸水管淹没深度不够的情况下，进水池可能产生漩涡。从漩涡发生的位置加以区分，可将漩涡分为附底涡、附壁涡和水面涡三种类型，如图 10.15 所示。根据水面涡的吸气情况，通常又将其分为 4 种形式，如图 10.16 所示。Ⅰ型涡：水流旋转速度较慢，仅形成较浅的漏斗，尚未将空气带入水泵。Ⅱ型涡：水流旋转速度较快，漏斗较深，已将空气断续地带入水泵，对水泵性能仅有轻微影响。Ⅲ型涡：水流旋转速度很快，漏斗已伸入吸水管，空气连续进入水泵，对水泵的运行产生严重影响。Ⅳ型涡：水流在吸水管周围急剧旋转，漩涡中心与吸水管中心一致，大量空气进入水泵，水泵机组产生剧烈振动以致无法运行。

进水池内的漩涡不同程度地影响水泵的运行，为此，除了在前池内采取设置立柱或底坎等整流措施外，还可以通过在进水池内设置隔板、导流锥等措施防止漩涡的发生（图10.17）。

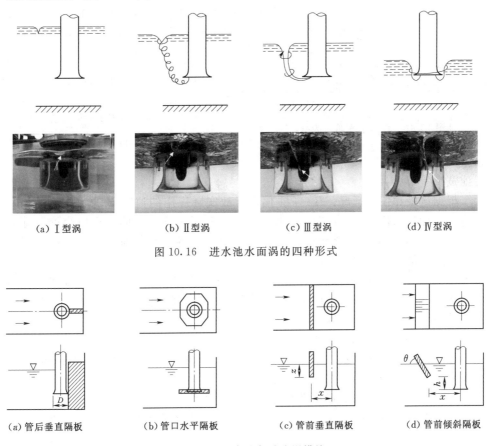

(a) Ⅰ型涡　　　(b) Ⅱ型涡　　　(c) Ⅲ型涡　　　(d) Ⅳ型涡

图 10.16　进水池水面涡的四种形式

(a) 管后垂直隔板　　(b) 管口水平隔板　　(c) 管前垂直隔板　　(d) 管前倾斜隔板

图 10.17　进水池各种防涡措施

10.3.4　进水池尺寸的确定

进水池几何尺寸的确定目前大都依赖于试验结果，由于试验条件的差异，所得试验数据常常不一致。随着计算流体动力学的迅速发展，采用数值模拟的方法研究解决进水池的水力设计问题已经很普遍。

1. 进水池宽度的确定

进水池宽度过小，会使池中流速加快、水头损失增加，增大了水流向喇叭口水平方向收敛时的流线曲率，易诱发漩涡。进水池宽度过大，不仅增加土建投资，而且降低了水池的导向作用，易在池中形成偏流、回流而产生漩涡。

根据对进水池基本流态的分析，水流是从四周进入喇叭管的，若池宽过小，势必影响一部分水流顺利地从喇叭管两侧及后部进泵，故而需要一定的池宽，但池宽不要过大，否则会增加土建投资。

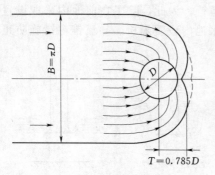

图 10.18　以进水喇叭口为
基圆的渐开线

在只有 1 台泵的进水池中，水流至喇叭口附近时，其流线逐渐向喇叭口收敛，平面流线的弯曲大体上符合以喇叭口进口为基圆的渐开线的规律（图 10.18）。渐开线任一点上的法线都是基圆上对应点的切线，其方程为

$$\left.\begin{array}{l} x = \dfrac{D}{2}(\cos\theta + \theta\sin\theta) \\[2mm] y = \dfrac{D}{2}(\sin\theta - \theta\cos\theta) \end{array}\right\} \quad (10.6)$$

当 $\theta = \pi$ 时，$x = -\dfrac{D}{2}$，$y = \dfrac{\pi D}{2}$，由此可得池宽 $B = \pi D$。

根据试验和使用情况，$B = \pi D$ 偏大，故实际应用的池宽 B 总是取 $B \leqslant \pi D$。日本有关标准（JSME）规定池宽 $B = (2\sim2.5)D$，英国流体力学协会推荐池宽 $B = (2\sim3)D$，美国有关资料推荐池宽 $B = 2D$。《泵站设计标准》（GB 50265—2022）推荐池宽 $B = 3D$。

池宽的确定，除需考虑水力条件外，还要考虑机组安装、维修的要求，一般要求 $B \geqslant 2D$。在一池多泵的情况下，为减少水泵之间的相互影响，相邻两台水泵之间的距离可适当加大，取 $(3\sim4)D$。

2. 进水池长度的确定

进水池长度指从进水池进口至吸水管中心的距离。进水池应有足够的长度，主要考虑了以下两方面的要求：

（1）对从前池进入的水流进行整流，保证水流大体均匀地向喇叭管汇集，尤其是在侧向进水的情况下，为减少前池流态对进水池的干扰，进水池长度的重要性更为突出。

（2）保证水泵启动时进水池水位平稳。对于那些进口断面较小、进口水位落差较大的集水式进水池，为避免水位急剧下降导致水泵启动困难甚至无法启动，进水池的容积必须足够大，可以用秒换水系数 K 确定，秒换水系数的含义是进水池内水体的体积与水泵流量 Q 之比。

$$K = LBh/Q \quad (\text{s}) \qquad (10.7)$$

首先确定 K 值，可从有关资料查找，然后即可计算池长：

$$L = KQ/(Bh) \quad (\text{m}) \qquad (10.8)$$

对于小型泵站（$Q < 0.5\text{m}^3/\text{s}$），可取 $K = 25\sim30\text{s}$；流量较大时，常采用 $K = 30\sim50\text{s}$。K 值过小易导致漩涡，有时可能发展成漏斗状涡。一池多泵并经常在低水位下运行时，K 值宜取得大一些。

日本（JSME）推荐 L 为 $(5\sim8)D_0$，英国（BHRA）推荐 L 为 $(4\sim6)D$，美国（水力研究所）推荐 L 为 $(3.0\sim5.3)D$，苏联的资料推荐 $L = KQ/(Bh)$，

$K=15\sim30s$。《泵站设计标准》（GB 50265—2022）推荐池长大于 $4D$，进水池的水下容积按共用该进水池水泵的 $30\sim50$ 倍设计流量确定。

进水池长度同时还必须满足以下两方面的要求：

（1）水工布置方面，便于进水侧工作桥、拦污栅门槽、检修门门槽的布置，便于泵房上部结构的合理布置。

（2）水工稳定计算方面，满足泵房的渗径长度、抗滑稳定、抗倾稳定、地基应力等方面的要求。

3. 进水池高度的确定

进水池高度由最高水位和池内水深确定。对于开敞式进水池，其顶部和前池顶部相同，应高于最高进水位一定的高度（超高）。池底高程则根据水泵叶轮中心高程和吸水管口悬空高度确定。如此，池内水深即为最高水位和池底高程之差。

4. 进水喇叭管位置的确定

（1）悬空高的确定。悬空高指吸水喇叭管进口至进水池底部的距离，其取值对喇叭管附近流态和土建投资的影响都非常显著。进水池的水流是从四周进入喇叭管的，合适的悬空高对于形成这样的流动并使水流基本均匀地进入喇叭管至关重要。悬空高过大，不仅增加了挖深和投资，而且有可能形成喇叭管的单面进水，导致水泵进口的流速和压力分布不匀，降低水泵的能量性能和汽蚀性能，甚至有时还会产生附底涡或附壁涡。悬空高过小，则压缩了喇叭管下方的圆柱面，导致流入喇叭管的水流流线过于弯曲，喇叭管进口的水力损失急剧增加，也会使水泵进口的流速、压力分布不匀，增大漩涡发生的可能性。悬空高 C 对进水流态的影响如图 10.19 所示。

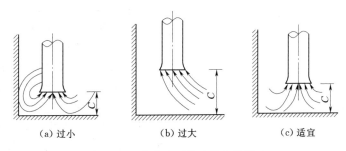

|（a）过小|（b）过大|（c）适宜|

图 10.19 悬空高对进水流态的影响

研究表明，悬空高的确定与所用喇叭管的进口直径有一定关系，较大的喇叭管进口直径所需悬空高较小，而较小的喇叭管进口直径则需较大的悬空高。

国内外对悬空高的取值做了大量研究，结果不完全一样。日本（JSME）推荐 C 为 $(0.5\sim1.0)D_0$（D_0 为吸水管或水泵叶轮直径，下同），英国（BHRA）推荐 C 为 $(0.33\sim0.5)D$，美国《泵站设计标准》（GB 50265—2022）推荐 C 为 $(0.52\sim0.59)D$，苏联的资料推荐 C 为 $(0.5\sim0.6)D$。《泵站设计标准》（GB 50265—2022）推荐悬空高 C 为 $(0.6\sim0.8)D$。综合考虑各方面的因素，建议悬空高 C 为 $(0.5\sim0.7)D$，较小的喇叭管进口直径取大值，较大的喇叭管进口直径取小值。

（2）后壁距的确定。后壁距指吸水管中心至进水池后壁的距离。通过分析进水池的基本流态可以注意到，有一部分水流是从喇叭管的后部进入喇叭管的，因此，必须留一定的后壁空间。过小的后壁距必将导致不均匀的流态和较大的喇叭管进水损失。过大的后壁距不仅是不必要的，而且还增加了水流在后壁空间的自由度，从而加大了吸气漩涡产生的可能性。研究结果表明，后壁距越大，所需的淹没水深越大。

合理的后壁距必须兼顾各方面的要求。日本（JSME）推荐后壁距 T 为 $(0.75 \sim 1.0)D_0$，英国（BHRA）推荐 T 为 $(0.6 \sim 0.75)D$，美国（HI）推荐 T 为 $(0.75 \sim 1.18)D$，苏联的资料推荐 T 为 $0.75D$。《泵站设计标准》（GB 50265—2022）推荐后壁距 T 为 $(0.8 \sim 1.0)D$，同时满足喇叭管安装的要求。

（3）喇叭口淹没水深的确定。进水池内喇叭管周围流动是复杂的三维流动（图 10.15），从平面上看，水流从喇叭管前、后及两侧即四周进入喇叭管，前面水流流线顺直，其余流线弯曲，越向后面曲率大；从立面上看，水流从喇叭口上下分别进入喇叭管，上方水流流线曲率大，下方流线曲率小，水流的三维流速梯度和压力梯度变化都很大，数值模拟的结果显示，在喇叭口边缘外侧有很多小漩涡产生。当进水池水位较低，喇叭口淹没水深较小时，进水池内过水断面积变小，水流流速加大，原来弯曲的流线曲率增加，进一步促进漩涡的形成和发展。绕过水泵吸水管的上部水流在进水池后壁处折返并向下流入喇叭口，流线曲率最大，在吸水管与进水池后壁之间的区域表层极易形成漩涡，并逐渐向下发展，变成漏斗形涡管。

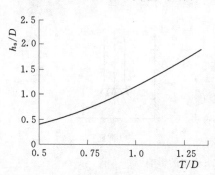

图 10.20　后壁距对临界淹深的影响

喇叭管口至水面的高度即喇叭口淹没水深，是影响水面涡形成的重要因素。随着进水池内水位逐渐下降，漩涡会发展成为连续进气的漩涡（Ⅲ型涡），空气连续进入水泵，引起水泵的强烈振动。Ⅱ型涡出现时的喇叭口淹没水深定义为临界淹没水深。为保证进水池不发生水面吸气涡，淹没水深必须大于临界淹没水深。当然，淹没水深也不能过大，以免导致水泵安装高程过低，增加进水池的挖深，进而使土建投资加大。

实际上，进水池各部分尺寸和喇叭口相对位置参数之间是互相影响、互相制约的。临界淹没水深的确定与多种因素有关，不同的进水池宽度及后壁距时，临界淹没水深也会有变化，如图 10.20 所示。进水池内流速大，尤其是吸水管下方流速较大，临界淹没水深也较大。

临界淹没深度还与喇叭管的安装方式有关。根据试验结果，水平安装的喇叭管所需的淹没深度最大。图 10.21 给出了进水喇叭管垂直、倾斜和水平安装方式下的淹没深度 h_s。

日本（JSME）推荐 h_s 为 $(1.5 \sim 1.7)D_0$，英国（BHRA）推荐 $h_s > 1.5D$，美国（HI）推荐 $h_s > 2.5Q^{0.35}$ 或 $T > 2.73D$，苏联的资料推荐 h_s 为 $(0.6 \sim 1.5)D >$

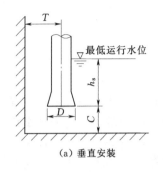
（a）垂直安装

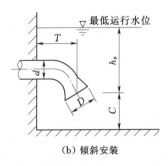
（b）倾斜安装

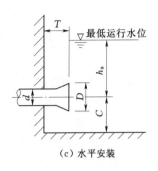
（c）水平安装

图 10.21 进水喇叭管的安装方式

1.5m。《泵站设计标准》（GB 50265—2022）推荐：①喇叭管垂直布置时，$h_s =$ $(1.0 \sim 1.25)D$；②喇叭管倾斜布置时，$h_s = (1.5 \sim 1.8)D$；③喇叭管水平布置时，$h_s = (1.8 \sim 2.0)D$。

对于立式轴流灌溉泵站，因其常在低水位下运行，h_s 可取大值；对于立式轴流排水泵站，因其常在进水位较高的情况下运行，h_s 可取小值。为保证不发生汽蚀，任何情况下，h_s 不得小于 0.5m。

5. 进水池平面形状对流态的影响

矩形进水池结构简单、施工方便，在中小型泵站得到广泛应用。矩形进水池的两角处易形成漩涡，增加了进水池的水力损失。多边形进水池在矩形进水池的基础上去掉两只角，消除两角的漩涡，平面形状更接近水流流线。半圆形进水池边壁形状与水流流线也较接近，但如果安装位置不当或淹没深度较小，易产生漩涡。平面对称蜗壳形最为符合水流流线要求，水力损失最小且不易产生漩涡，这种进水池目前较广泛应用。试验结果表明，平面对称蜗壳形进水池的水力损失系数最小，水泵装置效率最高。应优先考虑采用，矩形次之。

表 10.1 是几个主要国家对进水池几何参数的推荐数值的汇总，美国研究较为系统全面，我国《泵站设计标准》（GB 50265—2022）对进水池宽度的建议取值偏大。

表 10.1 几个主要国家对进水池几何参数推荐数值

几何参数名称	日本 （JSME）	英国 （BHRA）	美国 （HI）	中国 [《泵站设计标准》 （GB 50265—2022）]
宽度 B	$(2 \sim 2.5)D$	$(2 \sim 3)D$	$2D$	$(2.5 \sim 3)D$
悬空高 C	$(0.5 \sim 1.0)D$	$(0.33 \sim 0.5)D$	$(0.52 \sim 0.59)D$	$(0.6 \sim 0.8)D$
后壁距 T	$(0.75 \sim 1.0)D$	$(0.6 \sim 0.75)D$	$(0.75 \sim 1.18)D$	$(0.8 \sim 1.0)D$
长度 L	$(5 \sim 8)D$	$(4 \sim 6)D$	$(3.0 \sim 5.3)D$	$> 4D$
喇叭口淹没水深 h_s	$(1.5 \sim 1.7)D$	$> 1.5D$	$> 2.5Q^{0.35}$ 或 $T > 2.73D$	

10.4　进　水　流　道

10.4.1　进水流道的类型

　　大中型泵站对进水条件要求高，从泵站结构整体性和稳定性考虑，把吸水管道与泵房整体浇筑形成一个特定形状的空腔即进水的通道，习惯上称之为进水流道。进水流道有两大类型，一是肘形（弯管）进水流道，二是喇叭管进水流道。

　　所谓肘形进水流道，就是一种断面面积逐渐减小的弯管演化来的流道，按照水泵轴的安装角度可以分为立式进水流道（泵轴线与水平方向夹角为 90°）、斜式进水流道（泵轴线与水平方向夹角为 15°~60°）、卧式进水流道（泵轴线与水平方向一致，夹角为 0°）。

　　所谓喇叭管进水流道，实际上是从开敞式进水池演化而来，将开敞式进水池增加一个顶板，使无压进水变为有压进水，就成为进水流道。喇叭管进水流道按平面形状又可以分为钟形进水流道和箕形进水流道等。

　　1. 肘形进水流道

　　肘形进水流道适用于立式和斜式水泵装置，尤其在轴流泵中采用较多。立式泵装置的形状类似于水轮机尾水管，进出水的方向相反。图 10.22 和图 10.23 分别为立式肘形进水流道和斜式肘形进水流道。二者的区别在于弯管的弯曲角度不同。显然，弯曲角度小，水力损失也小，斜式肘形进水流道的水力损失相对较小。

图 10.22　立式肘形进水流道　　　　　图 10.23　斜式肘形进水流道

　　2. 喇叭管进水流道

　　喇叭管进水流道适用于立式水泵装置，多为轴流泵装置。其中钟形进水流道的应用较常见。

　　钟形进水流道（图 10.24）的形状复杂一些，以喇叭管纵剖面形状得名，通常其后壁平面形状呈 ω 形。特点是高度较小，但是宽度较大。这对于站址地质条件较差的泵站，可以减少泵站基础的挖深，有利于站身基础的处理和稳定。

　　箕形进水流道（图 10.25）适用的泵装置与钟形进水流道相近，在荷兰应用较早，也比较广泛，现在国内也有一些泵站采用。

10.4.2　进水流道内的水流形态

　　肘形进水流道内的水流形态（图 10.26）

图 10.24　钟形进水流道

与普通弯管内的水流形态相似。从弯管进口到弯管出口的水流逐渐加速，增加的速率可以不同。研究表明，平顺变化的加速速率对水力损失的影响较小。

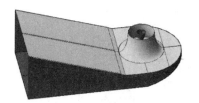

图 10.25 箕形进水流道

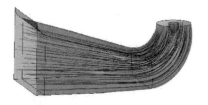

图 10.26 肘形进水流道内的水流形态

喇叭管进水流道内的水流形态实质上与进水池的喇叭管进水流态相似；所不同的是自由水面变为有压顶板，喇叭口上部空间大部分被压减，流态较为平顺。合理的后壁距有利于喇叭口四周水流的较好分布，研究表明，在 T 为 $(0.8\sim1.0)D_0$（D_0 为水泵叶轮直径）时，喇叭口前侧、后侧、左侧、右侧的流量占比分别为 38%、16%、23.5%、22.5%；在 T 为 $(0.5\sim0.6)D_0$ 时，喇叭口前侧、后侧、左侧、右侧的流量占比分别为 41%、13%、23.4%、22.6%，水流阻力增加，泵装置效率降低。

10.4.3 进水流道的型线设计

进水流道应当为水泵叶轮进口提供良好的流态（图 10.26），确保水泵稳定运行。进水流道的设计要求如下：①流道型线平顺，各断面面积沿程变化应均匀合理；②出口断面处的流速和压力应比较均匀；③流道内不应产生涡带；④进口断面处流速控制在 0.8~1.0m/s。不同形式泵装置中立式装置的进水流道设计较典型，其他形式的弯管式进水流道可以参照，这里介绍立式泵装置的进水流道设计方法。

1. 肘形进水流道

通常的肘形进水流道设计方法是控制流道的断面面积逐渐减小，出口断面与水泵进口断面面积相等并衔接，使水流的流速从流道进口的低速逐渐加大至流道出口的高速。这种仅考虑断面面积或者断面平均流速一个变量的变化的设计方法就是一维设计方法。

（1）初定流道的基本尺寸。可以参考相关文献资料中的数据初定肘形进水流道的尺寸。考虑到通用性，通常采用水泵叶轮直径 D_0 的倍数为参照尺寸，见图 10.27。

肘形进水流道的基本尺寸有 H_m、B、L、H_j、h_k、r_1，以及作图引出的 R_1、R_2、α、β、D_1、L_w、L_s 等，其定义和取值如下：H_m 为流道的名义高度，是水泵叶轮中心线至流道底部的距离，可取 $(1.5\sim1.8)D_0$；B 为流道的进口宽度，可取 $(2.0\sim2.5)D_0$；L 为流道的长度，是水泵轴线到进口断面的距离，可取 $(3.5\sim4.0)D_0$，$L=L_w+L_s$，其中，L_w 为流道弯段的长度，是点 k_t 到水泵轴线 z—z 的距离，由作图确定；L_s 为流道直段的长度，是点 k_w 到进口断面 l_1—k_1 的距离，由作图确定；H_j 为流道直段进口高度，可按照进口流速不大于 1.0m/s

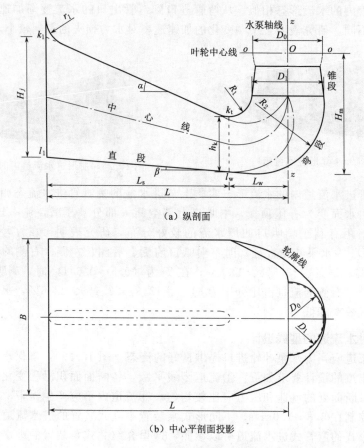

（a）纵剖面

（b）中心平剖面投影

图 10.27 肘形进水流道型线

计算得出；h_k 为流道的喉部断面（流道直段和弯段交界断面，也是高度最小的断面）高度，一般为 $(0.5\sim0.9)D_0$；r_1 为流道进口断面顶部圆弧的半径，适当修圆，可取 $(0.2\sim0.5)D_0$；R_1 为流道弯段内侧圆弧的半径，由作图确定，一般为 $(0.3\sim0.5)D_0$；R_2 为流道弯段外侧圆弧的半径，由作图确定，一般为 $(0.8\sim1.0)D_0$；α 为流道直段顶部上翘的角度，由作图确定，一般为 $15°\sim30°$；β 为流道直段底部上翘的角度，由作图确定，一般为 $0°\sim12°$；D_1 为流道出口断面直径，由水泵结构尺寸确定，常见的直锥段单边收缩角小于 $8°$，长度为 $0.4D_0$ 左右，D_1 为 $1.03D_0$ 左右。

（2）绘制纵剖面轮廓图。

1）确定坐标中心。以水泵轴线为纵坐标，水泵叶轮中心线为横坐标，其交点为坐标原点 O。如图 10.28 所示，绘制水泵叶轮中心线 o—o、水泵轴线 z—z 和水泵叶轮室前座环直锥段剖面 mm_1n_1n，根据由水泵制造商提供的泵结构尺寸绘制。座环直锥段之前部分是需要设计的进水流道。直锥段的下断面即肘形进水流道出口断面，该断面的直径为 D_m。肘形进水流道的设计应该保证流道出口与断面收缩的直锥段平顺连接，以避免水流脱离边壁，影响断面流速分布的均匀性。

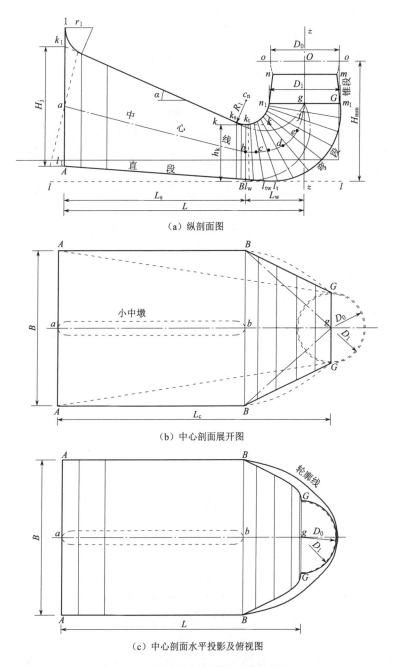

（a）纵剖面图

（b）中心剖面展开图

（c）中心剖面水平投影及俯视图

图 10.28　肘形进水流道的型线设计图

2）根据叶轮中心线 o—o 位置和所选用 H_m 的值，作流道底部水平辅助线 l—l。

3）先初步选定流道的喉部断面高度 h_k，并作水平辅助线 k—k，作圆弧线分别与 nn_1 线和 k—k 线相切于 n_1 点和 k_t 点，圆弧线段 n_1k_t 即为弯管段纵剖面的内侧型线；再作圆弧线分别与 mm_1 线和 l—l 线相切于 m_1 点和 l_t 点，圆弧段 m_1l_t 为弯管段纵剖面的外侧型线主要部分。

4）根据选定的流道长度 L 值确定进口断面的位置辅助线 1—l_1，与前池底线交于点 l_1；根据水泵设计流量 Q 和要求的流道进口流速 V_A（通常不大于 1.0 m/s）计算出进口断面（矩形）面积，再根据所选定的宽度 B 计算出流道直段进口高度 H_j，并确定上部顶点 k_1。由 k_1 点向圆弧线 n_1k_t 作切线，切点为 k_s，切线 k_1k_s 与水平线夹角为顶线的上翘角度 α，线段 $k_1k_sk_t$ 即为直段的上部型线；通过 l_1 点作圆弧 m_1l_t 线的切线，切点为 l_{tw}，切线 l_1l_{tw} 与水平线夹角为底部线的上翘角度 β，通常 α 和 β 能够满足工程要求。

由 k_t 点作水平辅助线 l—l 的垂线，交切线 l_1l_w 于 l_w 点，线段 k_tl_w 即为流道喉部断面高度线，其左侧作为流道直段，右侧则为弯段。如果底线有一定上翘，即角度 $\beta>0$，那么线段 k_tl_w 的长度比原先选择的喉部断面高度 h_k 要小，这个差值很小，不影响其满足相应的要求。线段 l_1l_w 即为直段的底部型线；线段 $l_{tw}l_t$ 与弯段圆弧段 m_1l_t 组合成的 $l_{tw}l_tm_1$ 线段为弯段纵剖面的外侧型线。

5）在弯段纵剖面图中作若干内切圆，将连接各圆心的光滑曲线 bg 作为弯段的中心线，连接流道进口断面线 k_1l_1 的中点 a 和 b 作为直段的中心线；组合曲线 ag 就是进水流道的中心线。

6）至此，肘形（弯管）进水流道的纵剖面型线图完成，流道横断面的高度尺寸已经确定，接下来是确定横断面的宽度尺寸。

7）在中心线上定出有代表性的点 a、b、$\cdots$、g，并将中心线展开，绘制中心剖面展开图。

8）作流道的平面展开图。过点 a、b、$\cdots$、g 作展开中心线的垂线，即得 A—A、B—B、$\cdots$、G—G 断面，用直线段连接喉部断面线的端点 B 和出口断面的线的端点 G，将 BG 作为展开图的平面外部型线，即选定断面宽度沿中心线为线性变化。用直线段连接喉部断面线的中心点 b 和出口断面的中心点 g，作为断面四角过渡圆的圆心连线，据此确定过渡圆的半径 r_i，并在剖面图相应断面上绘出过渡圆的圆心轨迹线。在对应的断面上作出断面图（习惯上作断面的一半，也可以是四分之一），根据平面外部型线和过渡圆的圆心连线变化是否平顺适当调整。

现在的三维绘图技术已经普及，可以直接进行三维建模，从多角度检查空间曲面是否平顺光滑，做出相应的调整至满足要求，图 10.29 所示为肘形进水流道的着色图。这为数值模拟的几何建模打下很好的基础。

9）绘制水平投影图。依据流道中心剖视图（三维剖视图）的水平投影关系作出流道的平面投影轮廓图，包括中心平剖面和流道外轮廓的水平投影图，如图 10.28（c）、图 10.29 所示。

（3）绘制各断面的面积（流速）变化曲线。计算各断面的面积，根据流量和面积得出断面平均流速，分别作出断面积和流速随流道中心线展开长度的关系曲线。检查曲线的渐变性，即断面逐渐减小，流速逐渐增大，且为单调变化，如不符合要求，应调整相关尺寸直至满足要求。

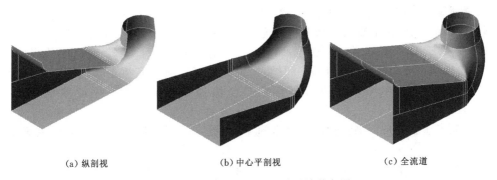

|（a）纵剖视|（b）中心平剖视|（c）全流道|

图 10.29　肘形进水流道三维设计着色图

2. 喇叭管进水流道

通常的喇叭管进水流道设计与开敞式进水池类似，不同之处在于增加了顶板，相应的尺寸参数基本相同；纵剖面顶板为折线形，可以分为进水直段和吸水室段。水泵吸水喇叭管的材料可以是金属，也可以是钢筋混凝土。

喇叭管进水流道的特征是具有进水喇叭管，以钟形进水流道为例（图 10.30），其基本尺寸有：H_m，流道的名义高度，水泵叶轮中心线至流道底部的距离，可取 $(1.2\sim1.5)D_0$；B，流道的进口宽度，取 $(2.8\sim3.0)D_0$；L，流道的长度，水泵轴线到进口断面的距离，可取 $(3.5\sim4.0)D_0$；T，流道后壁距，

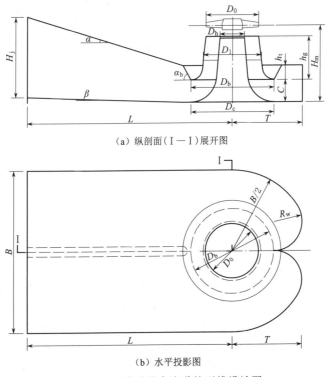

（a）纵剖面（I—I）展开图

（b）水平投影图

图 10.30　钟形进水流道的型线设计图

水泵轴线到后壁的距离，可取 $(1.2\sim1.4)D_0$；α，流道直段顶部上翘的角度，可取 $0°\sim20°$；β，流道直段底部上翘的角度，可取 $5°\sim12°$；D_b，喇叭口直径，可取 $(1.3\sim1.5)D_0$；C，喇叭口悬空高，可取 $(0.5\sim0.7)D_0$；h_g，喇叭管的高度，可取 $(0.5\sim0.6)D_0$；h_c，防涡（导流）锥的高度，流道底板至叶轮轮毂下端面的距离；h_t，喇叭管凸出高度即喇叭口至流道顶板的距离，一般取 $(0.3\sim0.5)D_0$。

应当注意的是，喇叭管进水流道的宽度不宜小于 $2.8D_0$，否则，易产生侧壁漩涡。

与肘形进水流道设计一样，在完成钟形进水流道的型线设计后，有条件的应建立三维模型（图 10.31）进行数值模拟计算，可以预测流动形态，有助于改进设计。目前三维的进水流道优化水力设计方法以水泵叶轮室进口的流速场均匀度为目标函数，通过三维紊流流动数值模拟的方法和优化平台对不同进水流道边界自动进行优化计算，选定进水流道各几何参数。这种方法较为复杂，依然需要先给出流道的几何边界，实际上是以三维流动数值模拟计算为辅助手段的设计方法。

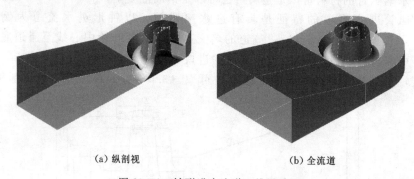

(a) 纵剖视　　　　　　　　　　　　　(b) 全流道

图 10.31　钟形进水流道三维设计图

3. 其他形式流道

斜式泵装置的进水流道与立式泵装置的方法相似；立式安装的导叶式混流泵和立式离心泵装置的进水流道均可以参照上述方法进行设计。卧式轴流泵装置的弯管式进水流道也可以参照。通常蜗壳式离心泵、混流泵吸水管较长，多采用圆形断面，设计比较简单。

贯流式泵装置进水流道是直管道，流道设计简单，但是动力机前置的装置需要注意进水流道内部的过流部件引起的水力损失。

10.4.4　进水流道主要尺寸参数推荐

大量的数值计算和模型试验数据表明，进水流道的几何参数对进水流态的影响较大，根据工程应用实践，将国内外的一些典型泵装置的进水流道主要尺寸参数列出，供设计参考。

1. 肘形进水流道主要尺寸

进水流道的名义高度是流道设计的重要参数，当叶轮中心线的高程确定以后，流道的高度决定泵房底板的高程。名义高度大，水泵进口的流态好，底板高程低，挖深大，所需的泵站土建投资也多，二者需要兼顾，水泵叶轮进口流速场均匀性达到一定要求即可。流道宽度主要取决于机组的间距，长度主要取决于泵房的纵向布置尺寸。常用的肘形进水流道主要尺寸见表 10.2。

表 10.2 常用的肘形进水流道主要尺寸

流道形式	叶轮中心高度 H_m/D_0	流道宽度 B/D_0	流道长度 L/D_0
斜式（15°～45°）	0.7～1.2	2.0～2.5	3.0～4.0
立式（90°）	1.6～1.8	2.0～2.5	3.0～4.0

2. 喇叭管进水流道主要尺寸

喇叭管进水流道适用于流道高度较小的场合，其主要控制尺寸推荐值见表 10.3。一般来说，当对工程挖深有一定限制，流道的名义高度小于 $1.5D_0$ 时，应考虑采用喇叭管进水流道。根据模型试验和工程实践，钟形进水流道的宽度必须大于 $2.8D_0$，以防止产生侧壁涡带。

表 10.3 喇叭管进水流道主要控制尺寸推荐值

流道形式	叶轮中心高度 H_m/D_0	流道宽度 B/D_0	流道长度 L/D_0（单向）	后壁距 T/D_0	喇叭管直径 D_L/D_0	喇叭管高度 H_L/D_0
钟形流道（单双向）	1.2～1.4	2.8～3.0	3.0～4.0	1.2	1.4	0.5～0.6

肘形进水流道和钟形进水流道的高宽比（H_m/B）不同，适用于不同场合。在对泵房基础挖深没有限制时，采用肘形进水流道的经济性和安全性都比较好。

第11章

出水建筑物

泵站出水建筑物主要包括出水池（或压力水箱）、出水流（管）道、输水渠道及断流设施等。合理设计泵站出水建筑物不仅可以获得良好的出水流态，最大限度地回收水泵出口的水流动能，减少对输水渠道或容泄区的冲刷，而且在很大程度上影响泵站建筑物的安全和泵站的土建投资。

11.1 出 水 池

11.1.1 出水池的作用与设计要求

出水池是连接压力管道和灌溉干渠或排水干渠（或容泄区）的衔接建筑物，如图11.1所示。出水池的位置应结合站址、管线及输水渠道的位置进行选择。

出水池的主要作用是汇集出水管道的来流，降低管口流出水流的速度，将动能转化为位能，稳定水流，使之平顺地流入出水渠道。当出水渠道不只有一条时，也起分流作用，向连接于出水池的不同渠道分流。出水池内通常设有专门装置，防止停泵时水流倒流，便于检修和维护。

出水池的设计应考虑以下几个方面：

（1）确保出水池的稳定。出水池底板的位置大多高于泵房底板，

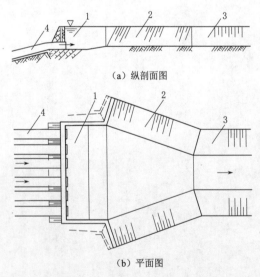

（a）纵剖面图

（b）平面图

图 11.1 泵站出水池示意图

1—出水池；2—过渡段；3—出水渠；4—出水管

处于泵站的高水位侧,对整个泵站的安全有重要的影响。防渗计算、地基压力校核、地基沉陷量计算等必须满足要求。出水池的高度必须保证最大流量时不发生漫溢,确保稳固可靠。出水池一般应建在挖方上,若必须建在填方上,则应将填土碾压密实;若建在湿陷性地基上,则应进行必要的地基处理。

(2)确保出水池中水流平顺。流速一般不超过 2m/s,在水流汇集过程中不发生剧烈碰撞及水面壅高等现象,满足防冲稳流的要求。为防渠道被冲刷,干渠进口应有一定的护砌长度。

(3)便于施工和运行管理。

(4)力求节省土建投资。

11.1.2 出水池的结构类型

出水池一般按水流方向的不同分为正向出水池、侧向出水池和多向分流式出水池等三种类型。正向出水池的管口水流方向与干渠水流方向一致,如图 11.2 (a)所示,水流顺直、水力性能好,应用较多。侧向出水池的管口水流方向与干渠水流方向正交,如图 11.2 (b)所示,由于水流作 90°转弯,水流交叉且与池壁相撞,水力性能较差,一般只是在正向出水无法布置的情况下才采用。多向分流式出水池用于同时向多条干渠输水的情况,池中流态介于正向出水和侧向出水之间,如图 11.2 (c)所示,通过采取适当的导流措施,可以改善水力性能。

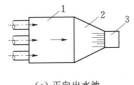 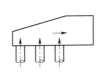

|（a）正向出水池|（b）侧向出水池|（c）多向分流式出水池|

图 11.2 出水池的三种类型
1—出水池;2—过渡段;3—干渠

资源 11-1
正向和
侧向出水池
三维图

按出水池与泵房的布置方式,出水池可分为分建式和合建式两种形式。前者将出水池与泵房分开建造,多用于高扬程泵站;后者将出水池与泵房建成一个整体,多用于低扬程泵站。按是否有自由水面,出水池又可分为开敞式出水池和压力水箱两种类型。前者即通常所称的出水池,池内具有自由水面;后者则为封闭的有压箱体。

11.1.3 出水池流态分析

在正向出水池内,水流从出水管进入出水池后在立面方向和平面方向同时扩散,呈三维扩散状态。由于扩散较快,在立面方向,主流上部形成旋滚区,下面也有范围小一些的旋滚;在平面方向,则在出水管的两侧形成回流区。图 11.3 给出正向出水池水流扩散的示意图。旋滚区的形状和大小(包括图中的立面扩散角 α、平面扩散角 β 及旋滚长度 L 等)与出水管的流态、管口淹没深度及出水池的几何边界有密切关系。根据试验观察,由于旋滚区的存在,池内水流紊乱,若处理不当,将导致水力损失增加和出水池及渠道的冲刷。

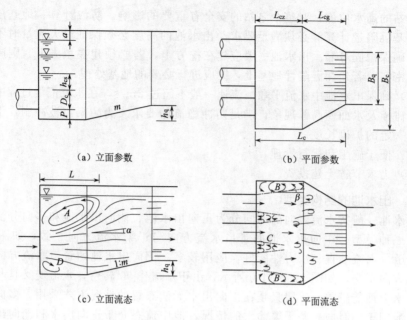

（a）立面参数　　　　　　　　　　（b）平面参数

（c）立面流态　　　　　　　　　　（d）平面流态

图 11.3　正向出水池基本参数和流态

　　在侧向出水池内，水流受到正面壁面的阻挡而形成反向回流，出流不畅，致使水面壅高、水力损失增加。壁面距管口越近，出水流态所受影响越大。图 11.4 为侧向出水池中的流态示意图。

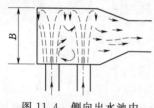

图 11.4　侧向出水池中的流态示意图

　　在安装多条出水管的出水池内，水流更为紊乱，但可以通过设置隔墩改善流态。图 11.5 为设置隔墩前、后出水池内流态的对比示意图。由图 11.5（a）、（c）可见，在侧边泵单独运行的情况下，设置隔墩前，池中出现大面积回流区，压迫主流偏向侧壁，过水面积减小；设置隔墩后回流区明显缩小，偏移现象基本消失。由图 11.5（b）、（d）同样可见设置隔墩对中间泵单独运行时流态的改善。实际上，出水池内的水流经历了先扩散后收缩的过程，而水力损失主要是出口水流的突然扩散所致，其后的收缩损失比很小；水流的紊动混掺的同时也进行能量转换，损失不大。出水池流态的平稳主要是防止对渠道的冲刷，因此控制进入渠道的流速不超过渠道容许冲刷流速和断面分布均匀是必要的。

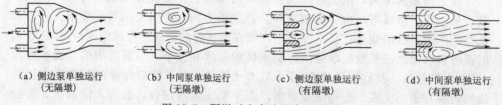

（a）侧边泵单独运行　　（b）中间泵单独运行　　（c）侧边泵单独运行　　（d）中间泵单独运行
　　（无隔墩）　　　　　　（无隔墩）　　　　　　（有隔墩）　　　　　　（有隔墩）

图 11.5　隔墩对出水池流态的影响

11.1.4 出水池尺寸的确定

1. 正向出水池

一淹没出流正向出水池,出水管以水平方向进入出水池,如图 11.6 所示,图中给出了出水池各几何参数。

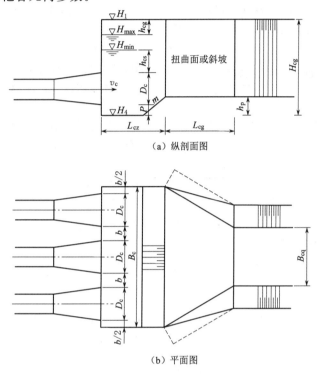

(a) 纵剖面图

(b) 平面图

图 11.6 正向出水池的几何参数

(1) 出水管出口直径 D_c。为降低出口流速,使出水池中不产生水跃并减少出口损失,出水管出口直径宜取得大一些;另外,出水管出口直径也不宜过大,以免过分增大配套的拍门及有关尺寸。因此,应兼顾两方面的要求,合理地确定出水管出口直径。一般按出水管管口的平均流速在 1.5~2.5m/s 范围内选取。对于低扬程泵站,尤其是泵站扬程在 3m 以下的轴流泵站,由于其出口损失在总扬程中所占比重较大,对装置效率影响较大,出口流速宜取小值;对于扬程较高的泵站,其出口损失在总扬程中所占比重相对较小,对装置效率影响较小,出口流速可取大值。总的来看,出水流速大,不仅增加水力损失,也会增加出水池长度。而因减小出口流速增加的出口段管道等的造价也很少,减小出口流速的选择较好。

(2) 出水管口淹没水深 h_{cs}。出水管管口应留有一定的淹没深度,其目的是避免出水管水流冲出水面、增加水力损失和水面旋滚。该淹没深度的取值与管口流速有关,一般取

$$h_{cs} = (2 \sim 3) \frac{v_0^2}{2g} \quad (m) \tag{11.1}$$

水平出流可取小值，倾斜向上出流应取大值。

（3）池底至管口下缘距离 P。为便于出水管道及拍门的安装，同时也为了避免泥沙或杂物堵塞管口，出水管管口与出水池池底之间应留有一定的空间，一般取 P 为 $0.2\sim0.3\mathrm{m}$。

（4）出水池墙顶高程和池底高程。出水池的高度应保证在最高水位时不发生漫溢，故出水池墙顶高程须按下式计算：

$$\nabla H_1 = \nabla H_{\max} + h_{cg} \quad (\mathrm{m}) \tag{11.2}$$

式中：h_{cg} 为安全超高，与泵站流量有关，可参考表 11.1 选取；$\nabla H_{\max}$ 为出水池最高水位，m。

出水池池底高程 $\triangle H_4$：

$$\nabla H_4 = \nabla H_{\min} - h_{cs} - D_c - P \quad (\mathrm{m}) \tag{11.3}$$

式中：$\nabla H_{\min}$ 为出水池最低水位，m。

表 11.1　　　出水池的安全超高

泵站流量 /(m³/s)	安全超高 h_{cg} /m
<1	0.4
1~6	0.5
>6	0.6

出水池的净高 H_{cg}：

$$H_{cg} = \nabla H_1 - \nabla H_4 \quad (\mathrm{m}) \tag{11.4}$$

（5）出水池宽度。出水池宽度可按下式计算：

$$B = n(D_c + b) \quad (\mathrm{m}) \tag{11.5}$$

式中：n 为出水管数目；D_c 为出水管出口直径，m；b 为出水管间隔，出水管边缘至池壁一般取 $0.5b$。

通常出水管线为平行布置，管线间距与机组间距相同；如果需要减小出水管出口的间距，也可做收缩布置，但应考虑到管道及拍门安装的要求，管道之间的距离不宜过小。

（6）出水池长度。出水池长度的计算方法均为试验研究结果。由于试验条件不尽相同，所得计算公式有一定局限性。这方面的研究较少，到目前为止，尚无公认的、合理的方法。以往的教材介绍了水面旋滚法和淹没射流法两种方法，但是并不实用。这里根据实际经验介绍一种确定出水池长简单实用的方法。

基于对出水管口水流动能的回收和出水水流对渠道不产生冲刷的原则，由出水管口的流速逐步降低到渠道流速计算出所需扩散长度，以此来确定出水池的长度 L_c，取 $L_c = L_{cz} + L_{cg}$。其中：L_{cz} 为直段长度，取 $L_{cz} = 2D_c$；L_{cg} 为收缩过渡段长度，根据收缩角 α（可取 $30°\sim60°$）和出水池、渠底的宽度计算得出。

在平面方向的收缩角过小，水流流态好，但渐变段过长，工程量加大；收缩角过大，易引起池中水位壅高，水流流态较差。出水池过渡段与前池相比，同为过渡段，不同之处在于前池内的水流是扩散流动，扩散角过大容易引起脱流及漩涡；出水池过渡段内的水流是收缩流动，相对于同样扩散角的前池扩散水流，出水池收缩水流的水力损失较小，故而收缩角可大一些。根据工程应用的情况，收缩角 α 取 $30°\sim60°$ 是可行的。收缩过渡段长度 L_{cg} 可由下式算得：

$$L_{cg} = \frac{B_c - B_{cq}}{2\tan\dfrac{\alpha}{2}} \tag{11.6}$$

2. 侧向出水池尺寸的确定

（1）宽度。侧向出水池的宽度是指顺出口水流方向的长度，水流从管口流出后有一个 $90°$ 的转向，这个尺寸对出流有一定影响。按照对转弯水流的分析，无论管口有无安装拍门，对于单管侧向出水池，宽度可采用

$$B = (2 \sim 3)D_c \quad (m) \tag{11.7}$$

这对于出水的转向已经足够。

对于多管侧向出流，宽度应随汇入流量的增加而相应加大（图 11.7），不同断面的宽度可按下法计算：1—1 断面，$B_1 = (2 \sim 3)D_c$；2—2 断面，$B_2 = B_1 + D_c$；n—n 断面，$B_n = B_{n+1} + D_c$；…

注意 B_n 不应小于出水渠道的底宽 B_{cq}。

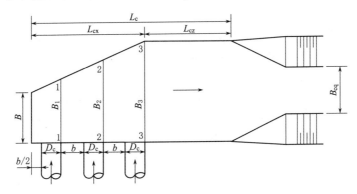

图 11.7 多管侧向出水池的尺寸

（2）长度。单管侧向出水池内的流速分布试验结果显示，当水流转向后流过 $5D_c$ 距离时，流速分布即趋于均匀。故单管侧向出水池的长度可采用下式计算：

$$L_c = 0.5b + 6D_c \quad (m) \tag{11.8}$$

对图 11.7 所示的多管侧向出水池，长度可采用下式计算：

$$L_c = (n - 0.5)b + (n + 5)D_c \quad (m) \tag{11.9}$$

式中：n 为管道数；b 为管道之间的净距，m。

11.2 压 力 水 箱

压力水箱也是出水管与干渠（或容泄区）之间的连接建筑物，其作用与出水池相同。

11.2.1 压力水箱的特点及应用

出水池是开敞的，压力水箱则是封闭的。当外河水位较高时，压力水箱需承受较大的内水压力，因此采用了钢筋混凝土箱形结构。

压力水箱适用于作为堤后式排涝泵站的出水结构。这类泵站外河水位变幅较大，为保证在外河最高水位时也能发挥泵站的排水作用，若采用开敞式出水池，则势必把出水池修得很高，引起工程量的增加，同时也增加防洪压力；封闭的压

资源 11-2
压力水箱

力水箱由于尺寸小、工程量省，在这种场合采用相对就比较经济合理。图 11.8 为采用压力水箱的泵站出水建筑物示意图。

11.2.2 压力水箱的结构和尺寸

压力水箱也可分为正向出水和侧向出水两种类型，见图 11.9 和图 11.10。与出水池一样，设置隔墩可以有效地改善压力水箱内的流态和压力水箱的结构受力条件。

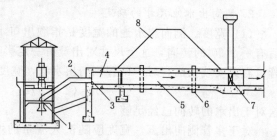

图 11.8 压力水箱的应用
1—水泵；2—出水管；3—拍门；4—压力水箱；
5—压力涵洞；6—伸缩缝；7—防洪闸；8—防洪堤

压力水箱可与泵房分开一段距离，也可紧靠，但无论何种形式，为防止不均匀沉陷导致出水管开裂或压力水箱箱体产生裂缝，保证泵站的安全运行，压力水箱应建在坚实地基上。如建在填方上，应设置建于原状土上的单独支承。压力水箱与泵房分开浇筑时，出水管道上宜设置柔性接头，以适应站身与压力水箱之间的不均匀沉陷。压力水箱与泵房紧靠时，压力水箱与泵房间应做好止水。压力水箱的箱体一般为钢筋混凝土结构，壁厚 30~40cm，隔墩厚度为 20cm 左右。

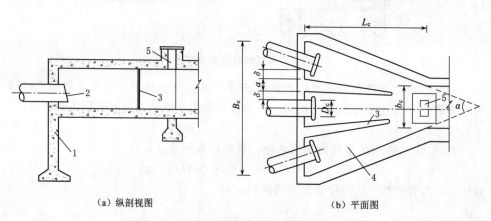

（a）纵剖视图　　　　　　　　　（b）平面图

图 11.9 正向出水压力水箱图
1—支架；2—出水口；3—隔墩；4—压力水箱；5—进人孔

对于正向出水的压力水箱，其进口宽度及长度可分别按式（11.10）和式（11.11）计算：

$$B_c = (n-1)a + n(D_c + 2\delta) \tag{11.10}$$

式中：n 为出水管数目；δ 为出水管边缘至池壁或隔墩的距离，按满足安装检修要求确定，一般取为 25~30cm；D_c 为出水管出口直径，m；a 为隔墩厚度，可取 20~30cm。

$$L_c = \frac{B_c - b_c}{2\tan\frac{\alpha}{2}} \quad (\text{m}) \tag{11.11}$$

式中：b_c 为压力水箱的出口宽度，m；
α 为压力水箱的收缩角。

对于机组较多的场合，为减小压
力水箱的工程量，通常是将出水管道
收缩布置，压力水箱平面上按 α 角收
缩至压力涵洞，如图 11.9 所示。

压力水箱的尺寸还应满足检修闸
门安装和检修的要求。压力水箱的高
度应适宜工作人员进入其内部检修。
压力水箱顶部设进人孔，其盖板由钢
板制成，盖板与进人孔之间垫入止水
橡皮，并用螺栓紧固，确保盖板的强度和密封性。

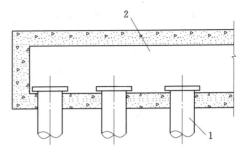

图 11.10 侧向出水压力水箱
1—出水管；2—压力水箱

11.3 出 水 管 道

出水管道是指水泵出口到出水池之间的输水管道，又称压力管道。出水管道
承受较大的内水压力和水锤压力，尤其是高扬程泵站承受的压力更大。中、高扬
程泵站往往需要很长的出水管道，管道长度可达数百米甚至更长，其投资在泵站
总投资中所占比重很大。因此，经济合理地确定管材、管径等，对降低工程投资，
提高泵站运行效率及安全性都十分重要。本节主要针对中、高扬程泵站的出水管
道进行分析。

11.3.1 压力管道的设计要求和线路的选择

1. 压力管道的设计要求

出水管道设计要依据泵站设计中有关参数，并考虑站址处的地形、地质，管
道运输、安装、维护等方面的条件，在设计时应满足以下基本要求：

(1) 管道系统满足稳定性要求。

(2) 有足够的管道强度、管道接头强度及密封性，附属设施（通气孔、伸缩
节、软接头等）工作可靠。

(3) 水力损失小，运行费用低。

(4) 经济合理，投资节省。

(5) 施工、管理、维修方便。

2. 管道线路的选择

出水管道的线路选择对泵站安全运行及工程投资均有较大的影响，出水管道
的布置应根据泵站总体布置要求，结合地形、地质条件确定。选择管道线路时需
考虑下列因素：

(1) 管道应铺设在坚实的地基上，地质条件良好，避开松软地基、易滑坡坍
塌地带等地质不良地段和山洪威胁地段；不能避开时，应采取安全可靠的工程
措施。

(2) 管道布置尽量短，尽可能减少转弯。

（3）控制纵向铺设角度，尽量垂直于等高线布置，注意管道的稳定，防止坍坡、水管下滑等。

（4）管道尽量布置在压坡线以下（压坡线系指发生水锤时，管道内水压降低过程线），避免水倒流时管内出现水柱断裂现象，以致引起管道丧失稳定而破坏。

（5）在地形较复杂情况下，可考虑变管坡布置，以减少工程开挖量和避开填方区。压力管道的铺设角一般不应超过土壤的内摩擦角，一般采用 1:2.5~1:3 的管坡为宜。

11.3.2　出水管道的布置及铺设

1. 管道的布置

管道布置形式一般可分为单机单管和多机并联。单机单管输水的优点是管道结构简单、附件少、运行可靠，一般适用于扬程低、管道短的泵站。而在多机组、高扬程、管道长的泵站中，常采用多机并联方式。这种布置形式可节省管材，减小管床和出水池的宽度，从而减少工程量。但因管道并联，管道附件增多，局部损失加大，年耗电费增加。所以在泵站设计中，是否采用多机并联输水，几根管道并联合适，必须通过分析计算，进行经济比较来确定。

2. 铺设方式

管道的铺设方式有明式和暗式两种。

（1）明式铺设。所谓明式铺设就是将管道置于露天，如图 11.11 所示。明式铺设的优点是便于管道的安装和检修；缺点是管道因热胀冷缩，来回滑动频繁，缩短管道的使用寿命。对于钢筋混凝土管，因管壁直接受太阳辐射等气温影响，夏季管壁内外温度相差较大，温度应力有时很大，如忽略有可能产生裂缝。明式铺设转弯处必须设置镇墩，直管段上镇墩间距不宜超过 100m，管间净距不应小于 0.8m，钢管底部应高出管槽地面 0.6m，预应力钢筋混凝土管承插口底部应高出管槽 0.3m，管槽应有排水设施，坡面宜护砌。当

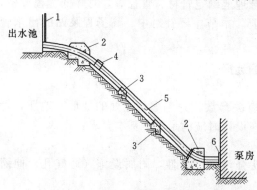

图 11.11　明式铺设的出水管道示意图
1—通气管；2—镇墩；3—支墩；4—伸缩节；
5—钢管；6—穿墙软接头

管槽纵向坡度较陡时，应设人行阶梯便道，其宽度不应小于 1.0m。在严寒地区冬季运行时，可根据需要对管道采取防冻保温措施；若冬季不运行，要将管道中的水放空或采取相应的防护措施，以防管道冻坏。

金属管道多采用明式铺设，为防止锈蚀，其外壁应刷漆保护。

（2）暗式铺设。暗式铺设是将管道埋于地下，优点是管道受温度变化影响小，在严寒地区冬季仍可输水，但安装和检修费用较高。暗式铺设管底最小埋深应在最大冻土深以下，采用连续垫座，坞工垫座的包角可取 90°~135°；管间净距不应

小于0.8m。埋入地下的金属管道应做防锈处理和防侵蚀措施。管道穿过河床时其埋置深度应考虑河床冲刷的影响。在我国南方的非冻土区,管顶埋设深度主要取决于外部荷载,如管道埋设处无耕作要求,一般管顶埋设深度大于0.5m即可。

在选择管道铺设方式时,应根据管材、供水情况等因素综合考虑确定。

11.3.3 管材选择

出水管道适用的管材较多,包括铸铁管、钢管、钢筋混凝土管及预应力钢筋混凝土管等。管材的选择对管道的运输、安装、维护、管理、投资等都有很大影响,故需综合考虑各方面的因素。

1. 铸铁管

铸铁管可分为低压管（4.5×10^5 Pa）、中压管（7.5×10^5 Pa）和高压管（10×10^5 Pa）三个压力等级,具有价格便宜、安装方便、不易腐蚀的优点和性脆、壁厚、笨重的缺点,适用于管径小于600mm的出水管道。

2. 钢管

钢管具有强度高、管壁薄、重量轻、接头简单、运输方便等优点,缺点是易腐蚀、使用期限短,适用于高扬程泵站和管径大于800mm的出水管道。有资料表明,我国北方地区的泵站钢管锈蚀最严重的每年可达1mm左右,故必须对钢管进行认真的防腐处理。钢管管身应采用镇静钢,钢材性能必须符合国家现行有关规定。焊条性能应与母材相适应。焊接成型的钢管应进行焊缝探伤检查和水压试验。

3. 钢筋混凝土管

钢筋混凝土管价格便宜、使用期长、运行管理费用低、输水性能好,但运输不便,承插接头处有时因预制误差较大或安装时防漏处理不严而引起漏水。图11.12所示为适用于钢筋混凝土管的承插式接头。钢筋混凝土管适用于管径为300～1500mm的低压管道。

4. 预应力钢筋混凝土管

预应力钢筋混凝土管的突出优点是节省钢材,具有较高的弹性和抗渗抗裂性,并能承受较大的内水压力,应用较多。目前我国生产的预应力钢筋混凝土

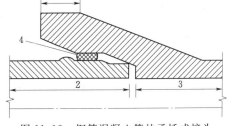

图 11.12 钢筋混凝土管的承插式接头
1—承口段；2—插口段；3—管体；4—密封橡胶圈

管最大压力为14×10^5 Pa,可用于压力较高的泵站,但因其所能承受的内水压力有一定限制,还不能用于高扬程泵站。

钢管、铸铁管长期使用后,由于锈蚀,导致内壁产生锈瘤,摩擦损失加大,水头损失可增加30%～50%。水泥管内壁不会积垢,其输水能力几乎不变。

钢筋混凝土管的设计应满足下列要求:

（1）混凝土强度等级:预应力钢筋混凝土不得低于C40,预制钢筋混凝土不得低于C25,现浇钢筋混凝土不得低于C20。

（2）现浇钢筋混凝土管道伸缩缝的长度应按纵向应力确定，且不宜大于20m。在软硬两种地基交界处应设置伸缩缝或沉降缝。

（3）预制钢筋混凝土管道及预应力钢筋混凝土管道在直线段每隔50～100m应设一个安装活接头。管道转弯和分岔处应采用钢管件连接，并设镇墩。

5. 其他材质管

聚氯乙烯管（UPVC）具有重量轻、便于运输和安装、水力损失小、不锈蚀等优点，目前生产的直径550mm以下聚氯乙烯管的工作压力可达1.6MPa。聚氯乙烯管是目前使用量最大的塑料管材。它采用橡胶圈承插的连接方式，施工方便。国家规定禁止将使用铅稳定剂的PVC管道用于供水管道。选用聚氯乙烯管需要暗式铺设。

玻璃钢管（RPM）是近几年发展起来的新管材，口径大，重量轻，耐压力为1.0～2.0MPa，一般使用的工作压力为0.6MPa，多用于管径为600～2400mm的大中口径管道。

对泵站管材的选择，要根据设计压力、管道长短、当地材料供应情况、价格等因素进行分析比较确定。对于高扬程、长管道的泵站，也可根据设计压力的大小，分段选择几种不同管材，在满足设计压力的前提下，降低泵站的投资。

11.3.4　管径的确定

管径大小直接影响着泵站投资和泵站效率，管径增大，管道阻力减小，可降低电耗费，但管道一次性投资相应增加；管径减小，虽可降低管道投资，但管道的阻力增大，年耗电费增加。因此，如何确定经济合理的管径，应有一个最优的方案，这就是经济管径。

1. 根据年运行费最小的原则确定管径

泵站年费用包括年耗电（油）费 E_1 和年生产费（管道折旧费和维修保养费等） E_2。E_1 随管径的增大而减小，而 E_2 随管径的增大而增大。对于每一给定的管径 D 可分别求出一个 E_1 和 E_2，并求出两项之和 E 值。假定一系列管径，即可求出相应的 E，其中 E 最小所对应的管径 D 即为经济管径。

（1）年耗电费 E_1。年耗电费 E_1 值可用下式计算：

$$E_1 = \frac{f\rho g Q H_{st} t}{1000 \eta_{sy}} \tag{11.12}$$

式中：f 为电费价格，元/（kW·h）；ρ 为水的密度，kg/m³；H_{st} 为泵站净扬程，m；Q 为泵运行时的流量，m³/s；t 为年运行小时，h；η_{sy} 为泵站装置效率。

在确定经济管径 D 时，假定泵站的水泵型号已选定，泵站净扬程也确定。在计算不同管径的年耗电费 E_1 值时，H_{st}、t、f、ρ 不随管径 D 而变化，而 Q 和 η_{sy} 是变值。这是因为管道直径的不同，不仅会影响管道阻力的大小，而且会改变水泵的工况点，从而在泵站净扬程不变的情况下，使水泵工作参数和管道损失都会发生变化，同时也会引起电机效率的变化。这些都必须通过求解不同管径下水泵与管道联合运行时工况点参数的方法加以确定。求解过程可用图解法或数解法。

（2）年生产费 E_2。若管道总造价为 K，年生产费（包括管道折旧费和维修保养费等）占总造价为 $\alpha\%$ 时，年生产费可用下式确定：

$$E_2 = \alpha K/100 \tag{11.13}$$

管道的总造价 K 值可根据管道长度和单位管长的造价来计算；对于管道中的附件价格，可将其计入单位管长的总造价中。

（3）年总费用。年总费用可用下式计算：

$$E = E_1 + E_2 \tag{11.14}$$

在预先给定的一系列管径中，年总费用最小值所对应的管径，即为经济管径。这里需要说明以下几点：

（1）在计算 E 值时，有静态分析法和动态分析法。两者的差别在于静态分析法不考虑时间因素的影响，即以泵站建成全部投入运行后的第一年为设计标准年，分别计算 E_1 值和 E_2 值，并求出 E 值。而动态分析法必须考虑时间因素的影响，即仍以泵站建成后的第一年为设计标准年，并将计算年的年耗电费和生产费用分别折算到标准年，再计算出 E 值。

（2）在预先给定管径时，须和国家标准系列管材产品直径相适应。

（3）在水源水位变幅较大的河流或水库上修建泵站，须考虑泵站净扬程变化而引起泵站其他参数的变化，一般可近似地取泵站多年平均净扬程。相应的流量取平均净扬程所对应的流量，年运行时间取多年平均值。

2. 根据经济流速确定经济管径

由于上述确定管径的方法烦琐，所以在初步设计阶段，也可根据经济流速确定经济管径。泵站出水管经济流速，一般净扬程 50m 以下取 1.5～2.0m/s，净扬程为 50～100m 可取 2.0～2.5m/s。

11.3.5　管道附件

出水管道的安装和安全运行，要附设一些必需的附件及设备，如闸阀、伸缩节、拍门、通气孔等。管道附件因管道长短、扬程高低、铺设方式的不同而变。应该安装哪些附件根据泵站的具体情况而定。除了第 1 章中介绍的管道附件外，这里再补充介绍一些。

1. 逆止阀

逆止阀也称止回阀，其作用是当发生事故停泵时，逆止阀在自重和水力作用下迅速关闭，以防止水倒流致使机组倒转。由于逆止阀对水流阻力大，阀板关闭产生较大的水锤压力，所以一些泵站均不设逆止阀。为了减弱逆止阀突然关闭所引起的水锤压力，同时防止事故停泵水倒流引起机组倒转，常用缓闭逆止阀或微阻逆止阀代替普通逆止阀，这样克服了逆止阀的许多缺点。

近年来，我国许多高扬程、长管道的大中型泵站采用了两阶段关闭的缓闭阀，此阀既能有效的控制机组倒转转速，削减水锤压力，又能随时开启或关闭，可同时作为操作阀门和事故阀门，有一阀多用的功能。

2. 伸缩节

泵房内的出水管道均采用钢管，为便于水泵和闸阀等设备的安装，检修时调节管道长度，压紧法兰止水胶垫，一般在闸阀附近设伸缩节。对于明式铺设的钢管，在两个镇墩之间需要设一伸缩节，当温度变化时管道可自由伸缩，防止产生过大的温度应力。常用的伸缩节有波纹形伸缩节和套管式伸缩节。

3. 空气阀

对于高扬程长距离输水工程,管道难免上下起伏。当水泵开启、停机,特别是事故停泵时,在管道改变坡度的凸起部位,可能因压降过大而出现负压或水柱中断,造成管道的破坏。为避免因压升或压降带来管道破坏,在管道局部凸起处设空气阀。

根据空气阀的额定工作压力和进排气孔口尺寸的大小,将空气阀分为低压空气阀、高压空气阀和复合式空气阀。根据空气阀的工作特性,又可将其分为进气阀、排气阀和进排气阀。国内常见的空气阀有浮球式、杠杆式和气动式三种。

低压空气阀的孔口尺寸较大,进排气效率高,可在较低的工作压力时排泄大量空气;当管道内出现真空时,又吸入大量空气。高压空气阀的孔口尺寸较小,进排气效率相对较低,但在不超过设计工作压力时都可以正常工作。复合式空气阀是将低压和高压空气阀一体化,同时具有两者的工作特性。

4. 检查孔 (人孔)

管径应大于 800mm,便于人的进出。管道较长时,为了便于检修管道,常需在管道上设置检查孔。检查孔直径一般为 500～600mm,孔间距 100～150m,检查孔设置与镇墩的布置应一并考虑。

5. 通气孔

出水管道出口处设置拍门时,在拍门前管道上应设通气孔。通气孔的主要作用是当水流倒泄、拍门迅速关闭时向管内补气,以减小拍门的冲击力和管内负压,保证管道内压力稳定。对于轴流泵装置,可防止水泵启动时,管内空气受水柱挤压而导致水泵在不稳定区运行,引起超载和振动。

11.3.6　钢管管壁厚度拟定

钢管是泵站出水管道中不可缺少的部分。大多数泵站从水泵出口到一号镇墩处的管道一般均采用钢管,在镇墩或人孔处需要用钢管,或者高扬程泵站全部管道都采用钢管。在管道设计中必须初拟管壁厚度。设管壁厚度为 δ,钢板容许应力为 $[\sigma]$,则

$$[\sigma] = N/\delta \tag{11.15}$$

在径向内水压力 $p = \rho g H$ 的作用下,在管壁切向产生的拉力为 $N = \frac{1}{2}\rho g H D$。这样,壁厚为

$$\delta = \frac{\rho g H D}{2\varphi[\sigma]} \tag{11.16}$$

式中:ρ 为水的密度;H 为管道中心最大压力水头;D 为管道内径;φ 为焊接强度系数,一般可取 0.9～1.0。

钢管是一种薄壳结构,它的管壁厚度同直径相比是很小的,因此管壁厚度除满足以上的应力要求外,还应满足弹性稳定要求。特别是在低扬程、大管径、长

管道的泵站中，往往弹性稳定成为控制管壁厚度的主要条件。理论证明，维持外压稳定的最小厚度为

$$\delta = \frac{1}{130}D \tag{11.17}$$

考虑到钢管的锈蚀和泥沙磨损，拟定出来的管壁厚度要加大 2mm 左右。

对于低扬程、大管径的管道，按稳定要求计算出来的管壁厚度往往比较大，不经济。因此，可在稳定要求确定的管壁厚度的基础上，将管壁厚度适当减薄，但需要在管壳上每隔一定距离加一刚性环，用以增加管道稳定性。

11.3.7　出水管道支承结构

为固定出水管道并维持其稳定，消除正常运行及事故停机时产生的振动和位移，泵站出水管道必须设置稳固的支承结构，其形式可分为支墩和镇墩两种（图11.13～图 11.15）。

资源 11-4
出水管道
支承结构

支墩主要用于长管段，其作用是承受管道及水的重力，减少振动。支墩的断面尺寸按构造设计即可。除伸缩节附近，其他各支墩宜采用等间距布置。钢管的支墩间距一般可取 5～10m；预应力钢筋混凝土管道应采用连续管座或每节设两个支墩。预制钢筋混凝土管长度大都为每节 5m，且采用承接式接头，每节宜设两个支墩，分别设在每节管的 1/4 和 3/4 处。

支墩的上部结构应能使水管保持正确的位置，同时尽可能减少管壁与支墩的摩擦力。常用的结构型式有滑动式支墩和滚动式支墩两种，其型式应经技术分析和经济比较后确定。对于现浇的钢筋混凝土管，一般是敷设在连续的素混凝土底板（图 11.13）或浆砌石管座上，其包角以 120°为宜。在管

（a）独立支墩　　　　　　（b）连续管座

图 11.13　管道的混凝土支承结构

径较大时，为了减小管道与支墩之间的摩擦力，可在支墩顶部设置带注油槽的弧形钢板；当管径超过 1m 时，可直接采用鞍形和滚动式支墩（图 11.14）。

镇墩主要用于管道转弯处，也用于斜坡上的长管段，一般间隔 80～100m 设一镇墩，其主要作用是承受管道转弯处的各种作用力，抵消坡道上由重力引起的下滑力。管道转弯处必须设置镇墩，在明管直线段上镇墩的间距不宜超过 100m。两镇墩之间应设伸缩节，伸缩节应布置在上端。镇墩的断面尺寸可通过具体受力分析和结构计算确定。

镇墩有两种形式：封闭式和开敞式。封闭式将管道设于镇墩之内，如图11.15（a）所示，开敞式将管道置于镇墩表面，如图 11.15（b）所示。封闭式镇墩与管道的固定较为牢固，开敞式镇墩则便于检查与维修。大、中型泵站出水管道转弯处受力情况较为复杂，常用封闭式镇墩。为加强钢管与镇墩混凝土的整体

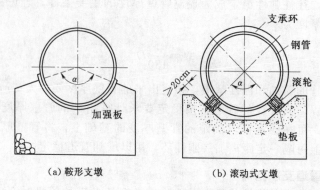

（a）鞍形支墩　　　　　　（b）滚动式支墩

图 11.14　大型管道支墩

性，需在混凝土中埋设螺栓和抱箍，待管道安装就位后将其浇入混凝土中。由于镇墩是大体积混凝土，为防温度变化引起混凝土开裂，破坏其整体性，应在镇墩表面按构造要求布置钢筋网。坐落在较完整基岩上的镇墩，为减少岩石开挖量和混凝土工程量，可在镇墩底部设置一定数量的锚筋，使部分岩体与镇墩共同受力。锚筋的布置应满足构造要求，并需进行锚固力的分析计算。

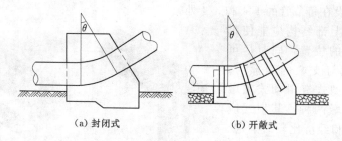

（a）封闭式　　　　　　（b）开敞式

图 11.15　管道镇墩的两种形式

11.3.8　镇墩稳定分析

　　设在岩基上的镇墩基础可做成阶梯形（图 11.15），以增大抗滑能力。设在土基上的镇墩基础一般做成水平，必要时可在地基上铺碎石，以增加摩擦力。镇墩和支墩的地基是否需要处理应根据地质条件确定。在季节性冻土地区，基础底面应设在冻土层下 0.2～0.3m。对于湿限性较大的黄土地基，应对基础进行浸水预压处理；对于埋置于地下水内的镇墩，应考虑在基底打桩。

　　对镇墩应进行抗滑、抗倾稳定及地基强度验算。镇墩断面尺寸的设计要求地基受力较均匀，镇墩内的拉应力较小。镇墩一般都做成重力式，利用自重维持其本身的稳定，但也可考虑基础的作用。对于岩基可利用锚筋灌浆产生的作用，对于土基则可深埋基础，以充分利用被动土压力。镇墩的设计计算方法和重力式挡土墙基本相同。镇墩稳定计算内容包括：①校核镇墩的抗滑稳定性；②校核镇墩的抗倾覆稳定性；③校核镇墩基底应力；④校核镇墩的强度；⑤验算地基的稳定性。

1. 受力分析

镇墩主要承受水管的轴向力，也承受近墩处部分管段的法向力和弯矩。镇墩荷载及有关系数可按表 11.2～表 11.4 计算选用。

表 11.2 镇 墩 受 力 分 析 计 算

作用力与管轴线的关系	作用力名称	计算公式	各力作用在镇墩上的方向			
			温升		温降	
			上段｜下段		上段｜下段	
轴线方向	管道自重的轴向分力	$A_1 = q_c L \sin\varphi$	↘｜→		↘｜→	
	管道转弯处的内水压力	$A_2 = \frac{\pi}{4} D_0^2 H_p \rho g$	↘｜←		↘｜←	
	作用在闸阀上的水压力	$A_3 = \frac{\pi}{4} D_F^2 H_p \rho g$	｜→		｜→	
	管道直径变化段的水压力	$A_4 = \frac{\pi}{4}(D_{01}^2 - D_{02}^2) H_p \rho g$				
	在伸缩接头边缝处的内水压力	$A_5 = \frac{\pi}{4}(D_1^2 - D_2^2) H_p \rho g$	↘｜←		↘｜←	
	水流与管壁之间的摩擦力	$A_6 = \frac{\pi}{4} D_0^2 f_H \rho g$	↘｜←		↘｜←	
	温度变化时伸缩接缝填料的摩擦力	$A_7 = \pi D_1 b_k f_k H_p \rho g$	↘｜←		↖｜←	
	温度变化时管道沿支墩的摩擦力	$A_8 = f_0(q_c + q_s) L \cos\varphi$	↘｜←		↖｜←	
	管道转弯处水流的离心力	$A_9 = \frac{\pi}{4} D_0^2 \frac{V^2}{g} \rho g$	↘｜←		↘｜←	
法线方向	水管自重的法向分力	$Q_c = q_c L \cos\varphi$	↓｜↓		↓｜↓	
	水管中水重的法向分力	$Q_s = q_s L \cos\varphi$	↓｜↓		↓｜↓	
	水平地震惯性力	$q_i = K_H C_z \alpha_i W_i$				

注 q_c 为每米管自重，kN/m；L 为计算管长，m；φ 为管轴线与水平线的夹角，(°)；D_0 为管道内径，m；D_F 为闸阀内径，m；H_p 为管道断面中心的计算水头，m；ρ 为水的密度，kg/m³；D_{01} 为水管直径变化时的最大内径，m；D_{02} 为水管直径变化时的最小内径，m；D_1 为伸缩接头外管内径，m；D_2 为伸缩接头内管内径，m；f_H 为管道和水的摩擦系数；b_k 为伸缩节填料宽度，m；f_k 为填料与管壁摩擦系数；f_0 为管壁与支墩接触面的摩擦系数，可按表 11.3 选用；q_s 为每米管内水重，kN/m；V 为管道中水的平均流速，m/s；g 为重力加速度，m/s²；K_H 为水平向地震系数，可按表 11.4 选用；C_z 为综合影响系数，取 0.25；α_i 为地震加速度分布系数，取 1.0；W_i 为集中在 i 点的重量，kN；↘｜→分别表示镇墩以上管段的作用力方向、镇墩轴线和镇墩以下管段的作用力方向。

表 11.3 管道与支墩接触面的摩擦系数 f_0 值

管道与接触面材料	摩擦系数	管道与接触面材料	摩擦系数
钢管与混凝土	0.6～0.75	钢管与涂油的金属板	0.3
钢管与不涂油的金属板	0.5	混凝土管与混凝土	0.7

表 11.4 水平向地震系数 K_H 值

设计烈度/度	7	8	9
K_H	0.1	0.2	0.3

2. 荷载组合

作用在镇墩上的荷载在以下 4 种情况及温升、温降两种情况下进行组合：①水泵正常运行情况；②水泵正常停机情况（水泵停机，闸阀关闭，管内充满水）；③事故停机情况（突然停机，管内发生水锤）；④发生地震情况。通过计算，取其最危险情况作为设计镇墩的依据。作用在镇墩上的四种荷载组合分别为：

水泵正常运行情况：$A_1+A_2+A_4+A_5+A_6+A_7+A_8+A_9+Q_c+Q_s$。

水泵正常停机情况：$A_1+A_2+A_3+A_4+A_5+A_7+A_8+Q_c+Q_s$。

事故停机情况：$A_1+A_2+A_4+A_5+A_7+A_8+Q_c+Q_s$。

发生地震情况：$A_1+A_2+A_4+A_5+A_6+A_7+A_8+A_9+Q_c+Q_s+q_i$。

3. 镇墩尺寸拟定和稳定计算

一般以抗滑稳定为控制条件初步拟定镇墩的尺寸及自重，然后再进行稳定计算。对于设置在钢管段和现浇的钢筋混凝土整体式管道段的镇墩，其断面尺寸必须通过结构受力分析和抗滑稳定校核加以确定；对于设置在承插式预应力钢筋混凝土管段的镇墩，其断面尺寸一般按构造要求确定即可满足管路的稳定要求。镇墩的外形设计，除应使作用于墩上各力的合力在基础底面内的偏心距小、地基受力较均匀外，还应使镇墩内不产生拉应力或拉应力较小。

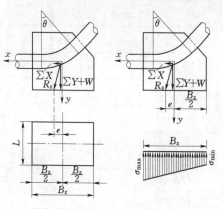

（a）结构计算示意图　（b）地基压力校核示意图

图 11.16　镇墩稳定计算示意图

设镇墩自重为 W，直角坐标系原点在基础基面的投影与底面形心重合，y 轴垂直于底面，x 轴与水平管轴线在同一平面内（图 11.16）。将所有作用在镇墩上的合力分解为沿 x 轴和 y 轴的两个分力 X 和 Y，分别求出 $\sum X$ 和 $\sum Y$。

（1）抗滑稳定计算。抗滑稳定按下式计算：

$$K_c=\frac{f(\sum Y+W)}{\sum X}\geqslant[K_c] \tag{11.18}$$

式中：K_c 为抗滑稳定安全系数；$[K_c]$ 为允许的抗滑稳定安全系数，基本荷载组合下为 1.30，特殊荷载组合下为 1.10；f 为镇墩底面与地基的摩擦系数；W 为镇墩自重，kN。

由式（11.18）可求出镇墩的自重：

$$W=\frac{[K_c]}{f}\sum X-\sum Y \quad (kN) \tag{11.19}$$

通过试算，可根据 W 值拟定出镇墩尺寸。

（2）抗倾稳定计算。镇墩的抗倾覆稳定按下式计算：

$$K_0 = \frac{y_0(\sum Y + W)}{x_0 \sum X} \geqslant [K_0] \qquad (11.20)$$

式中：K_0 为抗倾覆稳定安全系数；$[K_0]$ 为允许的抗倾覆稳定安全系数，基荷载组合下为 1.50，特殊荷载组合下为 1.20；y_0 为作用在镇墩上的垂直合力的作用点距离倾覆原点的距离，m；x_0 为作用在镇墩上的水平合力的作用点距离倾覆原点的距离，m。

如果合力作用点在基础底面的三分点之内，则可不必进行抗倾稳定校核。

（3）基底应力计算。镇墩基底应力按下式计算：

$$\sigma_{\min}^{\max} = \frac{\sum Y + W}{B_z L}\left(1 \pm \frac{6e}{B_z}\right) \leqslant [R_z] \qquad (11.21)$$

式中：$\sigma_{\min}^{\max}$ 为作用在地基上的最大/最小应力，kPa；B_z 为镇墩沿管轴线方向的底面宽度，m；L 为镇墩垂直管轴线方向的底面长度，m；e 为合力 R_z 作用点对镇墩底面形心的偏心距，m；$[R_z]$ 为地基的允许承载力，kPa。

（4）强度计算。镇墩的强度校核可选几个与镇墩底面平行的截面进行。用图解法或数解法求得计算截面以上的全部作用力，校核墩体强度。对于圬工重力式镇墩，主要是校核其抗拉强度是否满足要求。

（5）地基稳定性验算。在土坡上，校核镇墩基础下土体沿某一弧面滑动的可能性；在岩基上，应研究岩石的层理，确定是否有向斜坡外倾斜及坍滑的可能。

11.4 出 水 流 道

出水流道是连接水泵导叶出口与出水池的衔接通道，多应用于扬程较低的大、中型泵站。出水流道一般采用钢筋混凝土现浇，在结构上与泵房连成整体，具有长度较短、断面形状变化较大、水力损失较小的特点。出水流道有多种形式，如虹吸式出水流道、直管式出水流道等。

11.4.1 出水流道的类型

从水泵流向出水池的水流速度是减小的，出水流道的作用是使水流在流向出水池的过程中平顺转向和逐渐扩散，更好地回收动能，避免发生脱流或漩涡，以降低水力损失。对于低扬程泵站，出水流道水力损失在水泵总扬程中占比较大，对泵装置的能量性能的影响较为明显。出水流道的形式与出水室相关，采用弯管出水的有虹吸式和直管式；采用螺旋出水的有蜗壳式；采用喇叭管出水的有直线锥管式和曲线锥管式；最简单的是卧式轴流泵装置的平直管出水流道。本书主要介绍弯管出水的虹吸式和直管式出水流道的设计。

资源 11－5
出水流道
的类型
及其流态

11.4.2 出水流道内的水流形态

与进水流道不同，出水流道内的水流形态有两个重要特征：①出水流道的断面面积是沿流程逐步增加的，流速逐渐减小，水流是扩散流动，扩散流动容易产生脱流和漩涡；②水流从水泵导叶体流出仍然带有较大的环量，导致虹吸式和直管式出水流道内的流线呈明显的螺旋形状，流态比较复杂。图 11.17 为某泵站出水流道内的水流三维流态。

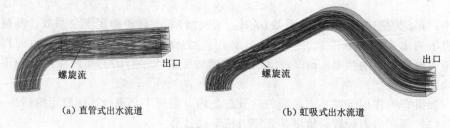

（a）直管式出水流道　　　　　　　　（b）虹吸式出水流道

图 11.17　某泵站出水流道内的水流三维流态

蜗壳式和锥管式出水流道的几何结构相对复杂，其内部的流动形态与弯管出水形态完全不同，更为复杂。

因此，出水流道的水力损失较大，也是影响水泵装置性能的主要因素。

11.4.3　虹吸式出水流道

虹吸式出水流道（图 11.18）适用于出水池水位变幅不大的低扬程泵站，优点是运行可靠、管理方便，水泵停机时可通过真空破坏阀破坏虹吸而防止水流倒流。此外，虹吸式出水流道还便于跨越堤防，不影响防洪堤安全，在国内应用较广泛。这种出水流道的缺点是工程量大、施工较为复杂等。

图 11.18　虹吸式出水流道

1. 虹吸式出水流道的工作原理

虹吸式出水流道的工作原理如图 11.19 所示。水泵启动前，虹吸管内高出水面以上的部分充满空气，水泵启动后，出水流道内的水位迅速上升，此时，流道内的空气被压缩，当流道内的压力 P_c 高于大气压力 P_a 一定值时 [11.19（a）]，设于驼峰段上部的真空破坏阀被打开，流道内的部分空气将通过真空破坏阀排出流道 [11.19（b）]。当水泵提升的水位超过驼峰断面下缘时，水流就会越过驼峰，像溢流堰那样沿管壁下泄，同时还会挟带管道内的剩余空气从流道出口流出。待流道内的空气被全部排出、水流充满全流道后，水泵的启动过程便告结束，进入正常运行状态 [11.19（c）]。

由于虹吸式出水流道驼峰顶的高程高于最高出水位，在形成满管流以后，流道驼峰附近必为负压。可见，这种出水流道利用了虹吸原理。虹吸作用形成的过程实质就是在水泵启动过程中水流充满管段、空气排出管外、在驼峰处形成一定真空的过程。当水泵正常停机或事故停泵时，可及时打开真空破坏阀，利用驼峰处的负压，使空气进入流道顶部，破坏流道内的真空，见图 11.19（d），从而达到截断水流的目的。在虹吸形成的过程中，流道驼峰段内的压力波动较大，可能导致机组启动过程中的振动。因此，需要合理设计流道，既要减少流道水力损失，又要保证启动过程中水流具有较强的挟气能力，以利于尽快排出空气，缩短虹吸形成的时间。

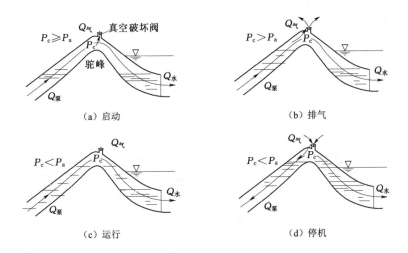

（a）启动　　　　　　　　　　　（b）排气

（c）运行　　　　　　　　　　　（d）停机

图 11.19　虹吸式出水流道的工作原理

应该指出，在虹吸式出水流道满管流形成之前，由于水流需翻越驼峰，会增加水泵的启动扬程，在水泵选型时应对此予以充分考虑。

2. 虹吸式出水流道的型线设计

虹吸式出水流道由扩散段、弯曲段、上升段、驼峰段、下降段、出口段等部分组成，其几何参数如图 11.20 所示。

出水流道的设计基本要求是：①与水泵导叶出口相连的出水室形式应根据水泵的机构和泵站的要求确定；②流道型线变应比较均匀，当量扩散角取 $8°\sim12°$；③流道出口流速取 $1\sim1.5\text{m/s}$。虹吸式出水流道型线设计的任务就是要合理确定各部分的尺寸及形状。扩散段及弯曲段都取决于水泵的结构尺寸和流量扬程等能量参数，这里主要讨论上升段、驼峰段、下降段和出口段的设计。

（1）上升段。如果弯管出口为圆形，上升段的断面形状由圆形到矩形逐渐变化（其渐变长度一般不小于管径的两倍）；如果弯管出口已经变为矩形，上升段及其后的断面形状即保持为矩形，在

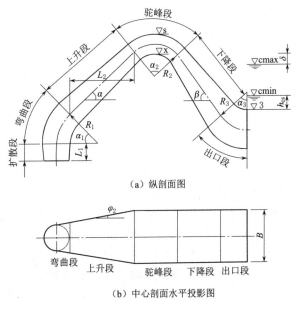

（a）纵剖面图

（b）中心剖面水平投影图

图 11.20　虹吸式出水流道的几何参数

平面方向上逐渐扩大，在立面方向上则适当收缩，轴线向出水方向倾斜，在设计中需要先确定上升角 α 和平面扩散角 φ_2。

α 的取值与泵体结构和泵站出口水位有关，一般取 $\alpha = 30° \sim 45°$。α 过大，将使驼峰处的弯曲角度加大，增加局部阻力；α 过小，将增加上升段的长度。

平面扩散角 φ_2 取决于出水弯管出口直径 D_{cw}、驼峰断面的宽度 B 及上升段的平面长度 L_2。它们之间的关系可用下式表示：

$$\tan\varphi_2 = \frac{B - D_{cw}}{2L_2} \tag{11.22}$$

过大的 φ_2 会导致水流在平面方向上产生脱壁或漩涡，增加流道的水力损失，一般取 $4° \sim 6°$。当所选的 B、D、L_2 等值不能满足 φ_2 要求时，应予以调整。

（2）驼峰段。驼峰段的设计是虹吸式出水流道设计中最重要的一环，因为这部分的形状和尺寸对虹吸形成、装置效率、工程投资及安全运行等都有影响。

1）驼峰断面平均流速 v_2 的确定。驼峰断面指虹吸式出水流道最高点处的横断面，该处的平均流速 v_2 对虹吸形成及流道阻力损失都有影响。v_2 过大，将增加流道水力损失；v_2 过小，水流的挟气能力不够，将延长虹吸形成的时间，甚至可能导致无法形成虹吸。为了在所要求的时间内能形成虹吸，对驼峰断面处的最小流速有一定的要求。驼峰断面处平均流速 v_2 可按下式计算：

$$v_2 = 3.4\sqrt{R_t} \quad (\text{m/s}) \tag{11.23}$$

式中：R_t 为驼峰断面的水力半径，m。

国内已建泵站虹吸式出水流道的驼峰断面平均流速的范围为 $2.0 \sim 2.5\text{m/s}$。

2）驼峰断面下缘高程 ∇_x 的确定。驼峰断面下缘的高程 ∇_x 主要取决于出水池水位，为了避免出水池水流倒灌，驼峰断面下缘应高于出水池最高水位。∇_x 可按下式计算：

$$\nabla_x = \nabla_{cmax} + \delta \quad (\text{m}) \tag{11.24}$$

式中：∇_{cmax} 为出水池最高水位，m；δ 为安全超高，一般可取 $0.2 \sim 0.3\text{m}$。

3）驼峰断面面积 A_t 的确定。为了保证驼峰断面处压力、流速分布较均匀，阻力损失较小，驼峰处一般采用高度较小的矩形断面。驼峰断面的面积 A_t 可由下式计算：

$$A_t = Q/v_2 \quad (\text{m}^2) \tag{11.25}$$

式中：Q 为水泵流量，可采用设计流量，m^3/s；v_2 为驼峰断面的平均流速，可取 $2.0 \sim 2.5\text{m/s}$。

4）驼峰断面高度 h 和宽度 b 的确定。驼峰断面高度 h 的大小对该断面的压力分布影响很大，特别是对于管径很大的大型轴流泵的虹吸式出水流道，较大的 h 往往会造成驼峰段上部与下部之间很大的压差。为此，应尽可能地降低驼峰断面的高度 h，一般采用经验数据 h 为 $(0.5 \sim 0.785)D$。

驼峰断面高度 h 确定后即可计算驼峰断面上缘高程 ∇_s 和驼峰断面的宽度 b：

$$\nabla_s = \nabla_x + h \quad (\text{m}) \tag{11.26}$$

$$b = A_t/h \quad (\text{m}) \tag{11.27}$$

5）驼峰处的曲率半径 R_2 的确定。R_2 过小，有利于机组启动时水流翻越驼峰，并减小驼峰处的空气体积，易于形成虹吸，但水流急剧转弯，水力损失较大；R_2 过大，虽可减小阻力，但却延长了虹吸形成时间。根据经验，一般取 $R_2 = 1.5D$ 左右。

（3）下降段。下降段一般都是等宽的，但为了进一步减少流道出口的动能损失，有的也设计成扩散型。下降段横断面的高度沿水流方向逐渐增大，断面由驼峰处的扁平长方形逐渐扩展成长宽接近的矩形，使断面面积逐渐增大，平均流速逐渐减小。

下降段的倾角 β 对水流流态和工程投资也有影响。β 过大，可减小下降段的长度，节省工程投资，但易引起水流脱壁，影响虹吸形成过程，使流道内的压力不稳定，还会增加流道水力损失；β 过小，会增加工程投资。目前一般采用 $\beta = 40° \sim 70°$。下降段的长度计算与上升段相似。

（4）出口段。为了更好地回收水流动能，减少流道出口水力损失，需要尽可能地降低出口流速，流道出口流速 v_3 不宜大于 1.5m/s。据此可确定流道出口断面面积 A_3 及高度 h_3：

$$A_3 = Q/v_3 \quad (\mathrm{m}^2) \tag{11.28}$$

$$h_3 = A_3/B \quad (\mathrm{m}) \tag{11.29}$$

根据出水池最低水位 ∇_{cmin} 和虹吸管出口最小淹没水深 h_{cs}，可以推求流道出口的顶部高程：

$$\nabla_3 = \nabla_{\mathrm{cmin}} - h_{\mathrm{cs}} \quad (\mathrm{m}) \tag{11.30}$$

h_{cs} 过小，会有可能使空气从流道出口进入驼峰低压区，影响虹吸的形成；h_{cs} 过大又会降低出水池的底部高程，从而增加工程造价。一般采用

$$h_{\mathrm{cs}} = (4 \sim 5) \frac{v_3^2}{2g} \quad (\mathrm{m}) \tag{11.31}$$

最小淹没水深 h_{cs} 不小于 0.3m。

（5）驼峰段顶部真空值的校核。若虹吸式流道驼峰处的压力大于水的汽化压力，虹吸式出水流道可以正常工作；若驼峰处的压力过低，便有可能产生汽蚀，导致强烈的压力脉动，严重影响虹吸的形成。为避免此种现象，应对驼峰段顶部的真空值进行校核，可按下式计算：

$$H_2 = \nabla_{\mathrm{s}} - \nabla_{\mathrm{cmin}} + \frac{v_2^2 - v_3^2}{2g} - h_{13} \tag{11.32}$$

式中：H_2 为驼峰段顶部实际的真空值；g 为重力加速度，$\mathrm{m/s}^2$；h_{13} 为驼峰至出口断面的水头损失，m。

驼峰段顶部的最大允许真空值为

$$H_{\mathrm{ts}} = \frac{P_{\mathrm{a}} - P_{\mathrm{k}}}{\rho g} - a \tag{11.33}$$

式中：H_{ts} 为最大允许真空值，m，一般不超过 7.5m；P_{a} 为当地海拔高程的大气压力，kPa；P_{k} 为临界汽化压力，kPa；ρ 为水的密度，$\mathrm{kg/m}^3$；a 为考虑水流波动的安全值，m。

11.4.4　直管式出水流道

直管式出水流道（图 11.21）与水泵导叶出口相接，流道断面形状由圆变方，在平面方向和立面方向均逐渐扩大，流道内的平均流速逐渐减小，流道内为正压力。直管式出水流道断面形状简单，施工方便，采用拍门和快速闸门作为断流措施，在大中型泵站中已有较多应用。

图 11.21　直管式出水流道

1. 直管式出水流道的布置形式

出水流道的出口应淹没在出水池最低运行水位以下，出水流道出口上缘的最小淹没深度宜取 0.3～0.5m。根据水泵出水弯管的角度，直管式出水流道可能有上升式（小于 90°）、平管式（90°）和下降式（大于 90°）三种布置形式，如图 11.22 所示。

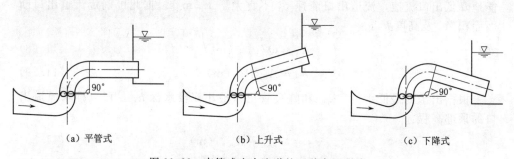

（a）平管式	（b）上升式	（c）下降式

图 11.22　直管式出水流道的三种布置形式

上升式流道可减小水泵弯管的转角，减少流道水力损失，也有利于机组启动过程中流道内空气的排出。在低扬程的条件下，泵站外水位较低，为了保证流道出口淹没在最低水位以下一定深度，不得不将流道布置成平管式或下降式。在这些情形下，出水流道的转弯角度较大，受水流惯性的影响，水流的主流将较多地偏向流道上部，而在流道的下部产生脱流和漩涡，导致流道水力损失增大。此外，对平管式或下降式出水流道都需要注意管道的排气，平管式在管道出口附近，下降式在弯道（低驼峰段）高点附近布置通气孔。

与进水流道一样，在出水流道型线设计完成后可以通过数值模拟计算来辅助改进设计。

2. 通气孔

直管式出水流道都需设通气孔，其目的是使机组在启动阶段可以由通气孔排出管道内的空气，在停机阶段可以由通气孔补气，减弱流道内的压力脉动。

通气孔的布置取决于流道的布置形式：对于下降式流道或弯曲的低驼峰流道，通气孔应布置在流道最高位置附近；对于水平式和上升式，则可布置在流道出口附近；对于水平式，要注意管道的上缘型线保持 5°左右的上升角，以利于排气。

通气孔的面积可按下式计算：

$$A_q = \frac{V}{\mu v t}$$

(11.34)

式中：V 为出水流道内的空气体积，m^3；μ 为风量系数，可取 μ 为 0.71～0.815；v 为最大气流速度，m/s，可取 v 为 90～100m/s；t 为排气或进气的时间，s，可取 t 为 10～15s。

11.4.5 断流装置

水泵正常停机运行或因意外中止运行停机后，因为出水侧的水压高于进水侧，水流会从出水侧流向进水侧而发生倒流，需要设置特定的防止水流持续倒流的装置，这就是断流装置。常见的断流装置有拍门、快速闸门和真空破坏阀。

1. 拍门

拍门可用于直管式出水流道，也可用于低驼峰流道，是最常见的一种断流方式。水泵开机后，拍门在水流冲力作用下打开；水泵停机后，拍门在自重及水流反向流动力的作用下关闭。拍门的门顶用铰链与门座相连，门与门座之间设柔性材料止水，其主要特点是结构简单、应用方便、造价便宜，在泵站中得到了广泛的应用。

普通拍门没有任何附加控制设备，利用水流的冲力和自重或反向水流的作用力开启和关闭，多用于中小型泵站，如图 11.23（a）所示。由于拍门是在水流冲力下开启的，在正常运行时水流需要克服拍门的阻力。为了减小拍门阻力，一些大型泵站采用了机械平衡式拍门、浮箱式拍门等，如图 11.23（b）所示。另外，拍门在自重或反向水流作用力下关闭，在关闭的最后阶段速度较大，从而会对门座产生较大的撞击力。为了避免撞击力对拍门及门座可能造成的破坏，可采用带有液压缓冲装置的拍门，如图 11.23（c）所示。

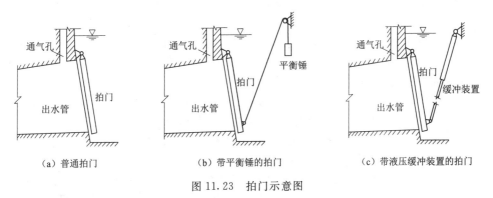

（a）普通拍门　　　　　　（b）带平衡锤的拍门　　　　　（c）带液压缓冲装置的拍门

图 11.23　拍门示意图

2. 快速闸门

快速闸门是大型泵站的又一种断流方式，其区别于普通闸门的是启闭速度快。通常配用液压启闭机，闸门能快速开启和关闭，适用于直管式等出水流道。与拍门相比，这种断流方式的优点是撞击力小。

快速闸门的"快速"主要是在水泵停机时，要求闸门迅速下落，截断水流。在水泵机组启动时，若闸门开启太慢，就会增加水泵的启动扬程，对轴流泵机组而言，可能导致电机过载及机组振动；如果闸门开启太快，则可能使从闸门外倒流进的水与水泵排出的水在流道内相撞，从而引起较大压力脉动，使流道内排气困难。为保证机组在启动过程中避免产生由于闸门开启过快或过慢而引发的问题，可采取一定的调控措施，如在胸墙上方设溢流孔或在快速闸门的门页上开小拍门等，如图11.24所示。这样，对快速闸门的开启时间和速度就可不必严格要求。

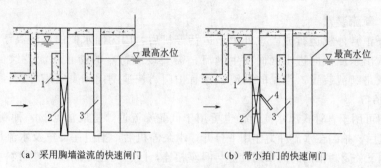

（a）采用胸墙溢流的快速闸门　　　（b）带小拍门的快速闸门

图11.24　快速闸门示意图

1—胸墙；2—快速闸门；3—检修门；4—小拍门

3. 真空破坏阀

资源11-7
真空破坏阀

真空破坏阀是虹吸式出水流道的断流方式，通过破坏虹吸式出水流道顶部的真空，切断水流。在水泵机组停机时，打开设置在驼峰段上部的真空破坏阀的阀门，空气进入流道，真空被破坏，水流分隔在驼峰两侧。这种断流方式的优点是断流可靠、操作简便、维护方便。

（1）真空破坏阀的要求。为了保证机组正常和安全运行，真空破坏阀应满足以下要求：

1）启闭切换灵敏度高。在水泵启动过程中，驼峰上部空气压力为正压，为缩短机组启动时间，需先打开真空破坏阀，排出流道内的部分空气后再予关闭，真空破坏阀阀门启闭切换应有较高的灵敏度。

2）动作迅速可靠。机组停机时，必须立即开启阀门破坏真空，切断水流，否则就会使出水池中的水不断地倒流入进水池，引起机组反转。

3）密封性能好。真空破坏阀漏气将导致流道内达不到满管流，增加扬程，减少流量，降低效率，并可能引起机组振动。

（2）真空破坏阀的形式。真空破坏阀有多种形式：较早的有气动式等，现在又发展有电磁式、电动式，且引入了程序控制技术。这里介绍主要介绍气动式、电磁式等。

1）气动式真空破坏阀。常用的真空破坏阀是气动式真空破坏阀，由阀门座、气缸、活塞、活塞杆、弹簧等部分组成，如图11.25所示。

如真空破坏阀因故不能打开，还可以打开手动阀，将压缩空气送入真空破坏阀的气缸，使真空破坏阀动作。如遇到意外真空破坏阀无法打开，可用工具击破真空破坏阀旁的有机玻璃板，使空气进入虹吸管内，保证在水泵停机后能尽快破坏虹吸管的真空，切断水流。

真空破坏阀的阀盘直径 D 可按以下经验公式计算：

$$D = 0.175 Q^{0.5} \quad (\text{m}) \tag{11.35}$$

式中：Q 为水泵的额定流量，m^3/s。

真空破坏阀的升起高度 h 可按阀盘周围进风断面与阀进口断面的面积相等的原则确定：

$$\mu\pi Dhv = \frac{\pi D^2}{4}v$$

所以

$$h = \frac{D}{4\mu} \quad (\text{m}) \quad (11.36)$$

式中：μ 为风量系数，可取 $0.71\sim0.815$。

2) 电磁式真空破坏阀。（压力平衡式）电磁式真空破坏阀通过与机组断路器联动实现断流，是较为理想的断流方式。电磁式真空破坏阀主要由空气腔、水腔、电磁操作机构、手动操作机构等组成，其正面结构如图 11.26 所示。当电磁操作机构断电时，真空破坏阀打开；当电磁操作机构接电时，真空破坏阀关闭。在机组停运情况下，真空破坏阀处于常开位，这时流道与空气是相通的，破坏了虹吸形成的条件，起到隔离泵站上下游水流的作用。在机组停机时，若真空破坏阀不动作，则会引起机组倒转，此时可用手动操作转轮机构开阀。如果手动存在机械卡阻，为了减小过高转

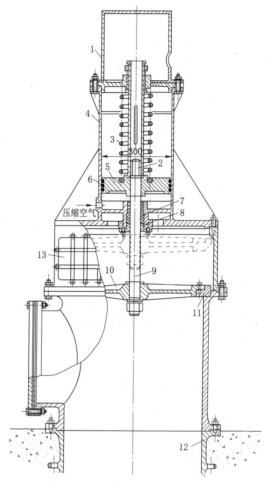

图 11.25　气动式真空破坏阀结构图
1—罩壳；2—活塞杆；3—弹簧；4—气缸；5—活塞；
6—活塞环；7—填料；8—填料压盖；9—阀杆；10—阀门；
11—阀门外环；12—阀门座；13—进气滤网

速对泵机组的破坏，应采取应急措施，通过砸破观察窗的方式让空气进入流道切断水流，还可专门设计真空破坏阀防拒动装置来确保断流安全。电磁式真空破坏阀结构较为简单，无须压缩空气系统，目前在泵站工程中的应用较广。

3) 水力冲动式真空破坏阀。水力冲动式真空破坏阀示意图如图 11.27 所示。水泵正常运行时，水流沿箭头方向流动，在水流冲击下挡板杠杆绕支点转动，从而使阀板压紧进气口，使管内保持一定真空度，形成虹吸出流。当水泵停止运行后，水流倒流，挡板受倒流作用使阀杆绕支点反向转动，打开进气口，空气进入管道，破坏真空，起断流作用。这种断流方式结构简单，但挡板会增加水力损失，适用于小型离心泵站出水管口断流。

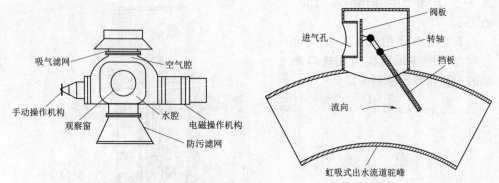

图 11.26   电磁式真空破坏阀结构示意图   图 11.27   水力冲动式真空破坏阀示意图

4）水力通气管式真空破坏阀。水力通气管式真空破坏阀破坏真空的方法是把进气口从驼峰顶处引到上游低于驼峰顶高程的一定位置，见图 11.28。这样，在水泵正常运行时，因上游压力高，水位上升，淹没进气口，起到密封作用，以利于真空形成。在水泵停机，水流产生倒流后，原上游的水压力下降，水箱内的水位随之下降，当水位下降到进气口以下时，空气即进入管道，从而破坏真空，切断水流。这种真空破坏阀结构较简单，但受出口水位变化限制，出口水位变幅不能太大。

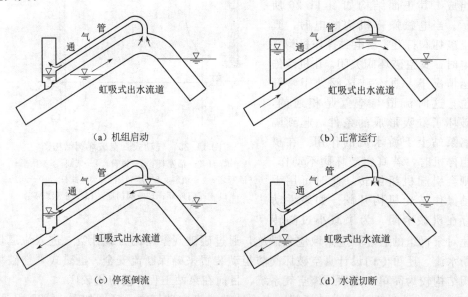

图 11.28   水力通气管式真空破坏阀

第**12**章

泵站水锤计算和防护

12.1 泵站水锤现象

12.1.1 水锤的概念

水锤（Water Hammer）又称水击，是压力管道内流体运动速度骤然变化而引起的水压瞬变过程，是流体的一种不稳定运动状态。停泵水锤是指水泵机组因突然失电或其他原因造成开阀停机时，在水泵及管道中因水流速度骤然变化而引起压力剧烈升降的水力现象。

产生突然停机的原因可能是：①由于电力系统或电气设备突然发生故障或人为误操作致使电力系统突然中断；②水泵机组突然发生机械故障，使拖动电机发生超负荷而被切除等。

停泵瞬间，压力管道内的水流在惯性作用下继续向水池方向流动，但流速很快降为零，水体在重力水头作用下，又开始向水泵倒流，倒流流速由零逐步增大，同时引起管道内压力变化。因水锤而产生的压力变化（上升与下降）数值上取决于管道长度 L、断面面积 A、初始速度 V_0、水泵的工作扬程 H_n、压力波的传播速度 a、闸阀的操作时间等。

资源 12-1
水锤发生
机理及
过程演示

12.1.2 水锤的分类

按水锤发生的场合不同，泵站水锤可分为启动水锤、关阀水锤和停泵水锤。按理论假定不同，泵站水锤可分为刚性水锤和弹性水锤，前者是以不可压缩流体和管壁不能变形的假定为基础，后者则认为水和管壁皆为弹性体。此外，水锤波根据传播方向分为直射波和反射波。按关阀时间与相长之间的关系，泵站水锤可分为直接水锤和间接水锤，直接水锤远大于间接水锤。

12.1.3 停泵水锤的主要特点

停泵瞬间，水在惯性作用下速度降低，接着受重力作用迅速倒流，水泵工作属于水力过渡过程。第一阶段为水泵失电，主动力矩消失，机组仍正转但属制动工况，转速降低导致流量减少和压力降低。然后，此压力降以波的形式从泵的压水（出水）管向出水口传播，并在压水（出水）管末端形成向泵方向传播的反射波。此后的情况取决于泵出口是否设有普通止回阀（逆止阀）。

泵出口装有普通止回阀（逆止阀）时，由于这种阀无控制，当管路中倒流水的速度达到一定值时，止回阀（逆止阀）很快关闭，流速突然降到零而引起很大的压力上升，压力升值之大足以毁坏管路或其他设备。停泵水锤的危害主要是泵出口设有止回阀（逆止阀）而引起的。停泵水锤的另一种危害表现在管路的瞬时负压，引起管内水流分离，产生断流弥合水锤。

泵出口不设普通止回阀（逆止阀）时，停泵后水泵机组将经历水泵工况、制动工况和水轮机工况，如图 12.1 所示。当管路流速由正常值降到零时，水泵由水泵工况进入制动工况，此后随着水流倒流，水泵转速降到零时进入水轮机工况，水泵开始反转后反转转速逐步加大直至稳定的反转转速，即飞逸转速。

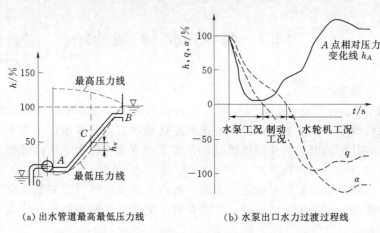

（a）出水管道最高最低压力线　　　　（b）水泵出口水力过渡过程线

图 12.1　水泵出口无逆止阀停泵水锤发生过程

h—相对压力；q—相对流量；α—相对转速

12.1.4　停泵水锤的危害

资源 12-2
水锤导致
的破坏

（1）水锤压力过高，引起水泵、阀门和管道破坏；或水锤压力过低，管道失稳而被破坏。

（2）水泵反向转速过高，与水泵机组的临界转速相重合，引起水泵机组的剧烈振动；机组突然停止反转，或因电动机再启动，引起电动机转子的永久变形或连接轴的断裂。

（3）水泵倒流流量过大，引起管网压力下降，水量减小，影响正常供水。由于管道内压力交替上升和下降，造成管道、阀、水泵等设备的损坏。

如果管内负压变化过大，使得溶解于水中的空气逸出或水发生汽化［p_B（B 点压力）$<p_V$（汽化压力）］，形成水柱分离，一方面过低的压力可能使薄壁管道丧失稳定；另一方面当分离的水柱在水锤压力作用下重新弥合时产生很高的压力，造成管道和设备更为严重的破坏。

12.2 停泵水锤计算

12.2.1 图解法

用图解法计算水锤压力几何意义明确,其原理与图解法确定水泵装置的工况点类似,前者所确定的是随时间而变的非稳定状态下的瞬时工况点,后者是确定稳定状态下的工况点。

确定水泵装置稳定状态下的工况点,需要装置性能曲线和管路性能曲线;而确定水泵装置在非稳定状态下的工况点,同样需要水泵装置的瞬时性能曲线和瞬时管路性能曲线。水泵装置的瞬时性能曲线就是水泵装置在变化的条件下与机组运动状况相关的性能曲线,瞬时管路性能曲线则是与变化的管内流动相关的管路性能曲线。

1. 水泵机组转子的惯性运动方程

从理论力学可知,水泵机组停机后运动方程为

$$M = -\frac{GD^2}{38.2}\frac{dn}{dt} \tag{12.1}$$

式中:M 为作用在机组上的合外力矩,N·m;GD^2 为水泵机组转子的转动惯量,kg·m²;n 为水泵机组转速,r/min;负号表示减速运动。

设在 Δt 时段的开始和终了,作用在机组转子上的转矩分别为 M_i 与 M_{i+1},转速分别为 n_i 与 n_{i+1},则上式可改写成差分格式:

$$n_i - n_{i+1} = \frac{38.2}{GD^2}\left(\frac{M_i + M_{i+1}}{2}\right)\Delta t \tag{12.2}$$

对式 (12.2) 两边作无量纲变换,令

$$\alpha_i = \frac{n_i}{n_0}$$

$$\alpha_{i+1} = \frac{n_{i+1}}{n_0}$$

$$\beta_i = \frac{M_i}{M_0}$$

$$\beta_{i+1} = \frac{M_{i+1}}{M_0}$$

得

$$\alpha_i - \alpha_{i+1} = \frac{38.2M_0}{2GD^2 n_0}(\beta_i + \beta_{i+1})\Delta t \tag{12.3}$$

或

$$\alpha_i - \alpha_{i+1} = \frac{182500N_0}{GD^2 n_0^2}(\beta_i + \beta_{i+1})\Delta t \tag{12.4}$$

式中:N_0 为水泵额定轴功率,kW;M_0 为水泵额定轴功率下的转矩,N·m;n_0 为水泵额定转速,r/min。

若 GD^2 以 t·m² 计,则式 (12.4) 应改为

$$\alpha_i - \alpha_{i+1} = \frac{182.5 N_0}{GD^2 n_0^2} (\beta_i + \beta_{i+1}) \Delta t \tag{12.5}$$

由电机学可知机组的时间常数是

$$T_\alpha = \frac{GD^2 n_0^2}{365 N_0} \quad (\text{s}) \tag{12.6}$$

则式（12.5）也可写成

$$\alpha_i - \alpha_{i+1} = \frac{1}{2T_\alpha} (\beta_i + \beta_{i+1}) \Delta t \tag{12.7}$$

式（12.7）就是水泵机组（转子）的惯性方程，决定机组转速随力矩变化的动态关系。只要求得瞬时转速就可由泵全性能曲线求得水泵瞬时性能曲线。

2. 水锤共轭方程

由水力学可知，若不计摩阻，水锤波方向与管中初始流速方向相同时为顺行水锤波，水锤波方向与管中初始流速方向相反时为逆行水锤波，其水锤共轭方程为

$$h_{A1} - h_{B2} = -2\rho(v_{A1} - v_{B2}) \tag{12.8}$$
$$h_{B1} - h_{A2} = +2\rho(v_{B1} - v_{A2}) \tag{12.9}$$

式（12.8）为由 A 点向出水管路中 B 点传播的顺行水锤波的方程式，式（12.9）为由 B 点向 A 点传播的逆行水锤波的方程式，无论对水泵事故停泵或者对水轮机事故停机都适用。下标 1、2 分别表示 $t = t_1$、$t = t_2$ 时的情况。

$$h = \frac{H}{H_0}$$

$$v = \frac{V}{V_0}$$

$$\rho = \frac{a V_0}{2g H_0}$$

式中：H_0、V_0 为管道在稳定流时某点的压力水头和流速；H、V 为在水锤发生过程中，该点在某一时刻发生的压力水头和流速；a 为水锤波传播速度，m/s。

水锤波传播速度 a 与管道直径 D、管壁材料的弹性模量 E（表 12.1）有关，根据有关资料，其值可按下式确定：

表 12.1   **管壁材料的弹性模量**

管 材	铸铁管	钢管	钢筋混凝土管	石棉水泥管	橡胶管
E/Pa	8.8×10^6	20.59×10^6	20.59×10^5	32.36×10^5	6.89×10^3

$$a = \frac{1425}{\sqrt{1 + \dfrac{K}{E} \dfrac{D}{\delta}}} \tag{12.10}$$

式中：K 为水体的弹性模量；δ 为管壁厚度。

通常，对于钢管，$a = 800 \sim 1200$ m/s；对于钢筋混凝土管，$a = 900 \sim 1000$ m/s。试验证明，若水中混有空气则会大大降低水锤波的传播速度。

水锤共轭方程表示管道中任意两点的水头和流速的关系,在水锤图解计算图上表示为两条具有斜率-2ρ和$+2\rho$的直线(图12.2)。这就是水锤的管路性能曲线,也叫水锤射线,其与水泵瞬时性能曲线交点即水锤瞬时工况点。图解法的实质就是用作图的方法求水泵瞬时工况点。

3. 停泵水锤图解计算

(1)水泵倒转的情况。允许倒转情况下的事故停泵水锤图解如图12.3所示。

1)边界条件的确定。假定出水池水位

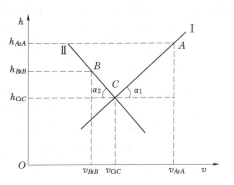

图12.2 水锤共轭方程的图示

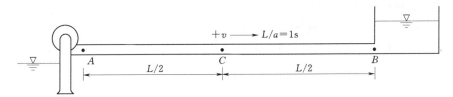

(a)水泵装置计算简图

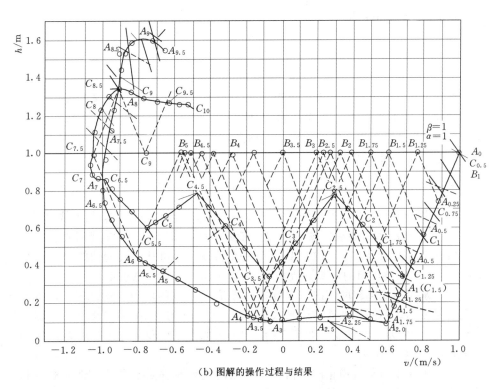

(b)图解的操作过程与结果

图12.3 允许倒转情况下的事故停泵水锤图解

不变，B 点边界条件为 $h=1.0$ 的水平线，A 点边界条件为水泵全性能曲线。

2）作水锤射线图。在稳定流情况下（即产生水锤前）A、B 两点工作参数相对值均为 1，即 $h_{A0}=1$，$h_{B1}=1$，$v_{A0}=v_{B1}=1$，$\alpha=1$，$\beta_B=1$，代入水锤共轭方程 $h_{A0}-h_{B0}=-2\rho(v_{A0}-v_{B1})$，作图，则 A_0 与 B_1 相重合，即为图解的起始点。

根据 $h_{B1}-h_{A2}=+2\rho\ (v_{B1}-v_{A2})$，自起始点 $(A_0，B_1)$ 出发，作斜率为 $+2\rho$ 的射线 B_1A_2，A_0 至 A_2 的各点均应落在这条直线上。首先过 $(A_0，B_1)$ 点作斜率为 2ρ 的射线。A_1、A_2 在这条射线上哪一点，需根据水泵的瞬时性能曲线确定。而决定水泵瞬时性能曲线的是水泵的转速，水泵转速则取决于机组惯性运动方程：

$$\alpha_i-\alpha_{i+1}=\frac{1}{2T_a}(\beta_i+\beta_{i+1})\Delta t$$

式中：T_a 为机组转动惯量。

求解这个问题可用试算的方法。

将起始点 $(A_0，B_1)$ 的 $\alpha_0=1$，$\beta_0=1$，代入上式可得

$$1-\alpha_{i+1}=\frac{\Delta t}{2T_a}(1+\beta_{i+1})$$

式中，T_a 为已知值，Δt 可以选定，选定的 Δt 越短，所得的结果越准确。

通常先求 A_1 点，取 $\Delta t=\dfrac{L}{a}$，则

$$1-\alpha_1=\frac{\dfrac{L}{a}}{2T_a}(1+\beta_1)$$

在 B_1A_2 射线上选定一点，求得 h 和 v。再据此从水泵全性能曲线中查出与之对应的 α 和 β 值，代入上式，如满足该式，即为所求 A_1 点，否则应重新在 B_1A_2 射线上选定其他点进行试算，直到满足该式为止即得 A_1 点。然后再由 A_1 点用上述试算法求出 A_2 点。

水锤波在 $t=\dfrac{2L}{a}$ 时达到 A 点后又向 B 点反射，反射波为顺行波，故从 A_2 点到 B_3 点的工况点在斜率为 -2ρ 的水锤射线上，自 A_2 点作斜率为 -2ρ 的射线 A_2B_3 交 B 点的边界条件 $h=1$ 的水平线得 B_3 点。依此类推，求定 A 点的其他各点。

根据求定的 A_0、A_1、A_2、A_3、A_4…的 h 和 q，可从全性能曲线中查得其相应的 α 和 β。水泵机组的水头、流量（速）、转速、力矩均已求得。

（2）水泵不能倒转的情况。求解这种情况下 A 点的压力变化过程，基本上与关阀情况相同。不同之处就在于当水锤射线与 $\alpha=0$ 的 $q-h$ 曲线相交后，即开始反复与 $h=1$ 的水平线相交，最后重合于 $h=1$ 的水平线和 $n=0$ 时 $q-h$ 曲线的交点上，如图 12.4 所示。

（3）水泵出口装有逆止阀的情况。A 点的边界条件是水泵的全性能曲线和惯性方程式，B 点的边界条件是 $h=1$ 的水平线。

确定起始点及 A_2 点的方法与前相同。当 A 点流速 $v=0$ 时，逆止阀完全关

闭，其最高水锤压力如图 12.5 中的 E 点所示；如果逆止阀关闭时间滞后于开始倒流的时间，其瞬时关闭时引起的最高压力将取决于带箭头的点划线与 h 轴的交点。由此可见，事故停泵时，逆止阀（无控制机构）关闭得越迟，引起的水锤压力增加得越多。

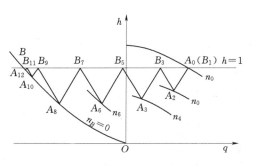

图 12.4　水泵不能倒转时水锤计算图解

（4）水泵出口处同时装有逆止阀和水锤消除器的情况。该情况的扬程坐标轴右侧图解方法与无逆止阀的情况相同，见图 12.6。当水锤射线越过扬程坐标轴（即水开始倒流）后，逆止阀关阀，下开式水锤消除器泄水孔开启，这时水锤射线交于水锤消除器泄水孔的流量-水头损失曲线 R_1，然后，水锤射线就在 R_1 曲线与 $h=1$ 的水平线之间交替反射，逐渐衰减，最后稳定在 $h=1$ 的水平线与 R_1 曲线的交点 B 点。随着水锤消除器泄水孔的逐渐关闭，其工况点由 B_0 点最后移至扬程坐标轴上的 B' 点。

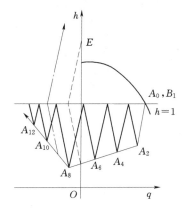

图 12.5　有逆止阀情况下的水锤图解

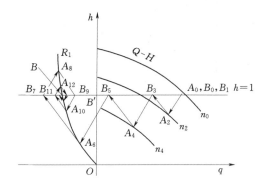

图 12.6　水泵出口有逆止阀和水锤消除器
情况下的水锤图解

图 12.6 中 A_0—A_2—…—A_{12} 反映 A 点压力变化过程，其中 A_8 点、A_6 点分别为最高和最低压力点。

12.2.2　帕马金曲线简易算法

美国工程师帕马金对大量的水泵水锤计算结果进行分析，提出一套近似计算水泵水锤的曲线。这种简易算法可比较便捷地用于水泵机组水锤预估。帕马金水锤计算图解曲线如图 12.7 所示。

1. 适用条件

该计算图的适用条件是：①具有单独的出水管道，或几台同型号水泵共用一条出水管路，并且同时产生事故停泵；②管道中逆止阀失效或无逆止阀；③出水池水位保持不变；④正常运行时管路损失水头小于静扬程的 10%；⑤正常运行时

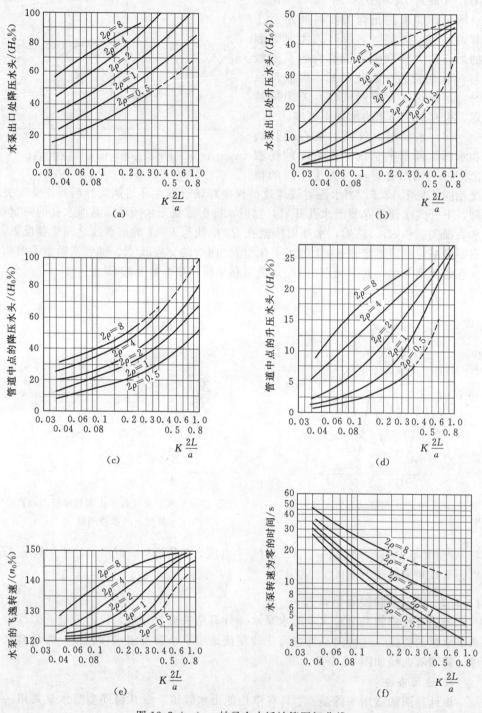

图 12.7（一） 帕马金水锤计算图解曲线

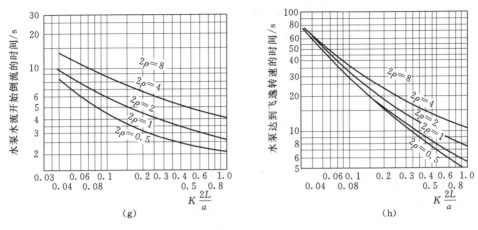

图 12.7（二） 帕马金水锤计算图解曲线

水泵的工作扬程与水泵设计点扬程（即与最高效率点对应的扬程）重合或非常接近，如果二点偏差较大，其计算结果误差较大；⑥不出现水柱断裂；⑦无任何水锤防护措施；⑧水中含气量与含沙量均很少；⑨水泵是比转速为 90 或接近 90 的离心泵。

2. 计算方法

先计算管道特征参数 $2\rho = \dfrac{aV_0}{gH_0}$，再计算机组转子惯性特征的参数 $K = \dfrac{182500N_0}{GD^2 n_a^2}$ 与水锤相长 $\dfrac{2L}{a}$ 的乘积，即 $K\dfrac{2L}{a}$。其中：GD^2 可从电机样本中查得；n_a 为水泵机组的额定转速，r/min；N_0 为水泵机组在额定转速时的功率，kW；L 为管道长度，m；V_0 为在正常运行时管中流速，m/s；H_0 为正常运行时水泵的扬程，m。

根据计算的 2ρ 和 $K\dfrac{2L}{a}$ 值分别从图 12.7（a）、（c）中查出水泵出口处和管道中点的降压水头（相当于正常工作扬程的百分数）；从图 12.7（b）、（d）中分别查出水泵出口处和管道中点的升压水头；从图 12.7（e）中查出水泵机组转子飞逸转速（相当于正常运转速度的百分数）；从图 12.7（f）、（g）、（h）中分别查出水泵转速为零、水流开始倒流、达到飞逸转速的时间$\left(\text{均以}\dfrac{L}{a}\text{的倍数表示}\right)$。

12.2.3 数值计算法

用计算机求解水泵装置的水锤问题有两种方法。一是按照图解法的思路，把相关的全性能曲线变成数据库，把绘图变成数值计算，编制计算机程序就可以实现计算机求解，快捷而准确。我国学者在 20 世纪 70 年代就已经成功地实现了用计算机编程计算取代手工绘图进行停泵水锤计算图解。二是特征线数解法，用函数的方法把泵全性能曲线存入计算机，运用特征线方法通过计算机求解。目前实际工程多采用特征线数解法来计算水锤，这里简要介绍停泵水锤特征线法。

特征线法将水锤基本方程通过其特征线转化为常微分方程，再用有限差分法变为代数方程进行求解。该方法精度高，适用性强，可用于求解各种复杂边界条件下的水锤计算问题。

1. 水锤特征线法基本原理

根据流体力学原理，可以推导出水流运动方程和连续性方程如下：

$$\left. \begin{array}{l} g\dfrac{\partial H}{\partial x}+\dfrac{\partial v}{\partial t}+\dfrac{fv\,|\,v\,|}{2D}=0 \\[3mm] g\dfrac{\partial H}{\partial t}+a^2\dfrac{\partial v}{\partial x}=0 \end{array} \right\} \tag{12.11}$$

以流量 Q 代替速度 v，则运动方程和连续方程可写成

$$\left. \begin{array}{l} gA\dfrac{\partial H}{\partial x}+\dfrac{\partial Q}{\partial t}+\dfrac{fQ\,|\,Q\,|}{2DA}=0 \\[3mm] gA\dfrac{\partial H}{\partial t}+a^2\dfrac{\partial Q}{\partial x}=0 \end{array} \right\} \tag{12.12}$$

式中：H 为水头，m；A 为断面面积，m^2；a 为水锤波传播速度，m/s；g 为重力加速度，m/s^2；D 为管道直径，m；v 为水流流速，m/s；Q 为水流流量，m^3/s；f 为摩擦损失系数；x 为计算断面在管道中的位置，m；t 为计算时刻，s。

令

$$L_1=gA\dfrac{\partial H}{\partial x}+\dfrac{\partial Q}{\partial t}+\dfrac{fQ\,|\,Q\,|}{2DA}=0$$

$$L_2=gA\dfrac{\partial H}{\partial t}+a^2\dfrac{\partial Q}{\partial x}=0$$

现用待定系数 λ 对以上二式进行线性组合，即

$$L=L_1+\lambda L_2 \tag{12.13}$$

将 L_1、L_2 代入，整理后得

$$\left(\dfrac{\partial Q}{\partial x}+\lambda a^2\dfrac{\partial Q}{\partial x}\right)+\lambda gA\left(\dfrac{\partial H}{\partial t}+\dfrac{1}{\lambda}\dfrac{\partial H}{\partial x}\right)+\dfrac{fQ\,|\,Q\,|}{2DA}=0 \tag{12.14}$$

式（12.14）就是偏微分形式的水锤基本方程。

设 $H=H(x,\ t)$ 和 $Q=Q(x,\ t)$ 是运动方程和连续方程的解，并假定变量 x 是 t 的函数，则 Q 和 H 对 t 的全导数为

$$\dfrac{\mathrm{d}Q}{\mathrm{d}t}=\dfrac{\partial Q}{\partial t}+\dfrac{\partial Q}{\partial x}\dfrac{\mathrm{d}x}{\mathrm{d}t} \tag{12.15}$$

$$\dfrac{\mathrm{d}H}{\mathrm{d}t}=\dfrac{\partial H}{\partial t}+\dfrac{\partial H}{\partial x}\dfrac{\mathrm{d}x}{\mathrm{d}t} \tag{12.16}$$

设

$$\lambda a^2=\dfrac{\mathrm{d}x}{\mathrm{d}t} \tag{12.17}$$

将上式代入式（12.15），有

$$\dfrac{\mathrm{d}Q}{\mathrm{d}t}=\dfrac{\partial Q}{\partial t}+\lambda a^2\dfrac{\partial Q}{\partial x} \tag{12.18}$$

又设

$$\frac{1}{\lambda} = \frac{\mathrm{d}x}{\mathrm{d}t} \tag{12.19}$$

将式 (12.19) 代入式 (12.16)，有

$$\frac{\mathrm{d}H}{\mathrm{d}t} = \frac{\partial H}{\partial t} + \frac{1}{\lambda}\frac{\partial H}{\partial x} \tag{12.20}$$

根据式 (12.17) 和式 (12.19)，有

$$\lambda = \pm \frac{1}{a} \tag{12.21}$$

综合式 (12.21)、式 (12.20)、式 (12.18) 和式 (12.14)，得

$$\frac{\mathrm{d}Q}{\mathrm{d}t} \pm \frac{gA}{a}\frac{\mathrm{d}H}{\mathrm{d}t} + \frac{fQ|Q|}{2DA} = 0 \tag{12.22}$$

这样，就将偏微分方程形式的水锤基本方程转变为常微分方程。但该式必须满足的条件是

$$\frac{\mathrm{d}x}{\mathrm{d}t} = \frac{1}{\lambda} = \pm a \tag{12.23}$$

或

$$\frac{\mathrm{d}t}{\mathrm{d}x} = \pm \frac{1}{a} \tag{12.24}$$

这就是特征线方程。在 x-t 坐标系中，$\frac{\mathrm{d}t}{\mathrm{d}x} = \pm\frac{1}{a}$ 分别是斜率为 $+\frac{1}{a}$ 和 $-\frac{1}{a}$ 的两条直线（图 12.8 中的 AP 和 BP），交于 P 点。如果将上式写成 $\mathrm{d}x = \pm a\,\mathrm{d}t$ 的形式，则 $\mathrm{d}x$ 就是 $\mathrm{d}t$ 时间段内水锤波以波速 a 沿管道移动的距离。

在图 12.8 中，假设 A、B 两点间的距离为 $2\Delta x$，在 t_0 时刻，从 A 点生成或传出一正向水锤波 $+a$，在 $t_0 + \Delta t$ 时移动 Δx 距离到达 P 点。在 B 点生成或传出一反向水锤波 $-a$，在 $t_0 + \Delta t$ 时也到达 P 点。P 点的流量和水头可以根据 A 点和 B 点的流量和水头，用式 (12.15) 来求得。如令 A、B 两点在 t_0

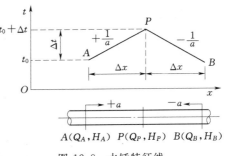

图 12.8 水锤特征线

时刻的流量和水头分别为 Q_A、H_A、Q_B、H_B，P 点在 $t_0 + \Delta t$ 时刻为 Q_P、H_P，那么，可用差分形式表示 A、P 两点之间及 B、P 两点之间流量和水头关系。

对于正特征线 AP：

$$(Q_P - Q_A) + \frac{gA}{a}(H_P - H_A) + \frac{f\Delta t}{2DA}Q_A|Q_A| = 0 \tag{12.25}$$

对于负特征线 BP：

$$(Q_P - Q_B) - \frac{gA}{a}(H_P - H_B) + \frac{f\Delta t}{2DA}Q_B|Q_B| = 0 \tag{12.26}$$

可将以上两式简写成

$$Q_P = C_A - BH_P \qquad (12.27)$$

$$Q_P = C_B + BH_P \qquad (12.28)$$

其中

$$C_A = Q_A + BH_A - CQ_A|Q_A|$$

$$C_B = Q_B - BH_B - CQ_B|Q_B|$$

$$B = \frac{gA}{a}$$

$$C = \frac{f\Delta t}{2DA}$$

式（12.27）和式（12.28）分别称为正特征方程和负特征方程。其中，B 和 C 为与管道特性有关的常数，C_A 和 C_B 由相邻时间和位置的流量和水头所确定。

将式（12.27）和式（12.28）联立，可得

$$Q_P = (C_A + C_B)/2 \qquad (12.29)$$

$$H_P = \frac{C_A - Q_P}{B} \qquad (12.30)$$

或

$$H_P = \frac{Q_P - C_B}{B} \qquad (12.31)$$

如果将整个管长分成 N 段，如图 12.9 所示（这里 $N = 6$），则 $\Delta x = L/N$。根据 $\Delta t = \Delta x/a$ 求出 Δt。若稳态时各断面的流量和水头已知，则可按正、负特征方程求出经过 Δt 时段中间各断面的流量和水头。在稳态（$t = 0$）时断面 1 和断面 3 的流量和水头已知，则可根据 1 点的负特征方程和 3 点的正特征方程，求出经过 Δt 时段 2 点的流量和水头，以此类推。

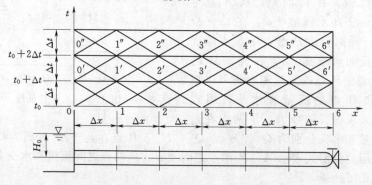

图 12.9　计算水锤特征线网络图

对于泵出口和管道出口断面，下一时段的流量和水头只能根据边界条件和相应的一个特征方程联立求解。泵出口断面由负特征方程和水泵端边界方程等联立求解，管道出口断面根据正特征方程和管道出口边界条件联立求解。

2. 水泵端边界条件方程

(1) 与水泵全性能曲线有关的方程。发生事故停泵后，水泵扬程 H、流量 Q、转速 n、转矩 M 之间的关系一般以相对值（h_0、v、α、m）在泵全性能曲线中反映出。全性能曲线是在 $\alpha\text{-}q$（或 $\alpha\text{-}v$）坐标系中，以两簇等 h 和等 m 曲线表示的性能关系，其形式比较复杂，需要对全性能曲线简化。根据水泵比例律：

$$\frac{Q}{n}=\text{const（常量）}$$

$$\frac{H}{n^2}=\text{const}$$

$$\frac{P}{n^3}=\text{const}$$

因为 $P=M\omega=M\dfrac{\pi n}{30}$，有 $\dfrac{P}{n^3}=\dfrac{M}{n^2}\dfrac{\pi}{30}=\text{const}$，则 $\dfrac{M}{n^2}=\text{const}$。

以上的流量、扬程、转矩与转速的关系用相对值表示为

$$\frac{v}{\alpha}=\text{const}$$

$$\frac{h}{\alpha^2}=\text{const}$$

$$\frac{m}{\alpha^2}=\text{const}$$

如果把泵的全性能曲线的四个象限每隔一定的角度 $\Delta\theta$ 等分，则对应任意角度为 θ 的射线上的各点为

$$\tan\theta=\frac{\alpha}{v}=\text{const}$$

这就是说，同一射线上各点的 α/v 相等，均为相似工况点，所以该射线上各点的 h/α^2 和 m/α^2 也分别相等。这样，给出不同的 θ 值，就能求出相应的 α/v、h/α^2 和 m/α^2 值。

如果以 α/v 为横坐标，分别以 h/α^2 和 m/α^2 为纵坐标，就可将水泵全性能曲线用两条以综合参数表示的曲线来概括。其中 $h/\alpha^2\text{-}\alpha/v$ 曲线表示的是任意转速情况下扬程与流量的关系；$m/\alpha^2\text{-}\alpha/v$ 曲线所表示的是任意转速下转矩与流量的关系。从而使全性能曲线得到简化。

由于水泵全性能曲线表示水泵各种不同工况下的参数，v、h、m 和 α 值都可正可负。当 $\alpha=0$ 或 $v=0$ 时，致使 h/α^2、m/α^2 或 α/v 变为无穷大而没意义，也不可能绘出整个曲线。

将 $v^2/h=\text{const}$ 和 $\alpha^2/h=\text{const}$ 进行组合变换，得

$$\frac{h}{\alpha^2+v^2}=\text{const}$$

将 $\alpha^2/m=\text{const}$ 和 $v^2/m=\text{const}$ 进行组合变换，得

$$\frac{m}{\alpha^2 + v^2} = \text{const}$$

这样，就可以将全性能曲线表达为 $h/(\alpha^2 + v^2) - \theta$ 和 $m/(\alpha^2 + v^2) - \theta$ 两条曲线，其中 $\theta = \arctan(\alpha/v)$。图 12.10 （a）和图 12.10 （b）分别给出了四种比转速水泵的全性能曲线。经过这种转换坐标后的曲线，其横坐标 $\theta = \arctan(\alpha/v)$ 在任何工况下都在 $0° \sim 360°$ 范围内变化，且 α 和 v 不可能同时为零，从而使纵坐标 $h/(\alpha^2 + v^2)$ 和 $m/(\alpha^2 + v^2)$ 均为有界值。

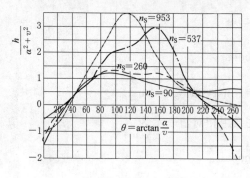

（a）转矩-转速、流速特征关系

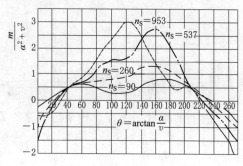

（b）水头-转速、流速特征关系

图 12.10 不同比转速时的全面性能单曲线形式

在 $0° \sim 360°$ 范围内，将 θ 等分，如 $\Delta\theta = 5°$，分别求得相邻点的 $h/(\alpha^2 + v^2)$ 和 $m/(\alpha^2 + v^2)$ 值，然后以数据表的形式存储于计算机中，便可供水锤计算时使用，也可以利用曲线拟合的方法求出拟合方程式，使用更为方便。

对于两点之间的任意 θ 值，可由线性插值求出 θ 所对应的 $h/(\alpha^2 + v^2)$ 和 $m/(\alpha^2 + v^2)$，即

$$\frac{h}{\alpha^2 + v^2} = a_1 + b_1 \arctan\frac{\alpha}{v} \tag{12.32}$$

$$\frac{m}{\alpha^2 + v^2} = a_2 + b_2 \arctan\frac{\alpha}{v} \tag{12.33}$$

式中：a_1、b_1 为扬程直线方程中的截距和斜率；a_2、b_2 为转矩直线方程中的截距和斜率。

（2）水泵机组转子惯性方程［式（12.7），注意变量单位的一致］。

（3）任意时刻水头平衡方程。如果水泵出口装有缓闭阀，则水泵扬程 H 与管道始端（阀后）水头 H_p 的关系在不计流速水头的情况下为

$$H_p = H + H_s - H_f \tag{12.34}$$

式中：H_p 为管道始端（阀后）水头；H_s 为水泵进口断面的测压管水头，当进水管较短，忽略水力损失时，其值为进水池水面到基准面的高度；H 为水泵扬程；H_f 为阀门的水力损失，可表示为 $H_f = c_f Q_p |Q_p|$，其中，c_f 为阀门的阻力参数，由阀门开度确定。

（4）流量连续方程。在水泵和阀门之间没有分流和汇流，因而流过阀门的流量 Q_p 与水泵流量相等，即

$$Q_p = Q \qquad (12.35)$$

（5）出水管道起始断面特征方程。当进水管较短时，可略去其与水泵连接的特征方程。由式（12.28），列出管道起始断面 P 处的负特征方程：

$$Q_p = C_B + BH_p$$

3. 水泵端边界条件方程的联立求解

将式（12.25）、式（12.26）、式（12.31）、式（12.34）、式（12.35）和式（12.28）联立，便可求得所需要的水泵端参数，过程如下。

首先将式（12.34）和式（12.35）代入式（12.28），得

$$Q = C_B + BH_s + BH - Bc_f Q|Q| \qquad (12.36)$$

将水泵流量 Q 和扬程 H 用无因次的相对值表示，上式变为

$$Q_0 v = C_B + BH_s + BH_0 h - Bc_f Q_0^2 v|v| \qquad (12.37)$$

现有 4 个方程，即式（12.25）、式（12.26）、式（12.31）和式（12.37），共含有 4 个未知量 α、v、h、m，方程组可解。经过代换，消去 h 和 m，整理可得下列两个方程：

$$F_1 = C_B + BH_s - Q_0 v - Bc_f Q_0^2 v|v| + BH_0 a_1(\alpha^2 + v^2)$$
$$+ BH_0 b_1(\alpha^2 + v^2)\arctan\frac{\alpha}{v} = 0 \qquad (12.38)$$

$$F_2 = Km_i - \alpha_i + \alpha + Ka_2(\alpha^2 + v^2) + Kb_2(\alpha^2 + v^2)\arctan\frac{\alpha}{v} = 0 \qquad (12.39)$$

以上两式包含 α、v 两个未知量，方程组封闭，但这是一组非线性方程，需要用 Newton-Rapson 迭代法求解。

求解时，先假定 $\alpha^{(0)}$ 和 $v^{(0)}$ 为近似解，则更逼近于精确解的近似值为

$$\alpha^{(1)} = \alpha^{(0)} + \Delta\alpha \qquad (12.40)$$

$$v^{(1)} = v^{(0)} + \Delta v \qquad (12.41)$$

式中的 $\Delta\alpha$ 和 Δv 可用多元函数的 Talor 级数展开，并取其线性项求得，即

$$F_1 + \frac{\partial F_1}{\Delta\alpha}\Delta\alpha + \frac{\partial F_1}{\partial v}\Delta v = 0 \qquad (12.42)$$

$$F_2 + \frac{\partial F_2}{\partial\alpha}\Delta\alpha + \frac{\partial F_2}{\partial v}\Delta v = 0 \qquad (12.43)$$

式中的 F_1、F_2 对 α 和 v 的偏导数，可由式（12.38）和式（12.39）求得。联立求解以上两方程可得

$$\Delta\alpha = \frac{F_2\dfrac{\partial F_1}{\partial v} - F_1\dfrac{\partial F_2}{\partial v}}{\dfrac{\partial F_1}{\partial\alpha}\dfrac{\partial F_2}{\partial v} - \dfrac{\partial F_1}{\partial v}\dfrac{\partial F_2}{\partial\alpha}} \qquad (12.44)$$

$$\Delta v = \frac{F_1 \dfrac{\partial F_2}{\partial \alpha} - F_2 \dfrac{\partial F_1}{\partial \alpha}}{\dfrac{\partial F_1}{\partial \alpha}\dfrac{\partial F_2}{\partial v} - \dfrac{\partial F_1}{\partial v}\dfrac{\partial F_2}{\partial \alpha}} \tag{12.45}$$

如果求出的 $\Delta\alpha$ 和 Δv 小于所规定的误差，$\alpha^{(1)}$ 和 $v^{(1)}$ 就是方程组的解；否则，用 $\alpha^{(1)}$ 和 $v^{(1)}$ 代替 $\alpha^{(0)}$ 和 $v^{(0)}$，再进行迭代计算，直到 $\Delta\alpha$ 和 Δv 小于所规定的误差。

上述计算可按如下步骤进行：

（1）假定计算过程已进行到 i 时段末，设 α_i 和 v_i 为该时段末已求得的已知值，现在要求 $i+1$ 时段末的 α 和 v 值。此时，可先用外插法假定一个值。

$$\alpha^{(0)} = \alpha_i + (\alpha_i - \alpha_{i-1})$$
$$v^{(0)} = v_i + (v_i - v_{i-1})$$

（2）根据得到的 α 和 v，计算 $\theta = \arctan \alpha/v$，从而确定在水泵全性能曲线中 θ 所在的分格区间 $[\theta_j, \theta_{j+1}]$，从数据表中读出该区间端坐标值 $\left[\left(\dfrac{h}{\alpha^2+v^2}\right)_j,\ \left(\dfrac{h}{\alpha^2+v^2}\right)_{j+1}\right]$ 及 $\left[\left(\dfrac{m}{\alpha^2+v^2}\right)_j,\ \left(\dfrac{m}{\alpha^2+v^2}\right)_{j+1}\right]$。

（3）针对上述区间段 $[\theta_j, \theta_{j+1}]$，建立扬程特性方程和转矩特性方程所对应的直线方程的截距和斜率，即式（12.38）和式（12.39）中的系数。

$$a_1 = \frac{\theta_{j+1}\left(\dfrac{h}{\alpha^2+v^2}\right)_j - \theta_j\left(\dfrac{h}{\alpha^2+v^2}\right)_{j+1}}{\theta_{j+1} - \theta_j}$$

$$b_1 = \frac{\theta_{j+1}\left(\dfrac{h}{\alpha^2+v^2}\right)_{j+1} - \theta_j\left(\dfrac{h}{\alpha^2+v^2}\right)_j}{\theta_{j+1} - \theta_j}$$

$$a_2 = \frac{\theta_{j+1}\left(\dfrac{m}{\alpha^2+v^2}\right)_j - \theta_j\left(\dfrac{m}{\alpha^2+v^2}\right)_{j+1}}{\theta_{j+1} - \theta_j}$$

$$b_2 = \frac{\theta_{j+1}\left(\dfrac{m}{\alpha^2+v^2}\right)_{j+1} - \theta_j\left(\dfrac{m}{\alpha^2+v^2}\right)_j}{\theta_{j+1} - \theta_j}$$

（4）根据阀门开度，确定该时段末的阀门参数 c_f。

（5）根据以上各参数，构造方程（12.38）、式（12.39），根据式（12.44）和式（12.45）求得 $\Delta\alpha$ 和 Δv。

（6）由式（12.40）和式（12.41）计算 α 和 v 的近似值 $\alpha^{(1)}$ 和 $v^{(1)}$。如果 $|\Delta\alpha|$ 和 $|\Delta v|$ 的值均小于规定的误差，如 0.001，则停止迭代；否则，以得到的 α 和 v 值为已知值，重新从第（2）步开始计算。为了避免求解进入死循环，计算时应该限制最大迭代次数，如 30 次。

（7）求出 α 和 v 值后，代入式（12.25）和式（12.26），便可求出 h 和 m，进而求得管道始端的流量 Q_p 和水头 H_p。这样，便可根据特征法原理进行下一时段各断面参数的计算。

上述求解可以通过计算机语言编制程序进行，计算效率和准确性较高。

12.3 泵站水锤防护措施

12.3.1 泵站规划设计中的水锤防护

1. 合理布置管线

泵站规划设计中布置管线时，应尽可能使管道纵断面平顺上升，而不形成驼峰凸部，或者采取先缓后陡的形式，如图 12.11 所示。否则，停泵过程中压力下降有可能在管道凸部的拐点处引起降压过大（如图 12.11 中虚线所示）；当 $p_B < p_V$ 时，就可能产生"水柱分离"现象。但是，变更管线的布置并不是所有场合都能做到的（如地形条件不允许开挖量太大时），如果在管道中无法避免形成凸部，可根据以下方法判别是否可能发生水柱分离。若 $\dfrac{K_1}{b_1} < 1$，可认为不发生水柱分离。

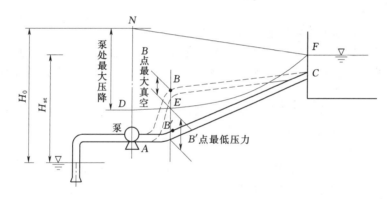

图 12.11 泵出水管道的两种布置方式

K_1 为管高系数，$K_1 = \dfrac{H_1}{H_{st}}$，$H_1$ 为凸部至进水池水面的高差，H_{st} 为水泵的实际工作扬程；b_1 为管长系数，$b_1 = \dfrac{L_1}{L_2}$，L_1、L_2 为出水管凸部前后段的长度；$L = L_1 + L_2$，为管道的总长度。

2. 降低管中流速

管中流速降低后，水流的惯性相应减小，管道特性常数 $2\rho = \dfrac{aV_0}{gH_0}$ 减小，从而降低了水锤升压和降压。但是，加大管径则可能增加工程造价，因而管径选择主要取决于减小管道摩阻和管道投资，还要结合水锤防护，综合加以考虑。

3. 合理选择阀门形式，减小压力上升的幅度

普通止回阀（逆止阀）在关阀瞬间会产生很高的升压，应尽可能地少用或不用。下列附件可考虑：

　　（1）缓闭式止回阀（逆止阀）。这种阀的阀轴上装有油压装置，回流开始后，用自动缓闭阀体的方法来减小水锤升压，适用于扬程较低的泵站。

　　（2）缓闭旁通阀加止回阀（逆止阀）。这种阀的旁通阀设有油压装置，回流开始后，主阀迅速关闭，用自动缓闭旁通阀的方法来减小水锤升压。此法适用于高扬程泵站。

　　（3）油压式旋启阀或油压式针阀。在停电的同时，由油压机构控制阀体的开度，能使流速变化减小，从而可以减小上升压力，此阀多用于高扬程、大流量泵站。

　　（4）水锤消除器。其工作原理是当管道压力上升时，强制开阀，泄出部分水量，以防止管道压力上升，适用于送水规模较小、扬程较高的泵站。典型的有下开式水锤消除器和自动复位式水锤消除器。其特点是在管道压力下降时开阀，能有效地消除水锤的破坏作用，且动作灵敏，还可以给管道内外补水或补气。

　　（5）安全阀。当压力上升到超过设计压力时，安全阀开启，防止水压进一步升高。

　　（6）两阶段关闭水泵出口电动阀。先以普通速度关到某一开度，其后用慢速缓慢关闭。

12.3.2　产生负压的防护措施

　　若管线布置中不可避免地处于水锤负压线以下，为减少负压带来的破坏作用，对中小型水泵可在水泵机组上加装惯性飞轮，对大中型水泵站应当设置调压塔。

　　1. 加装惯性飞轮

　　给水泵转子装设惯性飞轮，增加水泵转动部件的惯性，以防止水泵转速的急剧下降，继而导致水泵流量的急剧下降。

　　2. 设置调压塔

　　主要从管路布置上考虑，不要布置成图 12.11 中 ABC 那样的走向，而应布置成 $AB'C$ 的走向方式。如果由于地形条件所限，不能变更管路布置，可考虑在管路的适当地点设置调压塔，如图 12.12 所示。

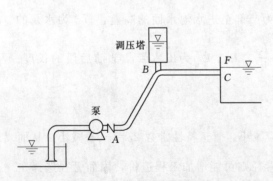

图 12.12　管路上设置调压塔

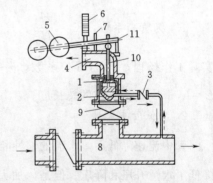

图 12.13　自动复位下开式水锤消除器

1—活塞；2—缸体；3—单向阀；4—排水管；
5—重锤；6—缓冲器；7—保持杆；8—管道；
9—闸阀；10—活塞杆；11—支点

12.3.3 升压过高的防止措施

1. 设自动复位下开式水锤消除器

如图 12.13 所示为自动复位下开式水锤消除器,它具有下开式水锤消除器的优点,并能自动复位。工作原理是:突然停电后,管道起端产生降压,水锤消除器缸体外部的水经闸阀 9 向下流入管道 8,缸体内的水经单向阀 3 也流入管道 8,此时,活塞 1 下部受力减少,在重锤 5 作用下,活塞下降到锥体内(图中虚线位置),于是排水管 4 的管口开启,当最大水锤压力到来时,高压水经消除器排水管流出,一部分水经单向闸阀瓣上的钻孔倒流入锥体内(阀瓣上的钻孔直径根据水锤波消失所需时间而定,一般由试验求得),随着时间的延长,水锤逐渐消失,缸体内活塞下部的水量慢慢增多,压力加大,直至重锤复位。为使重锤平稳,消除器上部设有缓冲器 6,活塞上升,排水管口又复关闭,这样即自动完成一次水锤消除作用。

这种消除器的优点:一是可以自动复位;二是由于采用了小孔延时方式,有效地消除了二次水锤。

2. 设空气罐

图 12.14 所示为管路上设空气罐的示意图。它利用气体体积与压力成反比的原理,当水锤发生,管内压力升高时,罐内空气被压缩,起气垫作用;而当管内形成负压,甚至发生水柱分离时,罐内空气膨胀,又可以向管道补水,因而有效地减小停泵水锤的危害。

资源 12 - 3
空气罐

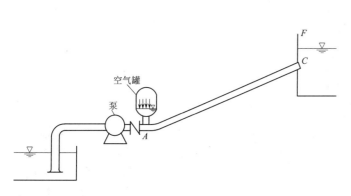

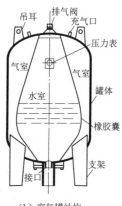

(a)水泵装置　　　　　　　　　(b)空气罐结构

图 12.14 管路上设空气罐示意图

它的缺点是由于空气能溶解于水,运行中要失去一部分空气,所以还要有空气压缩机经常向罐中补气;如在罐内装橡胶气囊,将空气与水隔开,则可以不用补气。目前,在国内外已推广采用带橡胶气囊的空气罐,即囊式空气罐。在泵系统开始运行阶段,当系统压力高于罐内预充气体压力时,有一部分水体进入罐内,直至达到水和气的压力平衡;当系统压力再度增高时,压力失去平衡,又会有一部分水体进入罐内,直至新的压力平衡。反之,当系统压力下降时,系统内压力低于罐内压力,罐内的水体会被气体挤出流回系统内,直到气、水压力相等,如此反复,维持压力动态平衡。

空气罐的体积较大，在直径大、线路长的管道中可能达到数百立方米，因此，只适用于小直径或输水管长度不大的情况。

3. 采用缓闭阀

缓闭阀分为缓闭止回阀（逆止阀）及缓闭式蝶阀两种。阀门缓慢关闭或不全闭，允许管内局部倒流，能有效地减弱由于开闸停泵而产生的高压水锤。压力上升值的控制与阀的缓闭过程有关。图 12.15 所示为液压式缓闭蝶阀。它是一种比较理想的分阶段缓闭的设施，安装在水泵压水（出水）管上可作为闸阀和止回阀（逆止阀）两用（即一阀代替两阀作用）。当泵站突然停电时，闸阀借助于重锤及油缸的特性，前 60°蝶阀圆板为快关动作，后 30°为慢关动作。快关和慢关的时间通过计算，可按需要预先调定。这种阀能有效地减少管路系统中水的倒流和消除水锤压力波动，已被许多水厂泵站采用。

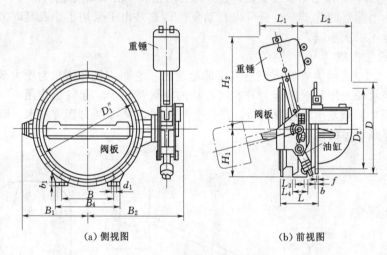

（a）侧视图　（b）前视图

图 12.15　液压式缓闭蝶阀

资源 12-4
缓闭止回阀

图 12.16 是一种缓闭止回阀，主要由阀体、阀板组件、缓闭装置、阀轴及重锤组成，安装在水泵出口管道上。在电机断电、水泵突然停机后，在阀板部分自重和倒流的水力作用下，阀板自动关闭；由于缓闭装置活塞杆的顶托，阀板不能全部关闭，仍有一定面积过流，因此减小了水锤压力。活塞后腔的水阻碍活塞回退，即阻止阀板关闭，使阀板缓慢下落，实现快、慢两步关闭，防止了机组长时间倒转，减小了水锤压力，保障泵站安全运行。

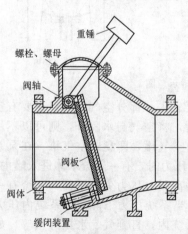

图 12.16　缓闭止回阀

4. 取消止回阀（逆止阀）

在压力管道出口设拍门断流，同时取消水泵出口处的止回阀（逆止阀），可以使水锤压力大为减轻。停泵后管道内的水流倒流，经过水泵流回进水池，这样不会产生很大的水锤压力，运行时还能减少逆止阀水头损失，节省电耗，但是倒流水会引起水泵倒转，有可能导致轴套退扣（轴套为丝接时）。

从已有的实测资料可知：取消水泵出口止回阀（逆止阀）后，最大停泵水锤升压仅为正常工作压力的 1.27 倍左右，水泵机组最大反转速度为正常转速的 1.24 倍，仅在个别试验中发生过轴套退扣和机轴窜动现象，没有发生机组或其他部件的损坏情况，电气设备也没有发生故障。许多农灌泵站和部分取水泵站采用取消止回阀（逆止阀）来消除停泵水锤，取得了良好的效果。水泵反转带来的主要问题是：停电后应立即关闭出水闸门，否则大量水回泄，会造成浪费。此外，再开泵时又可能给抽气引水工作带来困难。对于送水泵站，若取消止回阀（逆止阀），配水管网由于大量泄水可能使管网内压力大大降低，而在个别高处有可能形成负压，在管网漏水处将外部污染的水吸进管内，使管网受到污染。

5. 水力启闭阀

在水泵出口安装带活塞缸的闸阀，闸阀的启闭由阀前后的水压差控制，即水力启闭阀（图 12.17）。水泵开机时出水口闸阀关闭，在正向水流的作用下阀前的压力升高，高于阀后的压力，通过进水管作用于活塞，产生向上的合力，带动阀板上升直至开启。水泵停机时水泵侧的压力逐步下降，并形成反向压差作用于活塞上，进而产生向下的力带动阀板下降直至关闭。

由于阀门的开启和关闭是在水流压差的作用下运行，水流的流速变化率较小，因此水锤压力就小得很多，完全可以控制在安全的范围之内，从而起到水锤防护和消除作用。这种方法已经在工程中应用多年，实际效果比较好，所需经费不多，便于推广应用。

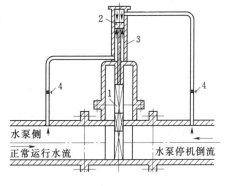

图 12.17 水力启闭阀
1—阀板；2—活塞；3—活塞缸；4—进水阀

6. 设置带安全膜片的支管

通过在出水管路上设置支管，用安全膜片将支管出口封闭的方法可以防止管道内的压力升高。当管路压力超过膜片允许的最高压力时，膜片被压破，膜片破坏使压力下降。膜片前应装闸阀，这个闸阀通常开启，只在膜片破坏后才关闭。这个措施只能作为后备措施，当主要措施失灵时采用。是否采用这个措施，应当根据管路的极限压力确定。膜片应当用脆性材料制成，厚度根据管路和主要防护设备的具体条件确定。

水泵机组振动和噪声

13.1 水泵机组振动

13.1.1 振动的类型

振动问题包括输入（即作用在系统上的激励或干扰）、输出（也称为响应和系统本身）。对于机械振动而言，激励大多为力，而常用的响应物理量一般分为位移、速度和加速度。要引起振动，必须要有激励（力）。有输入的振动称为强迫振动或受迫振动；在外界干扰力撤去之后依然存在的振动称为自由振动或固有振动。为了有效地研究振动，引入如下基本特征量：

（1）振幅（A）。距离平衡位置的最大响应值称为振幅 A。有位移振幅、速度振幅和加速度振幅。在实际中，也有的使用响应正负最大峰值差的量值作为振幅，称为峰—峰值。当振幅为位移时，单位常用微米（μm）表示，对于速度则用毫米/秒（mm/s）表示。

（2）周期（T）。周期振动中一个循环所需的时间称为周期 T。

（3）频率（f）。单位时间内的振动循环次数称为频率 f。频率与周期是倒数关系，即频率的单位是次/秒，也称为赫兹，写作 Hz。

（4）相位（φ）。相位表示在给定时刻振动部件被测点相对于某一固定参考点或其他振动部件的位置。

根据振动量随时间的变化规律，振动可分为简谐振动、周期振动、瞬态振动和随机振动四种类型。

1. 简谐振动

自由振动和简谐力激励出的振动都是简谐振动。简谐振动可用下式表述：

$$x = A\sin(\omega t + \varphi_0) \tag{13.1}$$

式中：A 为振动振幅；ω 为振动角频率，rad/s；φ_0 为初始相位角，rad。

周期为

$$T = \frac{2\pi}{\omega}$$

2. 周期振动

不同频率和初相位的多个简谐振动叠加后仍然具有一定周期的振动称为周期振动。对于周期振动，单用振幅 x 和频率 f 还不足以揭示其本质，必须通过频谱分析分清其中的各个频率以及各频率成分的多少。

3. 瞬态振动

瞬态振动是不具备完整周期性的振动，其时间历程往往十分短暂。单位脉冲函数的频谱是自零开始分布于无穷域内的常数谱。实践中的瞬态振动频谱不会分布于无穷域，而有一上限 f_c。脉宽越宽，f_c 越小，频谱分布范围越窄。由于脉冲包含着从 $0\sim f_c$ 范围内的所有频率成分的振动，如果受到脉冲的机械具有在 $0\sim f_c$ 范围内的某一固有频率，就会被激发起共振。人们为了研究机械的固有特性，有时也用脉冲激励来测定固有频率等振动参数。

4. 随机振动

随机振动的时间历程看起来杂乱无章，不仅没有确定的周期，而且振幅与时间之间亦无一定的联系。对于这样的随机过程，往往通过多次观察来研究，每次观察的结果就是一个样本，研究一个样本函数就能代表整个过程。

描述随机振动量，通常采用概率密度法。概率密度法就是应用概率和统计的方法分析随机振动。随机振动的统计参数包括均值、均方值、方差、自相关函数、自功率谱密度函数。

水泵装置在运行中产生轻微的振动和噪声是不可避免的。机组在运行中产生剧烈的振动则会降低水泵装置效率，引起零部件或整个机组损坏，甚至会引起泵站建筑物的振动，乃至被迫停机。因此，必须将振动控制在一定的范围内。泵的径向振幅（峰—峰值）允许值随转速而异，可参考表 13.1。

表 13.1　泵的径向振幅（峰—峰值）允许值

转速 /(r/min)	$n \leqslant 375$	$375 < n \leqslant 600$	$600 < n \leqslant 750$	$750 < n \leqslant 1000$	$1000 < n \leqslant 1500$	$1500 < n \leqslant 3000$	$3000 < n \leqslant 6000$	$6000 < n \leqslant 12000$	$n > 12000$
径向振幅 （峰—峰值） 允许值/mm	0.18	0.15	0.12	0.10	0.08	0.06	0.04	0.03	0.04

注　振动应用手提式振动仪在轴承座或机壳外表面测量。

13.1.2　机组振动原因

从振动系统的角度看，泵机组振动的原因包括激振力过大、刚度不足和共振。

1. 激振力过大

(1) 水力方面：①汽蚀引起的压力脉动引起振动的幅值是不确定的，属于随机振动；②非设计工况流速不均匀，主要是过流部件中流场的速度分布和压力分布不均匀，特别是脱流漩涡或空气进入吸水装置，产生较大的激振力；③水泵启动、停机、工况变化等过渡过程中压力和速度变化产生激振力，其引起的振动属有阻尼自由振动。

(2) 机械方面：转子不平衡、安装时同轴度不良、固体摩擦和电机电磁波等均会产生较大的激振力，引发振动。

　　2. 刚度不足

　　泵零部件刚度不足、机组基础不满足要求、地脚螺栓松动或螺栓过细导致基础刚度不足均可以导致振动发生。

　　3. 共振

　　流场压力脉动与泵的部件或管道的固有频率接近、运行转速与轴系的临界转速接近都会引发泵机组共振，发生在进水管附近的卡门涡列也能引起水泵共振。

13.1.3　机组的水力振动

　　1. 汽蚀引起的压力脉动

　　水泵发生汽蚀时会在过流系统中造成异常的压力脉动，并发出较大的噪声。这种压力脉动具有随机的特性，其瞬时幅值是不确定的，它们对水泵中的流动状态、工作性能以及汽蚀破坏作用，都产生直接的影响。研究表明，汽蚀时的压力脉动是由多种成分（或称分量）组成的，它们的特性不仅与汽蚀现象本身（汽蚀类型、发育程度等）有关，而且与整个流动系统的构成及其参数等特性有关。一般汽蚀压力脉动有 3 种不同特性的分量。

　　(1) 流体基本脉动。在紊流条件下，流体本身会产生紊流脉动和紊流噪声。紊流噪声的典型波形示于图 13.1 中。这种压力脉动频谱范围很宽，脉动幅值较小且与汽蚀程度基本无关。在水泵运转时，由于叶片数的作用，也造成一种基本脉动，其频率可用下式计算：

$$\omega = \frac{zn}{60} \tag{13.2}$$

式中：z 为转轮的叶片数。

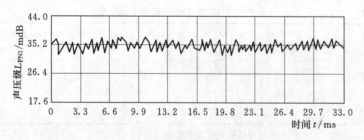

图 13.1　紊流噪声的典型波形

　　(2) 气泡溃灭脉冲分量。气泡的溃灭和回弹再生会发射出压力脉冲波，在汽蚀压力脉动中以高频分量的形式出现，其特点是持续时间极短、幅值大、正脉冲为主。图 13.2 为这种压力脉冲的典型波形。在溃灭气泡附近有大量气泡存在，它们形成液-气两相反射界面，由于它们本身也可能正处于溃灭或回弹再生而发射脉冲波的状态，因此使得实际的反射、透射与波的合成相当复杂，并呈随机特性。

　　(3) 低频压力脉动分量。这是在汽蚀发生到一定程度形成空化云时发生的。其振荡特性（频率、振型等）与气泡区本身的声学特性、形态、水流系统特性以

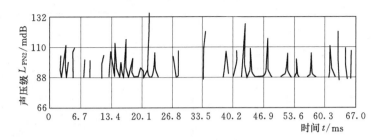

图 13.2 气泡溃灭脉冲波形

及几何尺寸等因素有密切关系。附着在叶片上的高弹性气泡区随叶轮旋转，并随水泵工况和汽蚀程度变化，低频压力脉动特性也就随之而发生变化。当气泡区自激振荡的压力脉动频率正好与整个系统的水力振荡频率接近时，就会造成气穴共振。

三种脉动分量以不同的形式出现和组合，在无汽蚀时总压力脉动仅为流体基本压力脉动；在汽蚀初生时，高频压力脉动也开始出现，与基本脉动叠加；当汽蚀剧烈时，不仅低频压力脉动迅速增强，而且还出现了很强的气泡溃灭脉冲压力，总压力脉动为三者之叠加。

2. 流速不均匀引起的压力脉动

（1）出水蜗壳中的不均匀流场。离心泵在小于设计流量工况下运转时，叶槽流道并未完全被水流充满，在叶片反面（甚至正面）会出现脱流区，同一叶槽出口断面流速及压力分布不完全一致，导致在整个叶轮出口圆周上的流速和压力呈高低交错分布。当这种高低压力周期性地通过蜗壳隔舌时，就使泵出口压力发生脉动。其振动频率与式（13.2）相同。

出水蜗壳内流速分布不均匀的另一原因是转轮各个叶槽的出口开度（即同一圆柱上叶片至叶片的距离）不相等。

（2）进水流道中的不均匀流场。如果进水池条件不良，水流从喇叭口进入转轮时流场的均匀度较低。与此相关，也造成了压力分布的不均匀性，产生压力脉动。

3. 漩涡引起的振动

（1）进水漩涡。在泵站进水池和进水流道中，由于设计不良，会在水面或水中产生各种形态的漩涡。发生在自由水面的吸气漩涡，进水池和进水流道底部、侧壁所产生的带状螺旋形漩涡（涡带），如随水流进入泵内，会引起水泵剧烈振动，使其工作性能恶化。图 13.3 为不同形式涡带发生位置示意图。涡带的旋转强度可用旋转度 m 计算。

资源 13－1
进水漩涡

$$m = \frac{\int_0^R v_m v_u r^2 \, \mathrm{d}r}{R \int_0^R v_m^2 r \, \mathrm{d}r} \tag{13.3}$$

式（13.3）中分子为旋转流的角动量，分母为管轴向的动量。R 为管半径，其他符号意义同前。

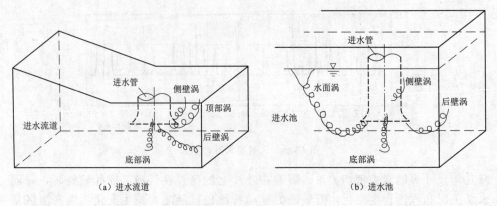

（a）进水流道　　　　　　　　　　（b）进水池

图 13.3　进水涡带

设 r_d 为涡带中心失速区半径，则 $r_d \leqslant r \leqslant R$。当主流无旋转时，周向分速：$v_u = \Gamma_r/(2\pi r) = v_{ur}R/r$。其中：$v_{ur}$ 为管壁处的周向速度，$v_{ur} = \Gamma_R/(2\pi R)$；$\Gamma_r$、$\Gamma_R$ 分别为半径 r、R 处的环量。由连续条件可知断面平均轴向流速

$$\overline{v}_A = \frac{Q}{\pi R^2} = v_m\left(1 - \frac{r_d^2}{R^2}\right) \tag{13.4}$$

将上述各关系代入式（13.3），则得旋转度为

$$m = \frac{v_{ur}}{\overline{v}_A}\left(1 - \frac{r_d^2}{R^2}\right) \tag{13.5}$$

涡带可看作是一束高速旋转的水体，当中心（涡核）的压力低于汽化压力时，涡带内就形成一气体空腔。涡带以其自身的旋转频率做螺旋状运动时，它就使流道内整个速度场发生周期性变化，因此速度脉动和压力脉动也就以同样的频率出现。压力脉动的幅值与流量、涡带轴心的偏心距以及汽蚀系数 σ 等因素有关，并大致等于相对两侧同一瞬间的压差值。压力脉动幅值可用下式表示：

$$\Delta P = K\left(1 - \frac{Q}{Q_0}\right)Q \tag{13.6}$$

式中：K 为常数；Q、Q_0 为工作流量及设计流量。

由上式可知，ΔP 在 $Q/Q_0 = 1/2$ 时出现最大值。

由涡带所引起的水流脉动对水泵运行的影响如下：

1）由于脉动水流进入转轮，使转轮内的速度场产生脉动，影响转轮运动的平衡，导致转子振动。

2）压力脉动传到转轮及导叶内部，造成了转轮转矩的脉动，作用在转轮上的力不平衡，引起轴功率波动，使运行不稳定，并影响机组效率。

（2）叶片脱流漩涡。液体流过叶片（包括转轮叶片和导叶片）产生绕流，叶片尾部产生脱流是绕流的普遍

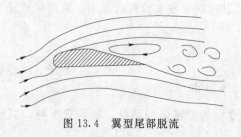

图 13.4　翼型尾部脱流

现象，如图 13.4 所示。尾部脱流区内充满大小漩涡。脱流漩涡产生的后果是速度场发生变化，对物体增加了阻力；同时，由于各个单涡以相同旋转的形式交错从叶片两边分离出来，因而形成周期性振动。

由试验可知，叶片或绕流体产生脱流漩涡（包括卡门涡）的振动频率。用下式表示：

$$\omega = \frac{ShW}{d} \tag{13.7}$$

式中：Sh 为斯特劳哈尔数，为 $0.18 \sim 0.22$；W 为叶片出口相对速度；d 为叶片尾部厚度。

根据戈威尔（Gougwir）的试验，对于具有不同厚度的半圆形尾部翼型，若将尾部厚度 d 代入式（13.7），得到的斯特劳哈尔数将不是常数；若将尾部厚度加上边界层的厚度，所得到的斯特劳哈尔数是常数。此边界层的厚度为紊流边界层的位移厚度 d_t。

$$d_t = \frac{0.37l}{\left(\dfrac{Wl}{\nu}\right)^{\frac{1}{5}}} \psi \tag{13.8}$$

式中：l 为叶片长度；ν 为运动黏性系数；ψ 为经验修正系数，等于 0.643。

因此，式（13.7）中的 d 值应以 $d + d_t$ 值代入。

13.1.4 机械振动

1. 转子不平衡引起的振动

由于叶轮和旋转部件的几何形状不准确，材料不均匀，以及受泥沙磨损、汽蚀破坏等因素，转子重心偏离几何中心，会使水泵转子产生不平衡。当水泵运转时，转子总是力图绕自己重心的轴线旋转，因而产生了离心惯性力。图13.5 为立式泵转子及上下导轴承装置示意图，当下导轴承没有间隙时，不平衡的离心惯性力全都传给轴承，再由轴承传给泵体和基座而引起强迫振动，其振动频率 ω 即为转子的角速度。对于电动机，转子不平衡所产生的离心力同样会引起电动机的振动。

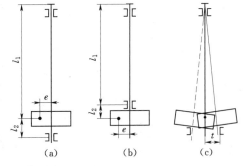

图 13.5　立式泵转子及上下导
轴承装置示意图

设转子不受任何阻尼和其他外力作用，则下导轴承所受的径向离心力

$$F = Me\omega^2 \tag{13.9}$$

式中：M、e 分别为转子质量、重心偏离几何中心距离。

当下导轴承中有间隙 t 时，转子重心有向原点轴线运动的趋势 [图 13.5(c)]，偏心距减少至 $e' = e - t$，此时当叶轮位于上、下导轴承中间，径向离心力为

$$F = M(e - t)\omega^2 \tag{13.10}$$

当叶轮位于下导轴承之下时，如图 13.5（b）所示，径向离心力为

$$F = M(e - t)\omega^2 \frac{l_1 + l_2}{l_1} \tag{13.11}$$

当叶轮位于下导轴承之上时，如图 13.5（a）所示，径向离心力为

$$F = M(e - t)\omega^2 \frac{l_1}{l_1 + l_2} \tag{13.12}$$

转子不平衡离心力为作用在泵体上的激振力，泵体所产生的弯曲挠度可按下式计算：

$$\delta_{st} = \frac{F}{K_{\text{下}}} \tag{13.13}$$

式中：$K_{\text{下}}$ 为泵座下部泵体的弹性系数。泵座上、下部如图 13.6 所示。

泵座上部弯曲挠度主要是电动机转子不平衡离心力所引起的，可按下式计算：

$$\delta_{st} = M_m(e_m - t_m) \frac{\omega^2}{K_{\text{上}}} \tag{13.14}$$

式中：M_m、e_m、t_m、$K_{\text{上}}$ 分别为泵座上部子质量、重心偏心距、轴承间隙以及弹性系数。

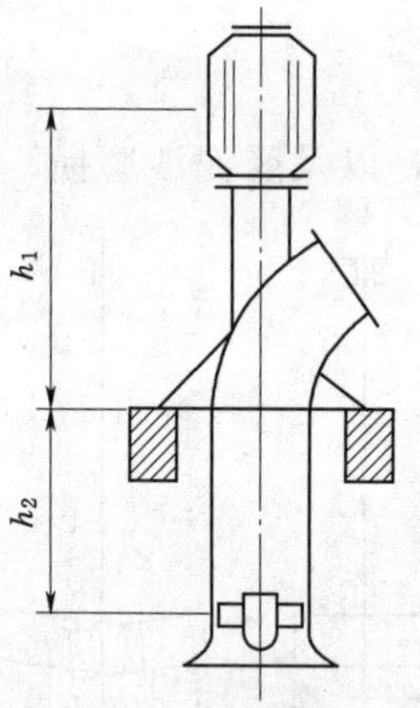

由以上各式可知：

（1）当 $e \leqslant t$，$\delta_{st} = 0$ 时，轴承不承受径向离心力，转子不会使泵体产生强迫振动。或者当不平衡度 $\frac{e\omega}{100} \leqslant 6.3\text{mm/s}$ 时，不至于产生有害振动。

（2）当 $e > t$，而泵体的弹性系数 K 很大时，δ_{st} 将很小，在极限情况下接近于零，泵体只有很小的振动，但轴承所承受的离心力却很大。

（3）当 $e > t$，而泵体的弹性系数 K 很小时，亦即泵体细长，刚性较差，泵体将以频率 ω、半径 $e - t$ 做圆周运动，这是振动中最危险的情况。

图 13.6　泵座上、下部

上述分析表明，在水泵无其他外力激振情况下，将偏心距平衡到小于轴承间距，即 $e < t$，能减轻泵体振动。

但对于转子不平衡，不宜采用调整轴承间隙的办法来消除振动，而应在检修时进行静、动平衡校正。

当水泵下部淹没在水中时，应考虑黏性阻尼的效应，如把水泵进口端部视为弹簧振子，则水泵振幅 A 为

$$A = \beta \delta_{st} \tag{13.15}$$

$$\beta = \frac{1}{\sqrt{(1 - \lambda^2)^2 + (2\zeta\lambda)^2}} \tag{13.16}$$

式中：β 为动力放大系数；λ 为振动频率与泵体固有频率之比；ζ 为阻尼系数与临

界阻尼系数之比。

图 13.7 表示 β 与 λ 及 ζ 的关系曲线。由试验得知，当水泵全部淹没在水中时，即使 $\lambda=1$，泵体振动仍然轻微。当泵体下部的振动频率为固有频率的 $\pm25\%$ 时，已足够安全；当频率比 $\lambda>1.0$ 后，振动很快减小；当 $\lambda=\sqrt{2}$ 时，即使不存在阻尼（$\zeta=0$），振幅也比 δ_{st} 小。

2. 水泵转速与泵体固有频率接近

当水泵转速与泵体固有频率接近时，容易发生共振，这在立式泵装置中发生的可能性较大。现以立式泵装置（图 13.8）为例进行振动计算。

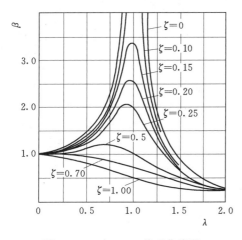

图 13.7 β 与 λ、ζ 关系曲线图

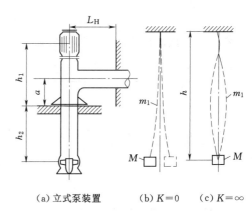

(a) 立式泵装置 (b) $K=0$ (c) $K=\infty$

图 13.8 立式泵装置及计算简图

立式泵座上下两部分可简化为梁来分析，其下部泵体根据下水位高低又可分为两种振型：

（1）当下水位很高、将下部泵体全部淹没时，黏性阻尼很大，其振动的弹性线如图 13.8（b）所示的虚线，频率很低，振幅很小，故可以认为无振动。

（2）当下水位较低、仅淹没泵的转轮室时，如图 13.8（c）所示，阻尼力只作用于泵的下端，转轮室本身成为一个节点，此时下部泵体可作为一端固定、一端铰支的梁，其振动频率可以高于第（1）种情况数倍，发生共振的可能性很大。

以上两种振型的水平固有频率均可用下式计算：

$$\omega_n = \frac{\xi^2}{h^2}\sqrt{\frac{EI}{m_1}} \qquad (13.17)$$

式中：m_1 为包括水在内的下部泵体单位长度质量；ξ 为振型常数，与边界条件有关，是 a/h、$M/(m_1h)$、$Kh^3/(EI)$ 的函数，其中，M 为集中质量，a 为节点至固定端的距离。

在图 13.8 中，$a/h=1$，ξ^2 值见表 13.2。

上部泵体的振动计算应考虑出水管的效应，也分为三种情况：

表 13.2 $a/h=1$ 时的 ξ^2 值

$M/(m_1h)$	0	0.5	1.0	3.0
$K=0$	3.5	2.0	1.6	1.0
$K=\infty$	15.4	15.4	15.4	15.4

（1）出水管段中装有伸缩节，电动机直接安装在泵上，可以把上部泵体看作一端固定、一端有集中质量 M 的悬臂梁 [图 13.9 （a）]。泵体中虽有内水压力使固有频率增加，但上支架所承受的轴向推力却使固有频率减小，两者效应基本上相互抵消，故可略去不计。水平固有频率仍按式（13.17）及表 13.2（$K=0$）计算。其垂直固有频率按下式计算：

$$\omega_h = \frac{\xi_1}{h}\sqrt{\frac{E}{\rho}} \tag{13.18}$$

式中：ρ 为上部泵体包括水在内的体积密度；ξ_1 为系数。

ξ_1 由下式求出：

$$\xi_1 \tan\xi_1 = \frac{m_1 h}{M} \tag{13.19}$$

与各种质量比值相应的 ξ_1 值见表 13.3。

表 13.3　　　各种质量比时的 ξ_1 值

$\frac{m_1 h}{M}$	0.01	0.10	0.30	0.50	0.70	0.90	1.00	1.50
ξ_1	0.10	0.32	0.52	0.65	0.75	0.82	0.86	0.98
$\frac{m_1 h}{M}$	2.00	3.00	4.00	5.00	10.0	20.0	100.0	∞
ξ_1	1.03	1.20	1.27	1.32	1.42	1.52	1.57	$\pi/2$

（2）出水管一端与泵出口法兰联结，一端嵌固在墙内，但并非绝对刚性，故可认为上部泵体为一带弹性支座的悬臂梁，见图 13.9 （b）。设出水管轴线上的弹簧刚度为 K_1，垂直出水管轴线的弹簧刚度为 K_2，则

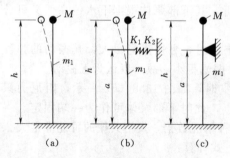

图 13.9　上部泵体振动计算简图

$$\left.\begin{aligned} K_1 &= \frac{3E'I'}{l_H^3} \\ K_2 &= \frac{A'E'}{l_H} \end{aligned}\right\} \tag{13.20}$$

式中：E'、I'、A' 分别为出水管的弹性模数、惯性矩和截面积；l_H 见图 13.8。

其两个方向的固有频率均按下式计算，K_i 值分别用上式代入。

$$\omega_n = \sqrt{\frac{3K_i a^2}{3Mh^2 + m_1 h a^2}} \tag{13.21}$$

（3）水泵出口直接与坞工出水室相接，可近似地认为是带刚性支座的悬臂梁，如图 13.9 （c）所示。其弹簧刚度 $K=\infty$，固有频率仍按式（13.17）计算，振型

常数 ξ^2 按表 13.4 选用。

表 13.4   振型常数 ξ^2 值（$K=\infty$）

$M/(m_1 h)$	a/h										
	0	0.1	0.2	0.3	0.4	0.5	0.6	0.7	0.8	0.9	1.0
0	3.50	3.65	3.80	4.30	4.80	5.55	6.45	7.30	8.20	9.30	15.4
0.5	2.00	2.20	2.50	3.00	3.70	4.50	5.40	6.50	7.60	9.10	15.4
1.0	1.60	1.70	2.10	2.65	3.40	4.25	5.20	6.20	7.50	9.00	15.4
3.0	1.00	1.20	1.60	2.00	2.80	3.80	4.90	6.10	7.50	9.00	15.4

3. 临界转速引起的振动

轴及轴上随轴转动的零部件组成轴系。轴系的临界转速是指某一特定转速，当轴在该转速附近旋转时，将引起剧烈的振动，甚至造成轴承和轴系的破坏。轴系的临界转速接近于轴的横向振动的固有频率。

从理论上讲，轴在旋转时产生的挠度应小于转轮与泵壳间的径向间隙。但实际上由于泵的转子不平衡，可能产生离心力，因此除了由自重引起的静力挠度外，还会引起轴的动力挠度。它在临界转速时会达到最大值，此为引起轴系剧烈振动的原因。

（1）立轴单转轮的临界转速。对于立式泵，可忽略轴重量对振动的影响。设轴上只有一个转轮，质量为 m，并位于刚性支承中间，转轮重心偏离几何中心距离为 e，转轮中心偏离旋转轴线距离为 δ（即为挠度），见图 13.10。当转轮以角速度 ω 旋转时，产生的离心力为

$$F = m(\delta + e)\omega^2 \qquad (13.22)$$

由于力与挠度成正比，故 $F = K\delta$，则得

$$K\delta = m(\delta + e)\omega^2$$

$$\delta = \frac{me\omega^2}{K - m\omega^2} \qquad (13.23)$$

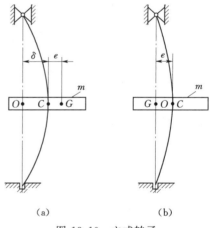

（a）   （b）

图 13.10 立式转子

当 ω 变化到使 $K - m\omega^2 = 0$ 时，即 $\omega = \omega_K$。

$$\omega_K = \sqrt{\frac{K}{m}} \quad 或 \quad n_K = \frac{30}{\pi}\sqrt{\frac{K}{m}} \qquad (13.24)$$

此时轴的挠度为无限大，在理论上轴应当损坏。ω_K、n_K 称为临界角速度、临界转速。ω_K 值等于固有频率 ω_n。实际上受许多因素影响，临界转速时轴的挠度是有限的。将式（13.23）与式（13.24）联立可得

$$\delta = \frac{1}{\dfrac{\omega_K^2}{\omega^2} - 1} e \tag{13.25}$$

显然，当 ω 大于 ω_K 时，δ 为负值，其极限 $\delta \to -e$，即在超临界转速情况下旋转时，转子的重心接近于两轴承中心连线。同时，轴的中心线位于重心的外侧 [图 13.10 (b)]，转轮趋向围绕自己的重心旋转，有自动平衡质量 m 的趋势。如果转轮是理想的平衡体（$e=0$），则随着转速的增加，挠度减少到零。

（2）卧式转子临界转速。水泵轴水平装置时，应考虑轴的形状、自重、转轮个数及安装方式以及支承情况等因素的影响，计算较复杂。可将轴简化为等直径轴，按表 13.5 计算临界转速。

表 13.5 卧式轴系临界转速计算公式

轴系装置及支座形状	由挠度求 ω_K $\left(\omega_K = \sqrt{\dfrac{g}{\delta_{st}}}\right)$	由邓柯莱公式求 ω_K $\left(\dfrac{1}{\omega_K} = \dfrac{1}{\omega_S^2} + \dfrac{1}{\omega_1^2} + \dfrac{1}{\omega_2^2} + \cdots\right)$
	$\delta_{st} = \dfrac{l^3}{EI}\left(\dfrac{w_1}{3} + \dfrac{w_2}{8}\right)$	$\omega_S^2 = \dfrac{12.4EI}{m_2 l^3}; \quad \omega_1^2 = \dfrac{3EI}{m_1 l^3}$
	$\delta_{st} = \dfrac{l_1}{EI}\left[\dfrac{w_1 l_1}{3} + \dfrac{w_2}{8} \times \left(\dfrac{l_1}{3} - \dfrac{l_1^3}{2l}\right)\right]$	$\omega_S^2 = \dfrac{12.4EI}{m_2 l^3}; \quad \omega_1^2 = \dfrac{3EI}{m_1 l_1^2 l}$
	$\delta_{st} = \dfrac{l_1^2 l_2^2}{EIl}\left(\dfrac{w_1}{3} + \dfrac{5w_2}{24}\right)$	$\omega_S^2 = \dfrac{98EI}{m_2 l^3}; \quad \omega_1^2 = \dfrac{3EIl}{m_1 l_1^2 l_2^2}$
	$\delta_{st} = \dfrac{\sum w_1 + w_2}{EI}\left(\dfrac{l^3}{48} + \dfrac{5l'^3}{384}\right)$	$\omega_S^2 = \dfrac{98EI}{m_2 l^3}; \quad \omega_1^2 = \dfrac{3EIl}{m_1 l_1^2 l_2^2}$ $\omega_2^2, \omega_3^2 \cdots$ 同 ω_1^2

注　w_1、w_2 分别表示转轮和泵轴的重力；ω_S 为仅考虑轴自重时轴的一阶临界转速；ω_1，$\omega_2 \cdots$ 分别表示轴上仅装一个转轮且不计轴自重时的一阶临界转速。

按表 13.5 中公式计算临界转速时，仍有许多因素未考虑到，在一定程度上会改变临界转速值，但它们对计算结果影响不大，一般在正常误差限度内。这些因素有：①抽送的液体具有一定消振作用，使轴的振幅减小，转轮中所含的液体具有增加转子质量的效果，有降低临界转速的作用；②填料起密封轴承的作用，减小了支承间的距离，提高了临界转速；③轴套有增加轴刚性的作用，亦能提高临界转速；④轴向力有增加临界转速的趋势，在临界转速本来较低的泵中，这种趋势更加明显；⑤扭矩的增加有减少临界转速的作用，但一般可忽略不计；⑥回转效应所引起的恢复力增加轴的弹性刚度，从而提高临界转速，但只有在大型转轮悬臂装置情况下才产生显著影响，对一般中小型水泵影响不大。

临界转速至少应偏离工作转速±25%，而安全界限可取±40%，不致引起剧烈振动。

13.2 噪 声

13.2.1 噪声概述

物体的振动产生声音。声音通过介质传播，声波本质上是一种机械波，只能在弹性介质中传播。描述声波过程的物理量有很多，其中声压 p_e 是最常用的物理量。声压的大小反映了声波的强弱，声压的单位是帕斯卡（Pa）。人耳对声音强度的感觉并不与声压成线性关系，而是接近与声压的对数成正比，因此声学中普遍采用声压级来度量声音的强度。

$$L_p = 20\lg \frac{p_e}{p_{\text{ref}}} \tag{13.26}$$

式中：L_p 为声压级，dB；p_{ref} 为参考声压，空气中的参考声压一般取 2×10^{-5}Pa，也就是人耳对 1kHz 纯音的可听阈，人耳对不同频率声音的可听阈是不同的。

人们经常谈到的声音大小是从耳朵的感受来说的。如果说用声压级表示声音的强弱，那么人耳所感受的声响不只与声压级有关，而且和频率有关。即声压级相同而频率不同的声音听起来可能不一样响，因此声音的响度是声压级和频率的函数。

响度级是表示响度的主观量，它以1000Hz 的纯音作为基准，当噪声听起来与该纯音一样响时，就把这个纯音的声压级称为该噪声的响度级，单位为方（Phon）。例如一个噪声与声压级是 85dB 的 1000Hz 纯音一样响，则该噪声的响度级就是85Phon。

以 1000Hz 纯音为标准，测出整个听觉频率范围纯音的响度级，称为等响曲线（简称为 ISO 曲线），如图 13.11 所示。

等响曲线族中每一条曲线相当于声压级和频率不同而响度相同的声音。最下面的曲线是可听阈曲线，最上面的曲线是痛阈曲线，中间是人耳可以听到的正常声音。

人耳对声音强弱的感觉主要取决于声音的强度，也与频率有关，这就要求在衡量或测量声音的强弱时必须考虑到人耳的特性，

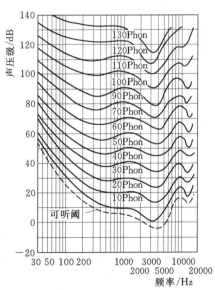

图 13.11 等响曲线

使得用这种方法所得到的结果与人耳的感觉相一致。

对于声强相同的声音，在 1000～4000Hz 之间人耳听起来最响，随着频率的降低或升高响度越来越弱，频率低于 20Hz 或高于 20kHz 的声音人耳一般听不见。因此，人耳实际上相当于一个滤波器，对不同频率的声音响应不一样。

根据人耳的等响特性而制成的测量声级大小的仪器称为声级计。常用声级计由电子器件组成，其频响曲线由频率计权网络即特殊滤波器来完成，与人耳的等响曲线相适应。

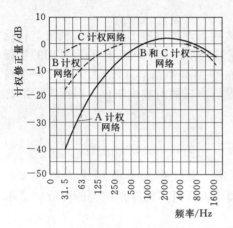

图 13.12　A、B、C 计权
网络的频率响应

计权网络若是模拟人耳对 40Phon 纯音的等响曲线称为 A 计权网络，测出的值称为 A 声级，其单位一般用 dB（A）表示。类似地还有 B 计权网络和 C 计权网络。B 计权网络是模拟人耳对 70Phon 纯音的等响曲线，称为 B 声级，表示为 dB（B）。C 计权网络是模拟人耳对 100Phon 纯音的等响曲线，称为 C 声级，单位用 dB（C）表示。声级计的计权网络特性曲线如图 13.12 所示。

人们工作的环境有可能是稳态的噪声（噪声的强度和频率基本不随时间变化）环境，也可能是非稳态的噪声环境。评价噪声干扰大小，需将非稳态噪声折算成等效连续 A 声级才能进行比较。等效连续 A 声级的定义是：某段时间内的非稳态噪声的 A 声级，用能量平均的方法，以一个连续不变的 A 声级来表示该段时间内噪声的声级。用公式表示就是

$$L_{eq} = 10 \lg \frac{\int_0^T 10^{\frac{L_A}{10}} \mathrm{d}t}{T} \qquad (13.27)$$

式中：L_{eq} 为等效连续 A 声级，dB（A）；L_A 为测得的 A 声级；T 为噪声暴露时间。

当测量值 L_A 是非连续离散值时，式（13.27）可改写为

$$L_{eq} = 10 \lg \frac{\sum_i 10^{\frac{L_{Ai}}{10}} t_i}{\sum_i t_i} \qquad (13.28)$$

式中：L_{Ai} 为第 i 段时间内的 A 声级；t_i 为第 i 段时间。

通过对非稳态噪声的调查，已经证明等效连续 A 声级与人的主观反应有很好的相关性。不少国家的噪声标准中，都规定将等效连续 A 声级作为评价指标。

在某一位置仅受单一噪声源影响的情况是不多的，其声压级是由几个噪声源形成的。通常先分别确定单个声源在某位置的不同频带上的声压级，然后把各频

带声压级的分贝值加起来求声源在某位置的总声压级。

设相加的声压级为 L_{p1}，L_{p2}，L_{p3}，…，L_{pm}。按定义得

$$L_{pi} = 10\lg\left(\frac{p_e}{p_{ref}}\right)_i^2 \tag{13.29}$$

则声压比的平方为

$$\left(\frac{p_e}{p_{ref}}\right)_i^2 = 10^{\frac{L_{pi}}{10}} \tag{13.30}$$

总声压级 $\sum L_{pi}$ 为

$$\sum L_{pi} = 10\lg\left[\sum_{i=1}^n \left(\frac{p_e}{p_{ref}}\right)_i^2\right] \tag{13.31}$$

或用声压比表示：

$$\sum L_{pi} = 10\lg\left(\sum_{i=1}^n 10^{\frac{L_{pi}}{10}}\right) \tag{13.32}$$

噪声是对环境的一种污染。水泵机组及辅助设备在运行时会发出各种频率的噪声，对工作环境的污染比较严重。噪声的危害是多方面的。为控制噪声污染，我国制定了《工业企业厂界环境噪声排放标准》（GB 12348—2008），各类厂界环境噪声排放限值列于表 13.6 中。

表 13.6　　　　　　　　环境噪声排放限值　　　　　　　单位：dB（A）

环境区域	昼间	夜间
居住、文教机关为主的区域	55	45
居住、商业、工业混杂区及商业中心区	60	50
工业区	65	55
交通干线道路两侧区域	70	55

《泵站设计标准》（GB 50265—2022）要求主泵房电动机层值班地点噪声不得大于 85dB（A），中控室、微机室和通信室噪声不得大于 65dB(A)。

13.2.2　泵站内噪声声源和形式

噪声常与振动相伴而生，故一般可分为流体产生的噪声和机械结构产生的噪声两类。流体产生的噪声源有水流中的压力脉动、汽蚀、水锤、真空被破坏、漩涡等。机械产生的噪声源有运行的电动机、水泵、通风机、空压机和变压器等。

反映噪声源本身特性，用声功率级较方便。

$$L_w = 10\lg\frac{W}{W_{re}} \tag{13.33}$$

式中：L_w 为声功率级，dB；W 为噪声源声功率，指全部可听频率范围所辐射的功率或指在某有限范围，W；W_{re} 为国际参考声功率，等于 10^{-12} W。

泵站运行时同时存在着许多噪声源，有关设备的噪声资料可向相关生产厂家索取。在设计泵站时，也可以预先估算机组和机电设备可能传到周围的声功率级。

特定机器的声功率级估算法借助于声功率换算系数 F_N，该系数定义为

$$F_N = \frac{P}{P_N} \qquad (13.34)$$

式中：P 为机器的声功率，W；P_N 为机器的功率，W。

对于某些常见的噪声源，其换算系数列于表 13.7 中。

表 13.7　　　　　声功率换算系数（500Hz、1000Hz、2000Hz、
4000Hz 四个倍频带的总声功率）

噪　声　源		换　算　系　数　F_N		
		低	中等	高
泵	转速高于 1600r/min	3.5×10^{-6}	1.4×10^{-5}	5×10^{-5}
	转速低于 1600r/min	1.1×10^{-6}	4.4×10^{-5}	1.6×10^{-5}
电动机（转速为 1200r/min）		1×10^{-8}	1×10^{-7}	3×10^{-7}
柴油机		2×10^{-7}	5×10^{-7}	2.5×10^{-6}
空压机（额定功率为 1~75kW）		3×10^{-7}	5.3×10^{-7}	1×10^{-6}
齿轮传动		1.5×10^{-8}	5×10^{-7}	1.5×10^{-6}
扬声器		3×10^{-2}	5×10^{-2}	1×10^{-1}

1. 电动机噪声

电动机在 500Hz、1000Hz、2000Hz 及 4000Hz 四个倍频带上的声功率级可用下式估算：

$$L_w = 20\lg N + 15\lg n + K_m \qquad (13.35)$$

式中：N 为额定功率，取 1~220kW；n 为转速，r/min；K_m 为电动机常数，取 16dB。

2. 水泵噪声

水泵噪声的声压级［dB（A）］可用下式估算：

$$L_p = 10\lg N + K_p \qquad (13.36)$$

式中：N 为额定功率，kW；K_p 为标准噪声，可参考表 13.8。

水泵噪声的声功率级为

$$L_w = L_p + 11 \qquad (13.37)$$

表 13.8　　　　　　　　水泵的标准噪声 K_p（日本）　　　　　　　单位：dB(A)

水泵类别	90% 置信度		
	下限值	中间值	上限值
单级离心泵	59	66.5	73.5
双级离心泵	55.5	65.5	72
多级离心泵	57	66	74
立式混流泵（单层泵房）	50	60.5	66.5
立式混流泵（双层泵房）	45	53	62

3. 通风机噪声

工作时从 $500\sim4000\mathrm{Hz}$ 的四个倍频带内，声功率级可用下式估算：

$$L_\mathrm{w}=10\lg Q+20\lg p_\mathrm{s}+K_\mathrm{f} \tag{13.38}$$

式中：Q 为容积流量，$\mathrm{m^3/s}$；p_s 为静压强，cm 水柱高；K_f 为通风机常数，轴流式和离心式（径向）为 72dB，离心式（前弯、后弯式叶片）为 59dB，离心式（管道）为 67dB，螺旋桨式为 77dB。

4. 空压机噪声

对于离心式和往复式空压机，在 $500\sim4000\mathrm{Hz}$ 的四个倍频带内的声功率级可用下式估算：

$$L_\mathrm{w}=10\lg N+K_\mathrm{c} \tag{13.39}$$

式中：K_c 为空压机常数，在额定功率为 $1\sim75\mathrm{kW}$ 时，为 89dB。

5. 其他

泵站内还有一些机械设备、家用电器等所产生的噪声，可按表 13.9 估算它们的声功率级。

表 13.9　　　　　　附属设备及家用电器声功率级估计值

（$500\sim4000\mathrm{Hz}$ 总声功率级）　　　　　　　单位：dB(A)

设备及工具	声 功 率 级		
	低	中等	高
锅炉	65	80	100
屋顶空调	80	90	100
变压器	80	85	90
单元暖气设备	55	70	90
移动式起重机	110	115	120
气动扳手	115	120	125
空调器	55	70	80
洗衣机	55	70	85
电扇	45	65	80
工作间机具	85	97	110
电冰箱	40	50	65
真空吸尘器	70	80	95
冲水厕所	55	75	85

13.2.3　泵房内声级的计算

泵房内的声场属于室内声场，当一声功率级为 L_w 的噪声源在泵房内连续发声，声场达到稳态时，距噪声源 r（单位为米）的某一点的稳态声压级，可近似地看作由直达声和混响声两部分组成。直达声声强与距离 r 的平方成反比，而混响声的强度则主要取决于室内的吸声状况。稳态声压级 L_p 可由下式计算：

$$L_p = L_w + 10\lg\left(\frac{K_Q}{4\pi r^2} + \frac{4}{K_R}\right) \tag{13.40}$$

式中：K_Q 为声源指向性因数，声源在房间中央时为全自由空间，$K_Q=1$；在一面墙上或地面上时为半自由空间，$K_Q=2$；在两面墙的交界处为 1/4 自由空间，$K_Q=4$；在三面墙的交界处为 1/8 自由空间，$K_Q=8$。

K_R 为房间常数，用下式表示：

$$K_R = \frac{\bar{\alpha}S}{1-\bar{\alpha}} \tag{13.41}$$

式中，$\bar{\alpha}$ 为室内平均吸声系数，由下式计算：

$$\bar{\alpha} = \frac{\sum\limits_{i=1}^{n} S_i \alpha_i}{S} \tag{13.42}$$

式中：S 为室内总表面积，m^2；S_i 为室内第 i 个表面积，m^2；α_i 为第 i 个表面的吸声系数，见表 13.10。

表 13.10 建 筑 材 料 吸 声 系 数

材　　料	倍频带中心频率/Hz					
	125	250	500	1000	2000	4000
素烧砖	0.03	0.03	0.03	0.04	0.05	0.07
涂漆的混凝土砌块	0.1	0.05	0.06	0.07	0.07	0.08
混凝土或水磨石地面	0.01	0.01	0.02	0.02	0.02	0.02
硬木地板	0.15	0.11	0.10	0.07	0.06	0.07
厚平面玻璃	0.18	0.06	0.04	0.03	0.02	0.02
标准窗玻璃	0.35	0.25	0.18	0.12	0.07	0.04
37.5mm 玻璃纤维板	0.86	0.91	0.80	0.89	0.62	0.47
9.4mm 胶合板	0.28	0.22	0.17	0.09	0.10	0.11
石棉砖天花板	0.18	0.45	0.81	0.97	0.93	0.82
50mm 厚木料	0.01	0.05	0.05	0.04	0.04	0.04
水面	0.01	0.01	0.01	0.02	0.02	0.02

要控制泵房内的噪声，可从声源控制、传播途径控制两方面采取措施，包括：选用噪声小的设备；采取隔振、阻尼处理；防止汽蚀，减轻振动；泵房内使用吸声材料；隔声、隔振处理。

第 **14** 章

特殊类型水泵

14.1 井 泵

井泵是抽提地下水的专用泵。井泵的动力机和水泵是成套的，通常就合称为井泵。井泵的类型较多，本节主要介绍长轴井泵和潜水电泵。

14.1.1 长轴井泵

长轴井泵是一种单吸多级式离心泵或混流泵，叶轮级数根据泵的扬程而定，多用于水位变幅在 20m 以上、扬程超过 50m 的深井中。

1. 基本构造

井泵有 J 型和 JD 型。J 型深井泵的构造与 JD 型的类似，所不同的是 J 型泵采用封闭式离心叶轮，而 JD 型则为半封闭式混流叶轮。图 14.1 为 JD 型长轴井泵，它的配套电动机安装在井口上部，通过长传动轴与水泵直连，带动水泵叶轮旋转。它主要由三个部分组成：

（1）泵体部分。泵体部分包括滤水管、下导流壳、若干个中导流壳和上导流壳、叶轮、泵轴等。各导流壳之间用法兰连接（直径大于等于 300mm）或螺纹连接（直径小于 300mm）。

水泵运行时，水从滤网经下导流壳吸入叶轮，经叶轮逐级加压，最后由输水管

资源 14-1
井泵

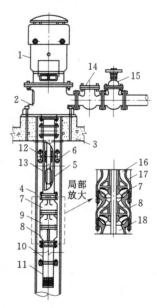

图 14.1 JD 型长轴井泵

1—电动机；2—泵座；3—混凝土机座；4—井壁；
5—上导流壳；6—泵轴；7—叶轮；8—叶轮室；
9—导流室；10—下导流壳；11—滤水管；
12—轴承；13—套管；14—逆止阀；
15—闸阀；16—出水口；17—出
水导流壳；18—进水口

送出。滤水管的作用是防止杂物进入泵体。导流壳主要是将水体平顺地引入各级叶轮,以减少过流损失。在上、中、下导流壳内均铸有轴承孔座,孔内设有水润滑橡胶导轴承,以支承泵轴,防止摆动。

(2) 输水管和传动轴部分。输水管多采用无缝钢管或焊接钢管制成,输水管之间采用联管器螺纹连接。输水管内布置传动轴和轴承支架。传动轴之间也是用螺纹连接,轴承支架的作用是支承和稳定传动轴。

(3) 泵座和电动机部分。泵座起着支承全部井下部分重量的作用,由进水法兰、出水法兰、填料箱等构成。填料箱上的黄油杯用以注入黄油,起润滑电动机轴的作用。预润水管在水泵起动前加注润滑清水(不含沙),加注水量要使水上部橡胶轴承得到充分的预润。新安装的井泵,在预润水中可加入少量的肥皂液,以减少橡胶轴承对传动轴的摩擦,有利于泵的启动,否则会导致轴承烧坏,严重时使泵轴断裂。

JD 型井泵采用的是混流式叶轮,其轴向间隙(叶轮锥面与导流壳之间的间隙)对泵的性能和安全运转影响很大,新安装的水泵在初次启动前,必须进行轴向间隙的调整,否则不能试车。在以后的运行过程中,也要根据泵的工作状况适当地调整间隙,调整方法可参阅产品说明书。

常见的深井泵型号如 6JD-28×11,其中 6 表示适用井径为 6in (15.2cm) 及以上;JD 表示深井多级泵;28 表示额定流量为 $28m^3/h$;11 表示叶轮级数。

2. 井泵的运行工况点

井泵运行过程中,井内动水位随水泵的流量大小而变化,流量取决于井的出水率,而水泵的扬程又随管路水头损失和水井动水位的变化而变化,有一个工况稳定的过程。

(1) 绘出井泵的 H-Q 曲线。以井中静水位为基线,作井泵的 H-Q 曲线。该曲线可从泵的样本上查得。应当注意的是,样本上查得的是一个叶轮时泵的 H-Q 曲线,如果泵的叶轮有 i 个,则必须将各点扬程乘以 i 后再作 H-Q 曲线。

(2) 绘出管路损失曲线。管路损失包括井内输水管水头损失和井外压水管水头损失。对于长轴井泵,由于输水管内除了水流和管壁摩擦而产生的损失外,还有传动轴、轴承支架等部件对水流阻力而引起的附加的水头损失,所以它的水头损失比较大。相对而言,井外压水管水头损失较小,在压水管不很长的情况下,其水头损失可以忽略不计。

以井中静水位为基线,作管路损失曲线 h_1-Q。

(3) 绘出水井出水量及水位降的关系曲线。以井中静水位为基线,绘制水井出水量与水位降之间的关系 S-Q,该曲线可根据井的抽水试验得到。对于非承压井,上述关系基本按抛物线规律变化,即 $S = K_0 Q^2$;对于承压井,S-Q 曲线近似呈直线,其方程为 $S = K_0 Q$。

(4) 求流量与所需扬程之间的关系。以出水池水位(自由出流时为出水管口中心)为基准,将 h_1-Q 和 S-Q 两曲线的纵坐标相加,即得需要扬程与流量之间的关系曲线 H_r-Q。在同一坐标图中,H_r-Q 与 H-Q 的交点即为井泵的运行工况点。

14.1.2 潜水电泵

潜水电泵也是机泵结合成一体，整机潜入水中运行的一种水泵，小型潜水电泵可以用作井泵也可以用于其他抽提水的场合。与长轴深井泵相比，潜水电泵省去了长的传动轴和中间联轴器，长度小，便于安装检修和维护管理。潜水电泵按其叶轮形式分为离心式、轴流式和混流式；按用途分为清水潜水电泵和污水潜水电泵，前者的型号有 QG 型，后者常见型号有 QW 型。潜水轴流泵和混流泵常用型号有 QZ 型和 QH 型。常见型号如 150QWD（H）L-7.5，其中 150 为泵出水口直径，mm；Q 表示潜水电泵；W 表示排污用；D 表示低扬程（H 表示高扬程）；L 表示立式；7.5 表示电动机功率为 7.5kW。

1. 潜水电泵的分类

潜水电泵长期浸在水中运行，有利于电动机冷却散热，但防水密封要求高，对电动机结构有特殊要求。根据潜水电动机的密封方式不同，潜水电泵一般分为干式、半干式、湿式和充油式等 4 种类型。

（1）干式电动机内充有压缩空气，以阻止水或湿气进入电动机内腔，保证电动机正常运转。

（2）半干式电动机仅将定子密封，而让转子在水中运转。

（3）湿式电动机的定子内腔充以清水或蒸馏水，转子在清水中运转，定子绕组采用耐水绝缘导线。这种电动机结构简单，它的潜水深度不受机械密封的限制，适用范围较大，应用较多；而且因电动机内外都在水中，冷却条件也较好，故效率较高。

（4）充油式电动机内充满绝缘油（如变压器油），以防止水和湿气进入电动机绕组，这种泵的主要优点是电动机冷却条件较好，轴承润滑良好，且零部件在油中不易锈蚀，因此工作比较可靠。其中，密封充油式和密封充水湿式两种潜水电泵优点较为突出，目前使用较多。

2. 潜水电泵的构造

目前国产潜水电泵品种规格很多，型式构造各不相同。图 14.2 为两种湿式潜水电泵，由水泵和电动机两部分组成，无机械密封装置，电动机内部充满了过滤水。定子绕组采用防水绝缘导线制成，端盖内轴承用油封封住，以防止水和泥沙的侵入，金属表面防锈蚀。

14.1.3 井泵的选择

为了使井泵能够很好地工作，必须合理选择井泵。井的产水量及相应的动水位是井泵合理配套的主要依据。在查明了井的产水量及相应的动水位后，还需确定：

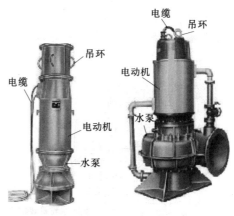

（a）混流式潜水电泵　　（b）离心式潜水电泵

图 14.2　湿式潜水电泵

1. 井泵的流量

井泵的额定流量要依据井的最大产水量来确定，应小于井的产水流量。井的最大产水量可通过抽水试验确定。

2. 井泵的扬程

确定井泵的扬程时，其额定扬程应与实际需要的扬程大致相符。在计算抽水装置需要的扬程时，其净扬程应从与井泵额定流量相对应的动水位算起。

3. 井泵的吸程

当选用单级单吸式离心泵时，井中动水位应在该泵的允许吸程范围内，否则水泵吸不上水或发生抽抽停停的现象。对于多级式离心泵，则要求 2～3 级叶轮置于井的动水位以下。

井泵的选配方法归结如下：

（1）从电力供应、井泵供货以及井管的垂直度考虑，初步选择泵的类型。一般来说，电力有保证时，最好选用深井潜水电泵，因为它的重量轻，安装使用简单，对井管的垂直度要求比较低。若井管垂直度较好，可选用长轴井泵。

（2）根据井管直径初步确定井泵的型号，井径必须与泵适用的最小井径相符。

（3）根据确定的井泵流量和扬程，参照井泵性能表，选择流量与井的最大产水量基本一致的泵型。

14.2　水　轮　泵

水轮泵是水轮机和水泵结合为一体的提水机械。水轮泵工作时全部潜入水中，具有一定水头的工作水体从水轮机的导水装置引入，冲击转轮运转，尾水经尾水管排出；同时带动泵叶轮旋转提水。由于水轮泵运行成本低，使用管理简单，所需费用少，且可综合利用，因而在一些水能资源较丰富的地区使用较广。

14.2.1　水轮泵的构造和特点

水轮泵结构如图 14.3 所示。它是由同轴的水轮机和水泵所组成。水轮机部分有导水装置、转轮、主轴等主要部件。水泵部分有叶轮、泵壳、泵盖及进水滤栅等主要部件。水泵装在导水装置的上方，根据抽提扬程的不同，水泵叶轮可以是轴流式、混流式或离心式。水轮泵抽水装置如图 14.4 所示。

由图 14.4 可见，水轮泵结构紧凑，其主要特点是：

（1）水轮机与水泵同轴，动力与抽水两部分结合成一体，因此无须传动设备和充水设备。

（2）水轮机与水泵的轴向力方向相反，大部分互相抵消，因此无须轴向力平衡装置。

资源 14-2
水轮泵结构

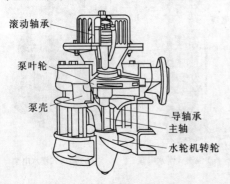

滚动轴承

泵叶轮

泵壳

导轴承
主轴

水轮机转轮

图 14.3　水轮泵结构图

（3）在水能资源丰富的山区丘陵地区，可利用简单工程取得足够的水头和流量。

14.2.2 水轮泵的性能

1. 水轮泵的工作参数

（1）工作水头 H。水轮机的机坑水位（又称上水面）与尾水位（又称下水面）间的高差为工作水头 H，单位为 m。由于这个水头是驱动工作转轮运转的，故称为工作水头。

（2）过水量 Q。单位时间里通过水轮机并经尾水管流出的水流体积为过水流量，单位为 L/s 或 m^3/s。

（3）扬程 h。与离心泵装置类似，水轮泵的扬程包括静扬程 h_1 和管路损失两部分。铭牌上标明的扬程是指水轮泵的额定总扬程。

（4）出水量 q。出水量指水轮泵在单位时间里抽提水的体积，单位为 L/s 或 m^3/s。

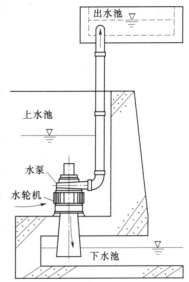

图 14.4　水轮泵抽水装置图

（5）功率 N_t。功率指水轮机输给水泵的功率。若水轮机的效率 η_t，则

$$N_t = \eta_t \rho g Q H$$

（6）转速。对同轴水轮泵，水泵的转速等于水轮机的转速，其值的大小与工作水头有关，工作水头越大，则转速越高。

（7）水轮泵的效率 η。水轮泵轴功率与水泵的轴功率相等，可表示为

$$\eta_t \rho g Q H = \frac{\rho g q h}{\eta_p}$$

水轮泵的效率

$$\eta = \eta_t \eta_p = \frac{q}{Q} \frac{h}{H}$$

式中：η_p 为水泵的效率，%。

由此可见，水轮机的效率等于其流量比与水头比的乘积。令水头比 $i_H = \dfrac{h}{H}$，称为单位水头时水泵的扬程，则 $i_H = \eta \dfrac{Q}{q}$，水头比是水轮的一个重要参数。水轮泵的工作水头使用范围一般在 1～20m 之间。

2. 性能特点

根据相似定律可得：水泵 $q \propto n$，$h \propto n^2$，$N_p \propto n^3$。在水轮机中，自变数不是转速，而是水头 H。由相似定律可得

$$Q \propto H^{\frac{1}{2}}; \quad n \propto H^{\frac{1}{2}}; \quad N_t \propto H^{\frac{3}{2}}$$

综合得

$$h \propto H; \quad q \propto H^{\frac{1}{2}}; \quad N_p \propto H^{\frac{3}{2}}$$

式中：N_p 为水泵的轴功率，kW；N_t 为水轮机的输出功率，kW。

可见，水轮泵的扬程与工作水头成正比，流量与工作水头的平方根成正比，轴功率与工作水头的 3/2 次方成正比。

14.2.3 水轮泵的适用范围

水轮泵工作要求取得一定的工作水头和足够的工作流量，因此水轮泵可用于山区河流坡度比较陡的地方、大型渠道的跌水处、水库的放水口或沿海地区有潮汐的河流上，用来提水灌溉或进行发电。

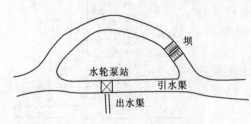

图 14.5　坝渠混合式水轮泵站枢纽布置图

有些场合可通过工程措施安装水轮泵。如在河道比较弯曲或陡急的地方，可通过开挖引水渠道的方法来安装水轮泵。当河道底坡平缓时，可在河流当中建筑拦河坝，以升高水位，取得足够的工作水头。图 14.5 为坝渠混合式水轮泵站枢纽布置图。

14.2.4 水轮泵的选型

水轮泵的选型步骤如下：

（1）确定水轮泵抽水量。

（2）确定扬程。

（3）确定工作水头。

（4）确定河流过水量。水轮泵总设计流量 $Q_0 = Q + q$，估计筑坝和引渠所造成的流量渗漏损失约为 20%，则可利用的枯水流量为河流总流量减去渗漏流量，应确保大于所需的总流量要求。

（5）选择水轮泵的型号。

14.3 射 流 泵

14.3.1 射流泵的工作原理

资源 14 - 3
射流泵
运行演示

射流泵是一种利用高能量液体抽提低能量液体的流体机械，如图 14.6 所示。射流泵由喷嘴、吸入室、混合管、扩散管等几部分组成。高能量液体经压力管引入射流泵中，液体经收缩喷嘴后速度增加，高速液体将喷嘴附近的空气带走，形成真空，抽送液体就被吸上来，两种液体在混合管混合，工作液体把一部分能量传给抽送液体，使抽送液体能量增加，然后进入扩散管中，此时液体的部分速度能转变为压力能。这种利用工作液体的射流能量来输送液体的设备称为射流泵。

　　射流泵是利用液体质点之间的相互作用传递能量，因此能量损失较大。能量损失主要是两种不同速度的液体在混合管中动量交换时产生的撞击损失引起的，另外，混合管和扩散管内壁的摩擦损失也产生部分能量损失。射流泵的效率一般为 30% 左右，大型射流泵的效率有的超过 40%。

　　射流泵具有结构简单、加工容易、工作可靠、安装使用方便等优点，因此在农业、工业、石油开采、化工、冶金、建筑施工等部门得到广泛应用。例如，在水处理工程中，射流泵用作除铁工艺的充氧加气装置、管道投药和管道混合装置等。在环境工程中，污水排入天然河道的管道扩散器就是一个射流装置，以加速污水在河水中的稀释扩散。

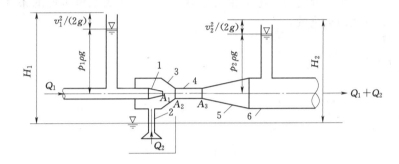

图 14.6　射流泵工作原理

1—喷嘴；2—吸水管；3—吸入室；4—混合室；5—扩散管；6—压水管；

H_1—喷嘴前工作液体具有的水头，mH_2O；H_2—射流泵出口处液体

具有的水头，即射流泵的扬程，mH_2O；Q_1—工作液体的流量，m^3/s；

Q_2—被抽液体的流量，m^3/s；A_1—喷嘴的断面积，m^2；

A_2—混合室入口断面积，m^2；A_3—混合室出口断面积，m^2

14.3.2　射流泵的分类

　　根据工作液体和被抽送液体的种类，射流泵可分为：

　　（1）水射器，用高压液体射流输送液体。

　　（2）溶气泵，用高压液体射流输送气体。

　　（3）蒸汽射流泵，用蒸汽射流输送液体。

　　另外，也可以用气体射流输送液体，但这种情况下，由于气体在液体中所占比例较大，平均密度低，因此输送压力和吸入高度都比较小。本节主要讲述工作液体和被抽送液体是同一种液体的射流泵。

资源 14-4
射流泵
的分类

14.3.3　射流泵的设计与计算

　　射流泵装置效率最高时的流量比 α、压力比 β、面积比 m 称为射流泵的最优参数。确定射流泵装置的最优参数是射流泵设计的一个重要问题。

　　射流泵的基本方程表示了射流泵的压力、流量和主要几何尺寸之间的关系。由动量定理可推出圆柱形混合室的射流泵基本方程：

$$\frac{H_2}{H_1}=\varphi_1^2\frac{A_1}{A_3}\left[2\varphi_2+\left(2\varphi_2-\frac{1}{\varphi_4^2}\right)\frac{A_1}{A_2}\alpha^2-(2-\varphi_3^2)\frac{A_1}{A_3}(1+\alpha)^2\right]$$

式中：φ_1 为喷嘴的速度系数；φ_2 为混合室的速度系数；φ_3 为扩散管的速度系数；φ_4 为混合室进口的速度系数。

根据试验研究，推荐的速度系数值为：$\varphi_1=0.95$，$\varphi_2=0.975$，$\varphi_3=0.9$，$\varphi_4=0.925$。则上式为

$$\frac{H_2}{H_1}=\frac{A_1}{A_3}\left[1.75+0.7\frac{A_1}{A_2}\alpha^2-1.07\frac{A_1}{A_3}(1+\alpha)^2\right]$$

由此可见，当射流泵的流量比 α 给定时，射流泵的扬程 H_2 与工作液体的作用水头 H_1 成正比。最优断面比是在给定射流泵工作压力和流量比的条件下，求射流泵扬程最大时得出的。

令 $\dfrac{\mathrm{d}H_2}{\mathrm{d}\left(\dfrac{A_1}{A_3}\right)}=0$ 可得

$$\left(\frac{A_3}{A_1}\right)_{\mathrm{opt}}=\frac{1}{\varphi_2}\left[(2-\varphi_3^2)(1+\alpha)^2-\left(2\varphi_2-\frac{1}{\varphi_4^2}\right)n\alpha^2\right]$$

$$n=\frac{A_3/A_1}{A_3/A_1-1}$$

对应射流泵的最优参数的 n 值见表 14.1。

表 14.1 　　　　　射流泵 $\left(\dfrac{A_3}{A_1}\right)_{\mathrm{opt}}$ 和 α 与 n 的关系

α	0	1	2	3	4	5	6	10
$\left(\dfrac{A_3}{A_1}\right)_{\mathrm{opt}}$	1.22	3.80	7.25	11.60	16.90	23.20	30.30	66.40
n	10.00	1.36	1.16	1.09	1.07	1.04	1.03	1.02

在流量比 $\alpha=1\sim4$ 的情况下，最优断面比可近似用下式确定：

$$\left(\frac{A_3}{A_1}\right)_{\mathrm{opt}}\approx3.9\alpha$$

对于无扩散管射流泵，其最优断面比类似地可得

$$\left(\frac{A_3}{A_1}\right)_{\mathrm{opt}}=\frac{1}{\varphi_2}\left[2(1+\alpha)^2-\left(2\varphi_2-\frac{1}{\varphi_4^2}\right)n\alpha^2\right]$$

在同样流量比下，无扩散管射流泵的最优断面比 $\left(\dfrac{A_3}{A_1}\right)_{\mathrm{opt}}$ 比带扩散管射流泵的最优断面比 $\left(\dfrac{A_3}{A_1}\right)_{\mathrm{opt}}$ 要大，相应的 n 就要小。无扩散管射流泵的最优断面比 $\left(\dfrac{A_3}{A_1}\right)_{\mathrm{opt}}$ 和 α 与 n 的关系见表 14.2。

α	0	1	2	3	4	5	6	10
$\left(\dfrac{A_3}{A_1}\right)_{\text{opt}}$	2.1	7.3	15.1	25.4	38.0	53.5	71.5	168.0
n	1.910	1.160	1.070	1.040	1.030	1.020	1.015	1.005

表 14.2　无扩散管射流泵 $\left(\dfrac{A_3}{A_1}\right)_{\text{opt}}$ 和 α 与 n 的关系

14.3.4　射流泵结构尺寸的确定

当射流泵的最优断面比 $\left(\dfrac{A_3}{A_1}\right)_{\text{opt}}$ 确定后，A_1 可按下式确定：

$$A_1 = \frac{Q_1}{\varphi_1 \sqrt{2gH_1}}$$

喷嘴直径

$$d_1 = \sqrt{\frac{4}{\pi} A_1} \approx 1.13 \sqrt{A_1}$$

混合室喉管直径

$$d_3 \approx 1.13 \sqrt{A_3}$$

式中，A_3 可由最优断面比来确定，即 $A_3 = \left(\dfrac{A_3}{A_1}\right)_{\text{opt}} A_1$，$A_1$ 可由喷嘴出口直径求得。

射流泵的喷嘴出口截面离开圆柱形混合室入口截面距离和断面比 m 有关，一般可取 $l = 16 \sim 30\text{mm}$。扩散管一般采用均匀扩散，其扩散角取 $5° \sim 8°$。

14.4　螺　旋　泵

螺旋泵是一种低扬程、低转速、流量范围较大、效率稳定的提水设备，可用于灌溉、排水以及提升污水等方面，特别适用于污水厂污泥的提升，具有维护方便、开停平稳、不易堵塞等优点。

14.4.1　工作原理

螺旋泵是利用螺旋推进原理提升液体的机具，如图 14.7 所示。螺旋泵装置倾斜放置在下水池中，安装时要求螺旋轴对水面的倾角小于螺旋叶片的倾角。这样，当电动机带动螺旋轴旋转时，螺旋叶片下端与水接触，水就从螺旋叶片的下端进入叶片，水

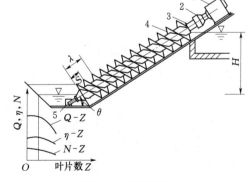

图 14.7　螺旋泵装置
1—电动机；2—变速装置；3—泵轴；
4—叶片；5—轴承座

体随旋转叶片上升，同时在自身重力的作用下，水体被抛落到高一级叶片的底部。上一级叶片将下落的水再次提升，而后在重力作用下，水又下降至高一级叶片的底部，如此不断循环，水沿着螺旋轴被逐级向上提升，最后，到达螺旋泵的最高点而出流。

　　螺旋泵利用叶片外缘的推力作用于水体，使水呈螺旋上升。若叶片旋转速度较快，水体所受的离心力就大，使得水体飞溅。因此，螺旋泵的转速一般控制在20～90r/min之间，直径越大转速越低。

14.4.2　螺旋泵装置

　　螺旋泵装置由电动机、变速装置、泵轴、叶片、轴承座和泵壳等几个部分组成。泵体连接着上下水池，泵壳仅包住叶片的下半部分，上半部分可安装挡板，以防污水外溅。在泵壳与叶片之间一般保持1mm左右间隙。间隔过小会增加叶片与泵壳之间的磨损；间隔过大则会加大液体的侧流，降低泵的容积效率。大型螺旋泵的泵壳多用混凝土制成，也有的用金属材料制作；中小型泵壳一般采用金属材料卷焊制成，也可用玻璃钢等材料制作。

14.4.3　螺旋泵的主要参数

　　影响螺旋泵效率的参数主要如下：

　　（1）倾角（θ）。倾角指螺旋泵轴对水平面的安装倾角，直接影响到泵的扬水能力，倾角太大，则流量下降。倾角在30°～40°之间比较经济。

　　（2）泵壳与叶片的间隙。为了使间隙尽量微小，要求螺旋叶片外圆加工精密，泵壳内表面要求光滑平整。

　　（3）扬程（H）。螺旋泵是低扬程水泵。扬程低时，效率高；扬程过高，则泵轴过长，对制造、运行都不利。螺旋泵扬程一般为3～6m。

　　（4）泵直径（D）。泵的流量取决于泵的直径，通常指泵叶片外径。泵直径越大，效率越高。泵叶片外径与泵轴直径之比以2∶1为宜。比例不当，如叶片之间槽道空间过小，则运行效率降低；若槽道空间过大，则叶片对水流约束变弱，流量反而减少。

　　（5）转速（n）。转速是螺旋泵的一个重要参数。试验表明：螺旋泵叶轮外径越大，转速宜越小。

　　（6）螺距（S）。沿螺旋叶片环绕泵轴呈螺旋形旋转360°所跨轴向距离即为一个导程λ，见图14.5。螺距S与导程λ的关系为

$$S=\frac{\lambda}{Z}$$

式中：Z为螺旋头数，也即叶片数，一般为1～4片。

　　当$Z=1$时，导程就等于螺距（即$S=\lambda$）。目前，大型螺旋泵一般采用1片，中型采用1～2片，小型采用2～4片。泵的直径D与螺距S之比的最佳值为1，即$S=D$。

　　（7）流量（Q）。螺旋泵的流量与螺旋叶片外径、螺距、转速和叶片的扬水断面率α等有关，可表示为

$$Q=\frac{\pi}{4}(D^2-d^2)\alpha Sn \quad (\mathrm{m^3/min})$$

式中：d 为泵轴直径，m；D 为螺旋叶片外径，m；S 为螺距，m；n 为转速，r/min。

（8）轴功率（N）。轴功率可用 $N=\dfrac{\rho g QH}{\eta}$ 来计算。

14.4.4　螺旋泵站设计

1. 螺旋泵装置特点

螺旋泵抽水装置可以不设集水池，不建泵房，节约土建投资。螺旋泵抽水也无需封闭的管道，因此水头损失较小，电耗较少。由于螺旋泵螺旋部分是敞开式布置，维护与检修方便，有利于实现自控。螺旋泵可以提升破布、石头、罐头盒以及废瓶子等任何能进入泵叶片之间的固体物和杂草等。因此，泵前可不必设置格栅。由于以上特点，螺旋泵在污水处理工程中的应用较多。

资源 14-6
螺旋泵站

螺旋泵也有其缺点：由于受机械加工条件的限制，泵轴一般不能太粗太长，所以扬程较低，一般为 3~6m，国外介绍可达 12m，故不宜用于高扬程、出水水位变化大或出水为压力管的场合。在需要较大扬程的场合，可采用二级或多级抽升的布置方式。螺旋泵是斜式安装，占地面积较大，且一般为敞开式装置，卫生条件较差。

2. 设计参数的选择

螺旋泵的直径和长度是两个主要的设计参数。泵的直径主要取决于它的排水量，而长度则取决于所要求的扬程（即提升高度）。

（1）螺旋泵排水量 Q 与叶片外径 D 关系：

$$Q=\phi D^3 n$$

式中：ϕ 为流量系数，其值随泵的安装倾角而变化；n 为螺旋泵的转速，r/min。

螺旋泵的流量系数 ϕ 与泵的安装倾角 θ 的关系见图 14.8。表 14.3 给出安装倾角为 30°时，螺旋泵的直径与排水量的关系。螺旋泵的转速 n 与直径 D 有关。直径越大，则转速越小，一般采用 20~90r/min。螺旋泵的直径与转速之间的关系见图 14.9。

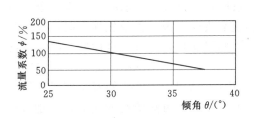

图 14.8　流量系数 ϕ 与泵的安装
倾角 θ 的关系

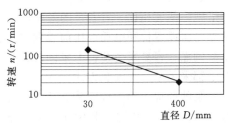

图 14.9　螺旋泵的直径与
转速关系

表 14.3　　　　　　　螺旋泵叶片外径与最大排水量的关系 ($\theta = 30°$)

泵叶片外径/mm	400	500	600	700	800	900	1000	1500	2000	2500	3000	3500	4000
最大排水量/(L/s)	22	42	62	90	123	192	250	630	1240	2100	3230	4650	6350

（2）螺旋泵的扬程与泵的直径、长度的关系。泵轴的直径越小或长度越大，则它的挠度就越大，因此，螺旋泵的扬程是受直径的限制。在螺旋泵叶片外径与轴心管外径之比为 2:1 时，螺旋泵叶片外径与扬程的关系见表 14.4。

表 14.4　　　　　　　螺旋泵叶片外径与扬程的关系 （泵径/管径为 2:1）

泵叶片外径/mm	500	700	1500	>1500
扬程/m	5	6	7	8

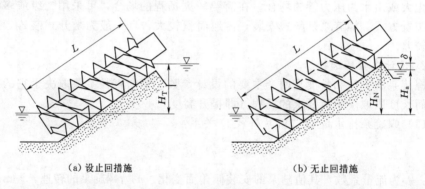

（a）设止回措施　　　　　　　　　　　（b）无止回措施

图 14.10　螺旋泵的安装方式

螺旋泵的长度取决于所需提升的液体高度，同时又受轴心管挠度的约束。在提升高度一定时，由于安装方式不同，螺旋泵的长度也不完全相同。

螺旋泵的两种安装方式如图 14.10 所示。第一种设止回措施，第二种不设止回措施。两者相比，后者泵的效率较低，泵的长度也较大，水的提升高度也相应增高，所以造价和电耗都比前者要大。但前者在停泵或止回措施损坏时，杂物和水会倒灌，容易发生杂物卡泵的现象，后者则可避免，运行安全性好，故一般情况下都采用第二种安装方式。

泵的扬程：第一种安装方式就是上下游水位差 H_T；第二种安装方式扬程为 $H_N = H_a + 0.3D + \delta$，其中 H_a 为上下游水位差，δ 为斜槽底的超高，一般 $\delta = 0.1 \sim 0.15\text{m}$。

螺旋泵的效率：泵直径越大，则效率就越高。一般直径为 700mm 时，效率可达 70%；直径为 1500mm 时，效率可达 75%；直径大于 1500mm 时，效率为 80%～82%。

3．螺旋泵的安装

（1）斜槽的安装。大型螺旋泵一般采用混凝土泵壳。中小型螺旋泵叶轮和泵壳是一个整体，安装较为方便。采用混凝土泵壳的大型螺旋泵的叶轮和泵壳要考虑分开安装，混凝土泵壳即斜槽需要现场浇筑或预制拼装。斜槽与泵的叶片之间的间隙大小对泵的效率影响很大。因此，安装精度要求很高。斜槽可用预制的混凝土砌块筑成。做法是：把斜槽预制成 1m 长的砌块，事先放置在斜槽的基础上，然后安装螺旋泵，并逐块调整砌块与泵之间的间隙，最后灌浆固定好砌块。预制砌块的凹槽稍大于螺旋叶片直径。当螺旋泵安装就位后，慢慢转动螺旋，将多余的砂浆刮出凹槽，取出螺旋叶片后，粉平养护，砂浆凝固后，便自然形成螺旋泵的泵壳。在有特殊要求时，可采用钢板制作斜槽。图 14.11 为斜槽安装断面尺寸示例。

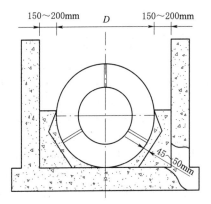

图 14.11　斜槽安装断面尺寸

（2）电动机安装方式。由于螺旋泵的转速较低，不能由电动机直接带动，必须安装减速装置。在设计传动装置时，应考虑单台布置或多台并列布置的空间问题。螺旋泵机组的几种布置如图 14.12 所示。

图 14.12（a）适用于单台布置。整座泵机在一条轴线上，用法兰使电动机直接靠在减速箱体上。其特点是结构紧凑，占地面积小，但这种连接方式的减速齿轮比较大。图 14.12（b）是电动机经过三角皮带与齿轮箱连接。这种布置方式将增加电动机房的长度，如几台泵机组并列布置，则占地面积较大。图 14.12（c）将电动机安装在减速箱上方，中间用三角皮带连接，布置紧凑，适于泵机台数较多的场合。

以上三种布置方式的一个共同特点是，减速箱和电动机均要倾斜放置，使齿轮箱内齿轮不能全部浸在油里，电动机轴承也易磨损，安装同心度要求高。为此，还可以采用图 14.12（d）的布置方式，即改变上轴承座和减速箱进出轴角度，使减速箱和电动机均保持水平位置。

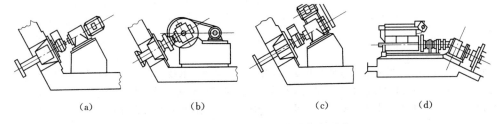

|(a)|(b)|(c)|(d)|

图 14.12　螺旋泵机组的传动布置形式

选择螺旋泵时可选用两台大小不同的螺旋泵，以适应实际流量变化需要。

参 考 文 献

[1] 刘超. 水泵及水泵站 [M]. 北京：中国水利水电出版社，2009.

[2] James B Rishel. 水泵及泵系统 [M]. 刘超，译. 南京：南京大学出版社，2019.

[3] Stepanoff Alexey J. Centrifgal and axial flow pumps：Reprint Edition [M]. Malabar：Krieger Publishing Company，1993.

[4] Shashi Menon E，Pramila S Menon. Working Guide to Pump and Pumping Stations Calculations and Simulations [M]. Burlington：Elsevier Inc.，2010.

[5] Hydraulic Institute. Rotodynamic Pumps for Pump Intake Design：ANSI/HI 9.8—1998 [S]. Parsi ppany：Hydraulic Institute，1998.

[6] Garr M Jones，Robert L Sanks，George Tchobanoglous，et al. Pumping Station Design [M]. Burlington：Elsevier/Butterworth - Heinemann，2008.

[7] Igor J Karassik. Centrifugal Pump Clinic [M]. Boca Raton：CRC Press，2017.

[8] Guyer J Paul. An Introduction to Pumping Station Layout [M]. Charleston：Independently Published，2018.

[9] 王福军. 泵站内部流动分析方法研究进展 [J]. 水利学报，2018，49 (1)：47 - 61，71.

[10] 徐辉，张林. 侧向进水泵站前池整流技术研究综述 [J]. 水利水电科技进展，28 (6)：84 - 88.

[11] 刘超. 轴流泵系统技术创新与发展分析 [J]. 农业机械学报，2015，46 (6)：49 - 59.

[12] 许仕荣. 泵与泵站 [M]. 北京：中国建筑工业出版社，2021.

[13] 杨立信，等. 国外调水工程 [M]. 北京：中国水利水电出版社，2003.

[14] 刘梅清，刘光临，刘时芳. 空气罐对长距离输水管道水锤的预防效用 [J]. 中国给水排水，2000，16 (12)：36 - 38.

[15] 姚青云，李志敏. 事故停泵水锤对压力管道的影响 [J]. 排灌机械，2006，24 (6)：45 - 47，52.

[16] 刘超，金燕，周济人，等. 箱型双向流道轴流泵装置内部流动的数值模拟和试验研究 [J]. 水力发电学报，2011，30 (5)：192 - 198.

[17] Sassaman T C，Johansson A E，Padmanabhan M. Avoiding common pitfalls in cooling tower pump intake design related to hydraulic performance [C] //Proceedings of the ASME 2009 Power Conference，July 21 - 23，2009，Albuquerque，NM，USA.

[18] 刘超，杨帆，杨华，等. 新型高效 S 形轴伸贯流泵装置模型研究 [J]. 水力发电学报，2013，32 (5)：251 - 260.

[19] 古智生. 全贯流潜水电泵的开发与应用 [J]. 水利水电技术，2010，41 (12)：54 - 57.

[20] 刘超. 双向钟形进水流道的试验研究 [J]. 江苏农学院学报，1985，6 (4)：9 - 12.

[21] 刘超，杨帆，赵军. 基于高速摄影技术的泵进水流道消涡试验分析 [J]. 农业机械学报，2014，45 (3)：61 - 65.

[22] 刘超，梁豪杰，金燕，等. 立式轴流泵进水流场 PIV 测量 [J]. 农业机械学报，2015，46 (8)：33 - 41.

[23] Song X J，Liu C. Experimental study of the floor - attached vortices in pump sump using

V3V [J]. Renewable Energy，164（2021）：752 - 766.

[24] Song X J，Yao R，Liu C，et al. Study of the formation and dynamic characteristics of the vortex in the pump sump by CFD and experiment [J]. Journal of hydrodynamics，2021，33（6）：1202 - 1215.

[25] 刘超. 钟形进水流道在苏Ⅱ型泵站中的应用 [J]. 江苏农学院学报，1988，9（3）：47 - 50.

[26] Liu C，Song X J，Wei H，et al. Investigation of vortex in pump sump by V3V measurements [C] //IOP Publishing Ltd IOP Conference Series：Earth and Environmental Science，Vol. 627，2nd IAHR - Asia Symposium on Hydraulic Machinery and Systems，September 24 - 25，2019，South Korea.